高等学校计算机专业规划教材

XML Technology and Applications

XML技术与应用

彭涛 孙连英 编著

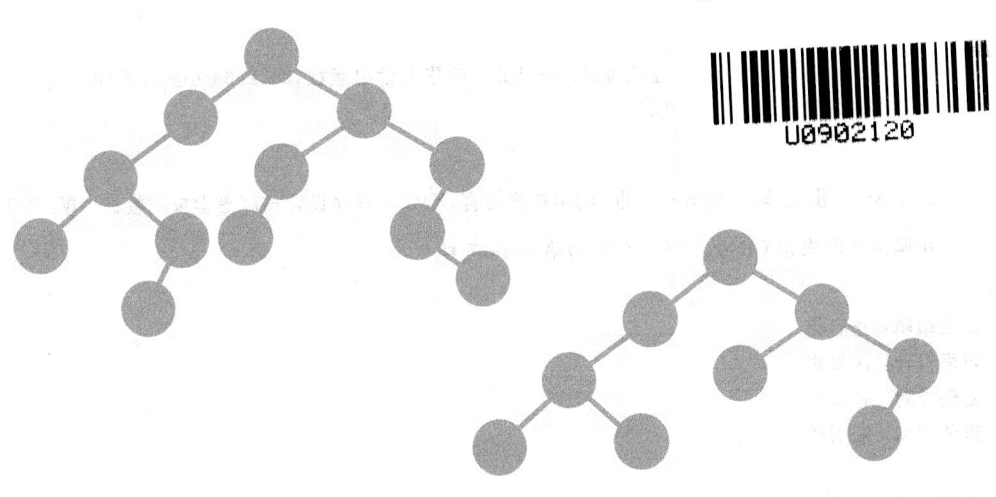

清华大学出版社
北京

内容简介

XML是由W3C定义的一种语言，是表示结构化数据的行业标准。XML在电子商务、移动应用开发、Web Service、云计算等技术和领域中起着非常重要的作用。本书不仅结合实例详细讲解了XML的基础知识，同时也就XML的主要应用领域进行了案例讲解。

本书共12章，内容包括XML简介、XML的规范性、XML的有效性(包括DTD和XML Schema)、XML的应用、XML的转换XSLT、XML的解析(包括DOM、SAX和dom4j)等，其中有4章用案例讲解了XML在不同领域和技术中的应用，这些案例容易理解且均可运行，对于读者理解XML的应用有很大的帮助。

本书适合作为高等院校软件工程、计算机科学与技术等相关专业的研究生参考教材，也可作为相关专业的高年级本科教材，同时也可作为初学者学习XML、Android移动应用开发、Java EE开发的培训教材。

图书在版编目(CIP)数据

XML技术与应用/彭涛，孙连英编著．—北京：清华大学出版社，2012.6(2022.7重印)
高等学校计算机专业规划教材
ISBN 978-7-302-28466-6

Ⅰ. ①X… Ⅱ. ①彭… ②孙… Ⅲ. ①可扩充语言，XML—程序设计—高等学校—教材 Ⅳ. ①TP312

中国版本图书馆CIP数据核字(2012)第064917号

责任编辑：龙启铭
封面设计：常雪影
责任校对：时翠兰
责任印制：朱雨萌

出版发行：清华大学出版社
网　　址：http://www.tup.com.cn，http://www.wqbook.com
地　　址：北京清华大学学研大厦A座　　**邮　　编**：100084
社 总 机：010-83470000　　**邮　　购**：010-62786544
投稿与读者服务：010-62776969，c-service@tup.tsinghua.edu.cn
质量反馈：010-62772015，zhiliang@tup.tsinghua.edu.cn
印 装 者：天津鑫丰华印务有限公司
经　　销：全国新华书店
开　　本：185mm×260mm　　**印　　张**：19.5　　**字　　数**：454千字
版　　次：2012年6月第1版　　**印　　次**：2022年7月第9次印刷
定　　价：29.50元

产品编号：047641-01

前　言

背景

XML是由万维网联盟(W3C)制订的一种标记语言，是表示结构化数据的事实上的工业标准，广泛应用于结构化数据的存储和交换。XML提供了直接在数据上工作的通用方法，其优势在于将结构化数据的存储和显示相分离，允许不同来源数据的无缝集成和对同一数据的多种处理。

目前在软件开发、电子商务等领域，几乎处处都能看见XML的身影。很多人可能觉得XML非常简单，因为他们每天都会接触XML文档，但是许多人仅仅知道XML可以用作配置文件，至于更多的、更深的内容就知之甚少了。

其实，XML还可以作为一种轻量级的持久化解决方案，就像数据库一样。XML也可以直接作为表现层来代替传统的HTML。实际上，XML无论对于Java平台，还是其他如.NET平台都具有非常重要的价值。XML在电子商务、移动应用开发、Web Service、云计算等技术和领域中也起着非常重要的作用。

随着云计算的兴起，本地和云端之间通过Internet进行数据传输和数据交换成为必然的趋势，这其中XML仍然承担着数据存储和数据交换的重任。

本书特色

任何技术的目的都是为了应用。本书不仅结合实例详细讲解了XML的基础知识，同时也就XML的主要应用领域进行了实例讲解。全书共分12章，内容包括XML简介、XML的规范性、XML的有效性(包括DTD和XML Schema)、XML的转换XSLT、XML的解析(包括DOM、SAX以及dom4j)、XML的应用(包括数据存储与数据交换、AJAX、Web Service、Android应用开发等)，另外，对JSON这种数据交换的新方法也进行了讲解。

本书特点如下：

(1) 目前市面上大多数XML书籍偏重于介绍XML技术本身，关于其应用的篇幅较少。在本书有关XML的应用领域选取了有代表性的以下内容：数据存储(包括配置文件)、数据交换、AJAX、Web Service、Android移动应用开发。这些都是目前软件开发中的热门领域和技术。

(2) 应用案例贯穿全书，应用案例容易理解并均可运行，对于读者理解XML的应用有着很大的帮助。

(3) 全书主要使用表示股票行情信息的XML文档作为案例，部分需要使用命名空间的章节使用包含书籍和酒店预订的案例。

(4) 对于XML文档的解析和处理贯穿全书，每章都有相关的处理XML文档的Java

应用程序案例，包括普通应用程序、基于 HTTP 协议的网络应用程序、Servlet、Android 应用程序等。

读者对象

本书可作为高等院校软件工程、计算机科学与技术等相关学科的研究生参考教材，也可作为相关专业的本科教材，同时也可作为初学者学习 XML、Android 移动应用开发、Java EE 开发的培训教材。

本书作者

本书由北京联合大学信息学院彭涛、孙连英编写，其中，第 3、4、5、6、9、11 章由彭涛编写，第 1、2、7、8、10、12 章由孙连英编写，全书由彭涛统稿。在编写过程中，得到了华阳、章磊、闫鑫、杨海涛、王满、郭强等的帮助，在此表示感谢。

本书受到北京市教育委员会科技发展计划项目（KM201211417002）、北京联合大学人才强校计划的资助。

对于本书实例开发中的程序源代码，读者可以在清华大学出版社网站上免费下载。

书中遗漏或错误之处，敬请读者批评指正。

目　录

第 1 章　XML 简介

1.1　什么是 XML

1.1.1　XML 的产生背景

1996 年，万维网相关技术的主要设计组织 W3C（World Wide Web Consortium，万维网联盟）开始创建一种可扩展的标记语言，它要能够结合 SGML（Standard Generalized Markup Language，标准通用标记语言）的灵活性并能像 HTML（Hypertext Markup Language，超文本标记语言）一样可以被广泛接受，这种语言就是 XML 语言，其全称是 Extensible Markup Language，称为可扩展标记语言。所谓可扩展是指 XML 允许用户按照 XML 规则自定义标签。XML 文件是由标签及其所包含的内容构成的纯文本文件，与 HTML 文件不同的是，这些标签可自由定义，其目的是使得 XML 文件能够很好地体现数据的结构和含义。W3C 推出 XML 的主要目的是让数据的内容更加容易理解，使基于 Internet 的数据交换更方便。W3C 的主页是 http://www.w3c.org，关于 XML 的网页在 http://www.w3c.org/XML，大部分的技术文档可以在 http://www.w3c.org/XR 找到。XML 1.0 版本是由 W3C 在 1998 年 2 月的推荐标准中定义的，W3C 的推荐标准就像 Internet 的 RFC（Request for Comments）一样，是一种非正式的“标准”。文档中的许多小问题和基础标准的一些变化导致了 2000 年 10 月第 2 版的出版，第 2 版修正和更新了文档，但没有改变 XML 本身。

W3C 为 XML 制定了 10 个设计目标，具体内容包括：

(1) XML 应该可以在 Internet 上直接使用；

(2) XML 应该广泛地支持不同的应用；

(3) XML 要和 SGML 兼容；

(4) 处理 XML 文档的程序应该容易编写；

(5) XML 的可选特征应该保持绝对最低限，最好是零；

(6) XML 文件要易读、清晰；

(7) XML 的设计应该可以快速预备；

(8) XML 应设计得正规、简洁；

(9) XML 文件应该很容易创建；

(10) XML 标签的简洁性应该是无关紧要的。

1.1.2　一个 XML 文档示例

示例 1.1 是一个简单的 XML 文件，该文件包含了 NASDAQ 市场股票行情的有关数据。

示例 1.1：Chapter01_01.xml

```
<?xml version="1.0"?>
<Stock>
    <Symbol>SINA</Symbol>
    <Last>59.92</Last>
    <Date>1/13/2012</Date>
    <Time>4:00pm</Time>
    <Change>-0.20</Change>
    <Open>59.16</Open>
    <High>60.95</High>
    <Low>58.41</Low>
    <Volume>3991991</Volume>
    <PreviousClose>60.12</PreviousClose>
    <AnnRange>46.86 -147.12</AnnRange>
    <Name>Sina Corporation</Name>
</Stock>
```

示例 1.1 中的 XML 文件包含了一个 XML 声明(有关 XML 声明将在第 2 章介绍)：

```
<?xml version="1.0"?>
```

和 13 个标签。每个标签都必须包括开始标签和结束标签，开始标签和结束标签之间的内容称为该标签所标记的内容，简称“标签的内容”。一个标签的内容可以包含文本或者其他标签，其中包含的标签称为该标签的子标签。XML 文件有且仅有一个根标签，其他标签都必须被根标签所包含，整个 XML 文件形成一个树状结构。在示例 1.1 的 XML 文件中，根标签的开始标签是<Stock>，结束标签是</Stock>，该根标签有 12 个子标签。XML 文件必须符合一定的语法规则，只有符合这些规则，XML 文件才可以被 XML 解析器解析，以便利用其中存储的内容。第 2 章会详细地讲解 XML 的语法规则。

下面的示例 1.2 和示例 1.3 中的 XML 文件都是错误的，其中示例 1.2 没有根标签，而示例 1.3 中标签 Symbol 与 Last 之间存在交叉，没有形成树状结构。

示例 1.2：Chapter01_02.xml

```
<?xml version="1.0"?>
<Stock>
    <Symbol>SINA</Symbol>
    <Last>59.92</Last>
</Stock>
<Stock>
    <Symbol>SINA</Symbol>
    <Last>59.92</Last>
</Stock>
```

示例 1.3：Chapter01_03.xml

```
<?xml version="1.0"?>
```

```
<Stock>
    <Symbol>SINA
    <Last></Symbol>59.92</Last>
</Stock>
```

1.2 XML与HTML的关系

XML的语法规则非常严格，这一点和HTML有很大的不同，HTML本身语法十分不严格，这在一定程度上影响了网络信息的传输和共享。W3C吸取了HTML发展的经验和教训，对XML指定了严格的语法标准。例如，标签都必须要有一个开始标签和结束标签，所有的标签都必须合理嵌套，即形成树状结构。也就是说，XML文件必须符合一定的语法规则，只有符合这些规则，XML文件才可以被XML解析器解析，以便利用其中存储的数据。XML文件分为格式良好的(well-formed)XML文件和有效的(validated)XML文件。符合W3C制定的基本规则的XML文件称为格式良好的XML文件，格式良好的XML文件如果再符合额外的关于标签的约束则称为有效的XML文件。格式良好的XML文件的内容参见第2章、第3章和第4章将讲解有效的XML文件。

为了检查一个XML文件是否是格式良好的，一个简单的方法就是使用浏览器(例如IE)打开XML文件。如果XML文件是格式良好的，浏览器将显示XML文件的内容，否则，将显示错误信息。图1.1显示了使用Microsoft Internet Explorer(以下简称IE)打开示例1.1的结果。图1.2显示了使用IE打开示例1.2时浏览器的报错信息，错误信息为“XML文档只能有一个顶层元素”，即根元素，报错在第6行，即第二个Stock标签的开始标签处，因为浏览器发现作为文档根元素出现的元素Stock出现了两次，违背了“XML文档只能有一个顶层元素”的规则。

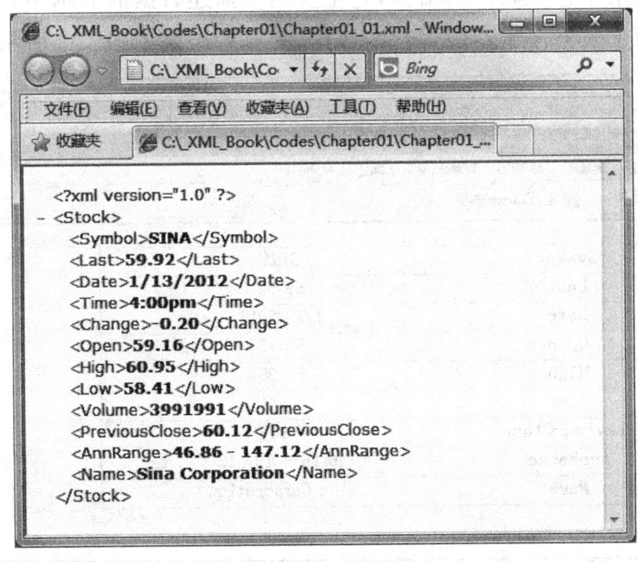

图1.1 示例1.1文档在浏览器中的显示结果

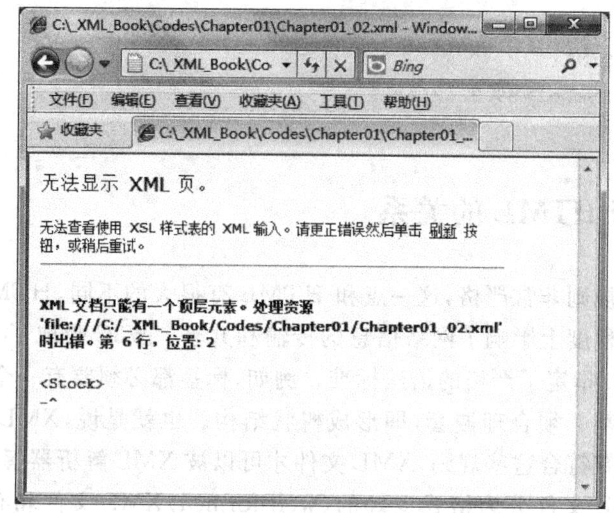

图 1.2　示例 1.2 文档在浏览器中显示的错误信息

XML 可以很好地描述数据的结构，有效地分离数据的结构和数据的显示，可以作为数据交换的标准格式，而在 AJAX（Asynchronous JavaScript And XML，异步的 JavaScript 与 XML，详见第 10 章）、Web Service（Web 服务，详见第 11 章）、云计算等相关技术中，XML 已经是数据交换领域事实上的行业标准。而 HTML 是用来编写 Web 页面的语言，HTML 同时存储了数据的内容和数据的显示外观，如果只想使用数据而不需要显示，则需要对 HTML 进行专门的处理，例如在 Internet 上广泛使用的搜索引擎，在抓取得到 Web 页面之后，就需要去除页面中包含的标签，保留页面中有用的数据并用于建立索引。另外，HTML 不允许用户自定义标签，目前的 HTML 大约有 100 多个标签。HTML 不是专门用于存储数据的结构，它主要用于描述数据的显示格式。示例 1.4 中的 HTML 文档使用了表格来显示股票行情数据，其显示结果如图 1.3 所示。

显示 Stock 信息 - Windows Internet Explorer

Symbol	SINA
Last	59.92
Date	1/13/2012
Open	59.16
High	60.95
Low	58.41
PreviousClose	60.12
AnnRange	46.86 - 147.12
Name	Sina Corporation

图 1.3　示例 1.4 中 HTML 文档在浏览器中的显示结果

示例 1.4：Chapter01_01.html

```
<html>
    <head>
        <title>显示 Stock 信息 </title>
    </head>
    <body>
        <table border="2">
            <tr>
                <th align="center" width="180">Symbol</th>
                <td align="center" width="300">SINA</td>
            </tr>
            <tr>
                <th align="center">Last</th>
                <td align="center">59.92</td>
            </tr>
            <tr>
                <th align="center">Date</th>
                <td align="center">1/13/2012</td>
            </tr>
            <tr>
                <th align="center">Open</th>
                <td align="center">59.16</td>
            </tr>
            <tr>
                <th align="center">High</th>
                <td align="center">60.95</td>
            </tr>
            <tr>
                <th align="center">Low</th>
                <td align="center">58.41</td>
            </tr>
            <tr>
                <th align="center">PreviousClose</th>
                <td align="center">60.12</td>
            </tr>
            <tr>
                <th align="center">AnnRange</th>
                <td align="center">46.86-147.12</td>
            </tr>
            <tr>
                <th align="center">Name</th>
                <td align="center">Sina Corporation</td>
            </tr>
        </table>
    </body>
</html>
```

上述 HTML 文档从文档的结构上无法体现数据之间的逻辑关系，浏览器仅仅是能将上述标签中所包含的文本采用表格显示方式显示在浏览器中。和 HTML 不同的是，XML 可自定义标签，标签名称是对所包含数据内容含义的抽象，而不是数据的显示格式。XML 只关注数据的组织结构，以便 XML 解析器能够按照其结构对其进行访问，XML 本身不提供数据的显示格式。浏览器不能直接显示 XML 文件的标签内容，如果想让浏览器显示 XML 文件中标签的内容，就必须以某种方式告诉浏览器如何显示，一种方式是使用级联样式单(Cascading Style Sheet,CSS)，另一种方式是使用 XSLT(eXtensible Stylesheet Language Transformations)，与 XML 数据显示有关的内容将在第 5 章讲述。对于没有指定任何显示方式的 XML 文档(例如示例 1.1 中的 XML 文档)，大多数浏览器(包括 IE、Google Chrome 等)会以树状结构来显示，该树状结构与 XML 文档本身形成的树状结构是完全一致的，如图 1.1 所示。

1.3 XML 解析器

XML 解析器是 XML 和应用程序之间的一个中介程序，其目的是为应用程序从 XML 文件中解析出所需要的数据。例如，应用程序需要读取 XML 文件中存储的股票价格信息，并准备对价格进行数据分析处理。目前的 XML 解析器支持许多编程语言，本书主要采用 Java 语言(JDK 版本为 1.6)来处理 XML 文档。以下通过一个简单的示例程序 1.5 来说明 XML 解析器的用法，被解析的 XML 文档为示例 1.1 中的 XML 文件，程序运行结果如图 1.4 所示。

```
<terminated> TestReadXmlFile [Java Application] C:\Program Files\Java\jdk1.6\bin\javaw.exe

         Symbol: SINA
           Last: 59.92
           Date: 1/13/2012
           Time: 4:00pm
         Change: -0.20
           Open: 59.16
           High: 60.95
            Low: 58.41
         Volume: 3991991
  PreviousClose: 60.12
       AnnRange: 46.86 - 147.12
           Name: Sina Corporation
```

图 1.4 股票行情 XML 文档的解析结果

1.3.1 解析步骤

为了解析出示例 1.1 中 XML 文档存储的数据，需要包含如下步骤。

(1) 使用 javax.xml.parsers 包中的类 DocumentBuilderFactory，调用其静态方法 newInstance()来实例化一个 DocumentBuilderFactory 对象：

```
DocumentBuilderFactory factory=null;
factory=DocumentBuilderFactory.newInstance();
```

(2) 通过 factory 对象调用 newDocumentBuilder()方法，返回一个 DocumentBuilder 类型的对象 builder，该对象即为基于 DOM(Document Object Model，文档对象模型，详见第 6 章)的 XML 解析器：

```
DocumentBuilder builder=null;
builder=factory.newDocumentBuilder();
```

(3) 通过 builder 对象调用其 parse()方法解析指定的 XML 文件，并将该 XML 文件的解析内容以对象的形式返回，该对象是实现了 Document 接口的一个实例：

```
Document document=null;
document=builder.parse(new File(XML_FILE_PATH));
```

(4) 通过 document 对象调用其 getDocumentElement()方法可获得 XML 文件的文档根元素，即根标签(对于示例 1.1 而言就是 Stock)：

```
Element stock=null;
stock=document.getDocumentElement();
```

(5) 通过 stock 对象调用其 getChildNodes ()方法可获得文档根元素的所有子节点的集合，其返回类型是一个 Node 类型的容器 NodeList：

```
NodeList children=null;
children=stock.getChildNodes();
```

然后遍历该容器，通过 NodeList 接口的 item(int)方法获取每一个子节点，其类型是 Node 接口，通过调用该接口的 getNodeType()方法可获取该节点的节点类型，通过调用 getNodeName()方法可获取该节点的节点名称，通过调用 getTextContent()方法可获取该节点所包含的文本内容。

1.3.2 解析股票行情 XML 文档

根据上述解析步骤，对股票行情 XML 文档进行解析的程序如示例 1.5 所示。

示例 1.5：TestReadXmlFile.java

```
package chapter_01;
import java.io.File;
import javax.xml.parsers.DocumentBuilder;
import javax.xml.parsers.DocumentBuilderFactory;
import org.w3c.dom.Document;
import org.w3c.dom.Element;
import org.w3c.dom.Node;
import org.w3c.dom.NodeList;
```

```
import org.xml.sax.SAXException;
import org.xml.sax.SAXParseException;
import org.xml.sax.helpers.DefaultHandler;
public class TestReadXmlFile{
    public static final String XML_FILE_PATH="D:\\_XML_Book\\Chapter01_01.xml";
    public static void main(String[] args){
        DocumentBuilderFactory factory=null;
        DocumentBuilder builder=null;
        MyXmlHandler handler=new MyXmlHandler();
        Document document=null;
        Element stock=null;
        NodeList children=null;
        int size=0;
        try{
            factory=DocumentBuilderFactory.newInstance();
            //获取一个 DOM 解析器
            builder=factory.newDocumentBuilder();
            //设置解析器的错误处理器
            builder.setErrorHandler(handler);
            //解析指定的 XML 文件并返回 Document 接口类型的对象
            document=builder.parse(new File(XML_FILE_PATH));
            //获取 document 所代表的 XML 文件中的文档根元素,即根标签
            stock=document.getDocumentElement();
            //获取 stock 元素所有的子节点
            children=stock.getChildNodes();
            size=children.getLength();
            for(int i=0;i< =size-1;i++){
                Node node=children.item(i);
                //如果是文本类型的节点,则不处理,继续下一次循环
                if(node.getNodeType()==Node.TEXT_NODE){
                    continue;
                }
                //获取节点的名称,如果是标签则是标签的名称
                String nodeName=node.getNodeName();
                //获取节点的内容,如果是标签则是其直接包含的文本内容
                String nodeValue=node.getTextContent();
                System.out.printf("\nn%15s: %s",nodeName,nodeValue);
            }
        }
        catch(Exception e){
            System.err.println(e);
        }
    }
}
```

```
class MyXmlHandler extends DefaultHandler{
    @Override
    public void error(SAXParseException e)throws SAXException{
        this.errorMessage=e.getMessage();
        System.err.println("一般错误: "+this.errorMessage);
    }
    @Override
    public void fatalError(SAXParseException e)
        throws SAXException{
        this.errorMessage=e.getMessage();
        System.err.println("致命错误: "+this.errorMessage);
    }
    String errorMessage=null;
}
```

1.4 XML 的优点

1.4.1 良好的可扩展性

在 XML 产生之前，要想定义一个标记语言并推广利用它非常困难。一方面，如果制定了一个新的标记语言并期望它能生效，需要把这个标准提交给相关的组织(如 W3C)，等待它接受并正式公布这个标准，经过几轮的评定和修改，到这个标记语言终于成为一个正式推荐标准时，可能已经用了几年的时间。另一方面，为了让这套标签得到广泛应用，制订者必须为它配备浏览工具。这样，就不得不去游说各个浏览器厂商接受并支持新制定的标签，或者自己开发一个新的浏览器，与现有的浏览器竞争。无论上述哪个办法，都需要耗费大量的时间和工作。现在借助 XML 的帮助，制定新的标记语言要简单易行得多，这也正是 XML 的优势所在。

大家都知道，各个行业可能会有一些独特的要求。比如说，化学家需要化学公式中的一些特殊符号，建筑家需要设计图样中的某些特殊标记，音乐家需要音符，这些都需要单独的标记。但是，其他网页设计者一般不会使用这些记号，因此不需要这些标签。XML 的优点就在于它允许各个组织、个人建立适合他们自己需要的标签库，并且这个标签库可以迅速地投入使用。

不仅如此，随着当今世界越来越多元化，要想定义一套各行各业都能够普遍应用的标签既困难，也没有必要。XML 允许各个行业根据自己独特的需要制定自己的一套标签，同时它并不要求所有浏览器都能处理这成千上万个标签，同样也不要求标记语言的制定者制定出一个非常详尽、非常全面的语言，从而适合各个行业、各个领域的应用。比起那些追求大而全的标记语言的做法，这种具体问题具体分析的方法实际上更有助于标记语言的发展。

实际上，现在许多行业、机构都利用 XML 定义了自己的标记语言，比较早而且比较典型的有：化学标记语言 CML(Chemical Markup Language，由 Peter Murray-Rust 等人制订)和数学标记语言(MathML 1.0，W3C 的推荐标准，1998 年 4 月 7 日)。

1.4.2 内容与形式的分离

XML 不仅允许自定义一套标签，而且这些标签不必仅限于对显示格式的描述。XML 允许根据不同的规则来制定标签，比如根据商业规则、数据描述甚至可以根据数据关系来制定标签。

仍以前面存储股票行情信息的文档为例，对两种不同类型的文档进行一个详细的比较。

在示例 1.4 中，文档是用 HTML 语言编写的。尽管这也是存储并显示数据的一种可行的方法，但它的效率和能力却非常有限，至少存在以下几个严重的问题：

- 显示方式内嵌于数据之中。在这个例子中，数据是用表格的形式来显示的，如果在某个时候决定改用列表来显示这些数据，那么不得不重新编写这个 HTML 文件。
- 在数据中寻找信息非常困难。假如需要从这个网页中找到 Sina 信息，就需要编写一个脚本程序，譬如使用 JavaScript 或 VBScript。程序应该如何编写呢？唯一可行的办法就是逐字寻找 Sina 这个字符串。
- 数据自身的逻辑不得不让位于 HTML 语言规范的逻辑。如果要用 Java Applet 来处理数据，则这个 Java Applet 将不得不遍历整个 HTML 文件，把所有的 HTML 标记剔除掉，再把剥离出来的有用的数据重新组织。同样，任何一个不是单纯为了显示 HTML 文件的应用程序在处理 HTML 文件中的数据时，都不得不做大量的额外工作。

当使用 XML 时数据的表示形式参见示例 1.1，此时，以上问题就迎刃而解了，回顾示例 1.1 可以看出，现在的标签为要表现的数据赋予了一定的含义。使用 XML 进行数据存储时，数据非常简单明晰，因为它所携带的信息不是显示上的描述，而是语义上的描述。信息的显示方式已经从信息本身抽取出来，单独放在了“样式单”中。这样一来，上面所说的 HTML 的 3 个问题都得到了很好的解决。

XML 内容与显示相分离的好处如下：

- 在 XML 中，显示样式从数据文档中分离出来，放在样式单文件中。这样，如果要改动信息的表现方式，无须改动信息本身，只要修改样式单文件即可。如果要把表格的数据改用列表显示，则无须再去修改数据文档，因为数据文档的显示方式已经委托给样式单文件了，因此只要修改相应的样式单文件即可。
- 在 XML 中数据搜索可以简单、高效地进行。搜索引擎没有必要再去遍历整个 XML 文档，而只须找一下相关标签下的内容。也就是说，要想找 Sina，只要看看<Name>这个标签下的字符串数据是否匹配即可。
- XML 是自我描述的语言。即便是对于一个对预先定义的标签一无所知的人，这个文档也是清晰可读的。显然，XML 文档中的<Symbol>SINA</Symbol>代表了一个公司的股票代码，可是 HTML 文档就不那么清楚了。此外，信息之间的某些复杂关系，比如树状结构、继承关系等，在 XML 中也都得到了很好的体现，这样就大大方便了 XML 应用处理程序的开发。

1.4.3 遵循严格的语法要求

HTML 的语法要求并不严格，浏览器可以显示有文法错误的 HTML 文件。但是，XML 不但要求标记配对、嵌套，而且还要求严格遵守 DTD(Document Type Definition，文档类型定义，详见第 3 章)或者 XML Schema(详见第 4 章)的规定。XML 非常注重准确性，无论语法有什么差错，XML 分析器都会停止对它的进一步处理。在处理 HTML 文件时，浏览器通常具备一个内置的修改功能去猜测 HTML 文件中漏掉了什么，并试图修改这个有错误的 HTML 文件。XML 解析器则不同，无论这个 XML 解析器是内嵌在浏览器中还是作为独立的处理器，都绝对不允许猜测和修改。就像编译一个程序一样，一个 XML 文档或者被判断为"正确"而被接受，或者被判断为"错误"而不被接受。这是因为 XML 的宗旨在于通过自定义的标签来传递结构化的数据，一个 XML 文档分析器无法像处理一个已有了一套固定 DTD 的 HTML 文件那样猜出文件中到底有什么，或者缺什么。

严格的语法要求固然表面上显得烦琐，但一个具有良好语法结构的文档可以提供较好的可读性和可维护性，从长远来看还是大有裨益的。这大大减轻了 XML 应用程序开发人员的负担，也提高了 XML 处理的时间和空间效率。随着 XML 的自动生成工具和所见即所得的编辑器的广泛使用，XML 的编写者也就不用操心 XML 的源代码，更不用去想 XML 的一些琐碎的语法规则了。当然，这对于 XML 的开发工具也就提出了较高的要求。

1.4.4 便于信息的传输

当今的计算机世界中，不同企业、不同部门中存在着许多不同的系统。操作系统有 Windows、UNIX 等，数据库管理系统有 DB2、SQL Server、Oracle 等，要想在这些不同的平台、不同的数据库管理系统之间传输信息，不得不使用一些特殊的软件，这样就非常不方便。而不同的显示界面，从工作站、个人计算机到移动终端(例如手机、平板电脑等)，使这些信息的个性化显示也变得相当复杂。

有了 XML，各种不同的系统之间可以采用 XML 作为交流媒介。XML 不但简单易读，而且可以标记各种文字、图像甚至二进制文件，只要有了 XML 处理工具，就可以轻松地读取并利用这些数据，这使得 XML 成为异构系统之间一种理想的数据交换格式。

1.4.5 具有较好的保值性

XML 的保值性来自它的先驱 SGML 语言。SGML 作为一套有着十几年历史的国际标准，它最初设计的一大目标就是要为文档提供 50 年以上的寿命。

我们是通过流传至今的大量历史文献知道祖先悠久辉煌的历史，同样，我们的后代也要靠我们流下的文字资料来了解我们。可是现在大部分资料都是电子文档的形式，而且很多没有被打印下来单独存档。若干年后，我们的子孙很可能面对着这些电子文档，苦于没有软件工具能够打开。如果没有 XML，恐怕只有两个办法：要么返璞归真继续使用纸介质，要么不辞辛苦随着软件的更新换代来大规模地转换原有文档到最新格式。SGML 和 XML 不但能够长期作为一种通用的标准，而且很容易向其他格式的文档转化，它们的设计对这一问题给出了圆满的解决方案。

1.5 XML 的应用

设计 XML 的本意是用来存储、传送和交换数据的，而不是用来显示数据的，其主要用途如下。

1. 创建新的标记语言

作为元标记语言，XML 可以为用户定义适合本行业领域的标记语言。目前这一应用的成功案例比比皆是，例如化学领域的 CML、数学领域的 MathML、移动通信领域的 WML 等。

2. 数据存储

XML 文档是带有一定语义的纯文本格式的文件，可以用来存储数据，也可以方便地编写应用程序来存储和读取数据。由于 XML 独立于硬件、软件系统，因此也可以使用除标准 HTML 浏览器之外的其他应用程序使用 XML 数据文档。其他应用程序也可以将 XML 文档作为数据源来访问，就像访问数据库一样，使得用 XML 存储的数据更为有用。XML 良好的自描述性也使它成为保存历史档案，如政府文件、公文、科学研究报告等文档数据的最佳选择方案。

3. 数据交换

使用 XML 可以将数据在异构系统之间进行传输。在现实中，异构的计算机系统和数据库管理系统所包含的数据格式互不兼容。将数据转换成 XML 格式就能够被不同类型的多种应用程序阅读，可以大大地降低应用的复杂性。XML 也成为 Internet 上企业之间交换信息的主要数据格式。2005 年推出并已得到广泛应用的 AJAX 技术，即采用 XML 作为信息交换的数据格式，AJAX 有关的内容详见第 10 章。在分布式计算的最新技术——Web Service 技术中，XML 同样作为数据传输和数据交换的实现方式，Web Service 有关的内容详见第 11 章。目前除 XML 之外，还有一个比 XML 更轻量级的数据交换格式——JSON(JavaScript Object Notation)也开始得到广泛的应用，JSON 有关的内容详见第 9 章。

4. Web 应用

由于 XML 是由 SGML 特别为 Web 简化的，因此 XML 文档将成为 Web 资源的重要组成部分，同时 XML 也使搜索引擎更为智能和准确。XML 在 Web 方面的应用如下。

- 集成不同数据源。XML文档可以用来描述包含在不同应用的数据，从Web页面到数据库记录等，Web应用的中间层服务程序将这些用XML表示的数据组合起来，然后提交给客户端或者下一步的应用。XML还提供客户端包含机制，可以将多个来源的数据集成在一个文档内显示。
- 本地计算。XML数据传输到客户端后，客户端可以利用XML分析器对数据进行解析和操作，在完成系统所需功能的同时，合理分配客户端和服务器的负荷。数据库记录可以直接传输到客户端，然后再进行排序，传统的HTML就无法做到这一点。
- 数据的多种显示。XML将内容和表现分离，XML只描述数据的结构和语义，显示外观则通过样式单文件(CSS或者XSL)进行描述。因此，只需在显示时配置不同的样式单，即可实现多种显示效果。
- 网络出版。随着互联网的发展，网络已经成为一种新的媒体，人们在网络上发布各种信息，信息的发布形式和发布语言也多种多样，其中基于XML的显示技术和显示语言发挥重要作用。比如eBook、eNewspaper等，就利用了XML的显示语言。
- 支持Web应用的互操作和集成。Web界面定义语言(Web Interface Definition Language，WIDL)是WebMethods公司定义的一个XML应用，它是一个能够用于Web的资源和企业应用接口的语言标准。通过它，Web应用可以自动存取Web资源和企业应用。

总之，作为表示结构化数据的行业标准，XML向软件组织、软件开发人员、Web站点和最终用户提供了极大的便利。在电子商务、云计算、物联网等技术领域，使用XML的力度将进一步增大。XML是W3C推出的标准，已获得非常广泛的行业支持，W3C研究小组确保对工作在多系统和多浏览器上的用户之间的互操作性支持，并不断加强XML标准。XML在采用简单、柔性的标准化格式表达以及在应用程序之间交换数据方面是一个革命性的进步。XML不仅提供了直接在数据上工作的通用方法，而且XML的优势在于将用户界面和结构化数据相分离，允许不同来源数据的无缝集成和对同一数据的多种处理。从数据描述语言的角度看，XML是灵活的、可扩展的，有着良好的结构和约束规则；从数据处理的角度看，XML足够简单并易于阅读，几乎和HTML一样容易学习，同时比HTML更易于被应用程序处理。因此，XML目前已经成为结构化数据表示与交换的事实上的行业标准，并将随着分布式计算、移动计算、云计算、物联网等新兴技术和应用领域的发展得到更广泛的应用。

1.6 习题

1. 广泛使用的HTML存在哪些缺点？
2. 请简要说明XML与HTML的联系和区别。
3. XML是元标记语言，请说明元标记语言的含义。
4. 请说明XML的特点及其优越性。
5. 通过调研列举出XML的至少3个具体应用领域并进行简要说明。

第 2 章　XML 的规范性：格式良好

XML 文件是由标签及其所标记的内容构成的文本文件，与 HTML 文件不同的是，这些标签可自由定义，其目的是使 XML 文件能够很好地体现数据的结构和含义。但是，XML 文件必须符合一定的语法规则，只有符合这些语法规则，XML 文件才可以被 XML 解析器解析，以便利用其中的数据。XML 文件分为格式良好的（well-formed）XML 文件和有效的（validated）XML 文件。符合 W3C 制定的基本语法规则的 XML 文件称为格式良好的 XML 文件，格式良好的 XML 文件如果再符合额外的一些约束就称为有效的 XML 文件。本章介绍格式良好的 XML 文件，第 3 章和第 4 章将讲述有效的 XML 文件。

一个格式良好的 XML 文件必须满足 W3C 所指定的标准，例如，文件以"XML 声明"开始、文件有且仅有一个根标签，其他标签都必须包含在根标签中，文件的标签必须能够形成树状结构、非空标签必须由"开始标签"和"结束标签"组成等。一般认为，格式不良好的 XML 文件是没有实用价值的文件，甚至不能称为一个 XML 文件。本章讲述的内容都是 W3C 所指定的规范标准。

格式良好的 XML 文档在使用时可以不使用 DTD 或 XML Schema 来描述它们的结构，它们也被称作独立的 XML 文档。这些数据不能够依靠外部的声明，属性值只能是没有经过特殊处理的值或默认值。

一个格式良好的 XML 文档包含一个或多个元素（用开始标签和结束标签分隔开），它们相互之间必须正确地嵌套。其中有一个元素，即文档元素，也称为根元素，包含了文档中的其他所有元素。所有的元素构成一个简单的层次树，所以元素和元素之间唯一的直接关系就是父子关系。兄弟关系经常能够通过 XML 应用程序内部的数据结构推断出来，但这些既不直接，也不可靠（因为元素和它的子元素之间可能会插入新的元素）。XML 文档的内容可以包括标签和字符数据。

XML 文档如果满足下列条件就是格式良好的文档：

- 结束标签匹配相应的开始标签（空标签除外）；
- 在元素嵌套定义时没有重叠（或交叉，详见 2.2 节）；
- 对一个元素来说，没有多个相同名称的属性；
- 所有标签构成一个层次树；
- 只有一个根标签；
- 没有对外部实体的引用（除非提供了 DTD）。

任何 XML 解析器如果发现在 XML 数据中存在并不是格式良好的结构，就必须向应用程序报告一个"致命错误"（fatal error）。致命错误不一定导致解析器终止操作；它可以继续处理，试图找出其他错误，但它不再以正常的方式向应用程序传递数据和 XML 结构。之所以采用这类错误处理方式，是因为 XML 简洁的设计目标，以及 XML 更多的不是用于显示。对于 HTML/SGML 来说，它们的工具都要比 XML 宽容许多。HTML 浏览器通常会显示出绝大多数支离破碎的 Web 页面，这为 HTML 的快速流行做出了巨大贡献。然而，真正的显示结果会因浏览器而异。同样，SGML 工具即使遇到错误，通常也会尽力继续处理文档而不是报告错误信息。

格式良好的文档的存在使得可以使用 XML 数据而不必承担构建和引用外部描述的重任。术语“格式良好的”与数学逻辑有着相似之处，一个命题如果满足语法规则就是格式良好的，而与命题是真是假无关。

2.1 XML 文档的结构

XML 有很多用途，它最基本的用途是表示结构化数据。那么，如何用 XML 来表示各种各样的数据呢？下面来分析一个简单的 XML 文档，参见示例 2.1。

示例 2.1：Stocks.xml

```
<?xml version="1.0" encoding="GBK" standalone="yes" ?>
<?xml-stylesheet type="text/css" href="stocks.css" ?>
<!--这是一个股票行情信息文档 -->
<Stocks>
    <Stock>
        <Symbol>SINA</Symbol>
        <Last>59.92</Last>
        <Date>1/13/2012</Date>
        <Time>4:00pm</Time>
        <Change>-0.20</Change>
        <Open>59.16</Open>
        <High>60.95</High>
        <Low>58.41</Low>
        <Volume>3991991</Volume>
        <PreviousClose>60.12</PreviousClose>
        <AnnRange>46.86 -147.12</AnnRange>
        <Name>Sina Corporation</Name>
    </Stock>
    <Stock>
        <Symbol>SOHU</Symbol>
        <Last>55.93</Last>
        <Date>1/13/2012</Date>
        <Time>4:00pm</Time>
        <Change>+ 1.39</Change>
        <Open>53.91</Open>
        <High>56.02</High>
        <Low>53.28</Low>
        <Volume>1421358</Volume>
        <PreviousClose>54.54</PreviousClose>
        <AnnRange>45.40 -109.37</AnnRange>
```

```
        <Name>Sohu.com Inc.</Name>
    </Stock>
    <Stock>
        <Symbol>NTES</Symbol>
        <Last>44.86</Last>
        <Date>1/13/2012</Date>
        <Time>4:00pm</Time>
        <Change>+ 0.24</Change>
        <Open>44.53</Open>
        <High>44.99</High>
        <Low>44.25</Low>
        <Volume>422740</Volume>
        <PreviousClose>44.62</PreviousClose>
        <AnnRange>35.74 - 55.00</AnnRange>
        <Name>NetEase.com</Name>
    </Stock>
</Stocks>
<!--存储了 Sina 等公司的股票信息 -->
```

示例 2.1 中的 XML 文档虽然简单，却是一个结构完整的 XML 文档。一般地，一个 XML 文档主要由 3 个部分组成。

- XML 序言(prologue)，从 XML 声明到文档元素开始前的部分，对示例 2.1 来说，包括：

```
<?xml version="1.0" encoding="GBK" standalone="yes"?>
<?xml-stylesheet type="text/css" href="stocks.css"?>
```

- 文档主体(body)，就是文档根元素所包含的内容。文档的主体由一个或多个元素组成，是文档的核心及内容所在的地方，XML 文档中所有可以被应用程序使用的信息都存放于此。所有的 XML 文档都必须至少包含一个根元素。
- 尾声(epilogue)，就是文档根元素后面的部分，尾声的内容可以包括注释、处理指令和/或紧跟在元素后的空白。对示例 2.1 来说，包括：

```
<!--存储了 Sina 等公司的股票信息 -->
```

因此，一个 XML 文档最基本的语法要素包括 XML 声明(XMI，文档声明)、处理指令、注释和 XML 元素。可以看出，与 HTML 一样，XML 也是一个基于文本的标记语言，用标签(一对尖括号)来表示数据。不同的是，XML 的标签说明了数据的含义，而不是如何显示它。XML 文档的主体内容由一个根元素构成，在示例 2.1 中这个根元素的名称是 Stocks，它由开始标签<Stocks>和结束标签</Stocks>组成，开始标签与结束标签之间就是这个元素的内容。由于各个元素内容被各自的标签所包含，在 XML 中各种数据的分类查找和处理变得非常容易。

2.1.1 XML 声明

XML 文档是以序言开头的，用于表示 XML 数据的开始。它描述了数据的字符编码，并为XML解析器和应用程序提供一些其他的配置信息。

XML序言的组成包括：一个XML声明，其后可能紧跟着几个注释、处理指令和(或)空白字符；接着是一个可选的文档类型声明，其后也可能再跟着几个注释、处理指令和(或)空白字符。由于这些内容都是可选的，因此这就意味着序言可以被省略，而整个XML文档仍然是格式良好的。

所有的XML文档都应该以一个XML声明(XML Declaration)开始。文档声明在大多数XML文档中不是必需的，但它有助于清晰地把数据标识为XML，并且当处理文档时允许进行一些优化。如果XML数据使用的编码不是UTF-8或者UTF-16，那么必须使用带有正确编码的XML声明。如果XML文档包括了XML声明，那么字符串常量<?xml必须是文档最前面的6个字符，XML声明之前不允许存在空白(例如，空格、Tab制表符或者空行)或者嵌入注释。

虽然XML声明看上去确实与处理指令(Processing Instruction，PI)类似，但从严格意义上来说它不是一条处理指令，它是由XML 1.0推荐标准定义的唯一的声明。不过，XML声明了使用类似处理指令的分隔符(<?、?>)和类似元素的属性的语法，这些与在元素标记中使用属性的语法非常相似(单引号或双引号用于定界字符串值)。

XML 1.0规范中已经定义了3个参数：

- version——这是必需的。它的值当前必须为1.0(目前还没其他版本被定义)。该参数用来保证对XML未来版本的支持。
- encoding——可选。它的值必须是一种合法的字符编码，例如UTF-8、UTF-16或者ISO-8859-1(即Latin-1字符编码)。如果没有包含这个参数，就假设是UTF-8或UTF-16编码。在示例2.1的XML文档中由于存在中文注释，因此其编码集使用了GBK。
- standalone——可选。值必须是yes或no；如果是yes就意味着所有必需的实体声明都包含在文档中，如果是no就意味着需要外部的DTD(详见第3章)或XML Schema(详见第4章)。

尽管以上的键-值对看起来与XML属性非常类似，但是相比之下有很多关键的不同。与XML属性(它能以任何顺序排列)不一样，上述这3个参数必须按上面的顺序依次出现。另一方面，也是与大多数XML属性不同，encoding值是不区分大小写的。这种不一致主要是因为XML对现有ISO和IANA标准关于字符编码命名的依赖。XML早期的草案并没有要求名称大小写敏感，所以许多早期的XML实现者(包括Microsoft在内)，用的是声明的大写版本<?XML...?>。但是，最终的W3C推荐标准提出了大小写敏感的要求，并将xml规定为小写。这样一来，某些所谓的XML文档就不再是格式良好的XML 1.0文档了。

本章后面的例子将使用XML声明的基本版本。如果使用XML声明，版本是必需的(1.0是当前唯一有效的版本)。如果使用任何非UTF-8或UTF-16的编码，那么明确的encoding也是必需的。到目前为止，最好的实践表明，应该总是将带有version和encoding的XML声明进行明确地定义。

2.1.2 处理指令

处理指令(PI)是 XML 文档中用来给处理它的应用程序传递信息的元素。XML 解析器会把它原封不动地传给 XML 应用程序,由应用程序来解释这个指令,并按照它所提供的信息进行处理,或者再把它原封不动地传给下一个应用程序。

处理指令的一般格式是:

```
<?处理指令名 处理指令信息 ?>
```

其中,处理指令名是必需的部分,而且必须是有效的 XML 名称,它可以是应用程序的实际名字,或者是在 DTD 中指向应用程序的记号名,也可以是能被应用程序识别的其他名字。由于 XML 声明的处理指令名是 xml,不管是由大写字母还是由小写字母组成的都被保留,因此其他处理指令名不能再使用 xml。处理指令信息部分是被传送到应用程序的信息,它可以由任何连续的字符组成,但不能包含字符串?>。

一种常见的处理指令是样式单处理指令,它用来告诉 XML 文档的处理程序(例如,浏览器),将一个样式单和 XML 数据关联起来,而且可以在指定的地方找到样式单。在示例 2.1 中包含了一个样式单指令:

```
<?xml-stylesheet type="text/css" href="stocks.css"?>
```

当使用浏览器(例如 IE)打开该存储了股票行情信息的 XML 文档时,浏览器将根据样式单处理指令指定的位置处(此处是当前目录)寻找样式单"stocks.css",并根据样式单显示 XML 文档中的股票行情信息。

处理指令不是 XML 文档的通用结构部分,是为特定的应用程序提供额外信息的,而不是为所有读取该 XML 文档的应用程序提供信息的。处理指令的内容由应用程序和文档的作者根据处理的需要来确定,可以插入到 XML 文档中除了元素的开始标签和结束标签之外的任何地方——在文档的序言中、在文档元素的后面、元素的内容中均可。应用程序在读取文档时,当遇到它能够识别的处理指令时,会进行相应的处理,当遇到它不能识别的处理指令时,将简单地跳过这些处理指令。

处理指令具有广泛的用途,应用程序和文档的作者可以根据处理的需要,设计各种各样的处理指令。

2.1.3 注释

许多编程语言中都可以使用注释。就像在程序中引入注释一样,人们希望在 XML 文档中加入一些用作解释的字符数据,并且希望 XML 处理器不对它们进行任何处理。这种类型的文本称为注释文本,XML 标准规定:对于这一类文本,XML 处理程序可以忽略,也可以读取注释的正文传递给应用程序作为参考。但无论采用哪种方式,它至多只提供参考,永远不是真正的 XML 数据。注释用于对语句进行某些提示或说明,带有适当注释语句的 XML 文档不仅使其他人容易读懂,易于交流,更重要的是,它可以使用户自己将来对此文档方便地进行修改。

注释的语法形式如下：

```
<!--注释文本 -->
```

可以看出，它和HTML中的注释语法是相同的，非常简单，容易使用。注释可以出现在标签之外和XML声明之后的任何地方。

在XML文档中使用注释时，要注意以下几点：

(1) 注释不能出现在XML声明之前，因为XML声明必须是文档的第一行。

(2) 在注释文本中不能出现字符-或字符串--，以免XML处理器把它们和注释的结束标志-->相混淆。除此之外，注释可以包含任何内容。更重要的是，注释内的任何标签都会被忽略。如果想去除XML文档的一部分，只需要把这部分注释掉即可；如果要恢复被注释掉的部分，则只需去掉注释标记即可。

(3) 不能把注释文本放在开始标签和结束标签之中，否则，XML文档就违反了格式良好的XML文档关于标签的规定。此时如果用浏览器打开，则浏览器会报错。例如，把Last的开始标签<Last>改为<Last<!--最新价格-->>之后，浏览器报错的情况如图2.1所示，错误信息为"标签名称包含无效字符"。

(4) 注释不能嵌套，即注释文本中不能再包含另一个注释。

大多数浏览器都以灰色字体来显示XML文档中的注释。

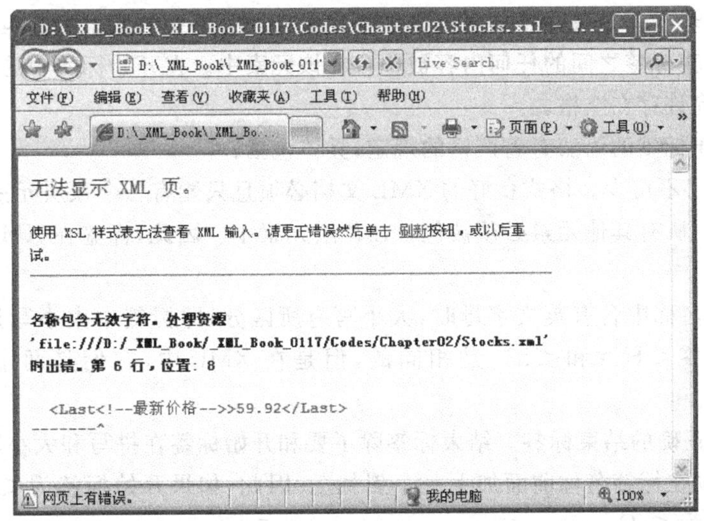

图2.1 注释放在标签中浏览器的处理结果

2.2 元素

元素（在XML文档中体现为标签）是XML标记的基本组成部分，可以看作为容器。它们可以有关联的属性和（或）包含其他元素、字符数据、字符引用、实体引用、处理指令（PI）、注释和（或）CDATA部分。不用担心这些术语都是什么意思，接下来我们会进行解释。事实上，大多数 XML 数据（除了注释、PI 和空白）都必须被包含在元素中。元素是 XML 内容的基本容器，它可以包含字符数据、其他元素以及(或)其他标记(注释、PI、实体引用等)。由于元素代表的是一些离散的对象，因此可以把它们看做是 XML 语言中的名词。

元素是 XML 文档内容的基本单元，元素使用标签(Tag)进行分隔。格式良好的 XML 文档的主体部分必须包含在一个单一的元素中，这个单一的元素称为文档元素或根元素，所有其他元素都必须被包含在文档元素中。例如，示例 2.1 中的文档根元素为 Stocks，其他元素如 Stock、Symbol、Last 等都包含在元素 Stocks 中。

2.2.1 标签

元素使用开始标签和结束标签进行界定。如果元素没有内容，则称为空元素，它既可以使用开始标签/结束标签对来表示，也可以使用简便形式：空元素标签。与 HTML 和 SGML 的松散语法不一样，结束标签不能被省略，除非是空元素标签。每种标签均由封闭在一对尖括号(<>)中的元素类型名(这必须是一个有效的 XML 命名)组成。

一个元素开始的定界符被称为开始标签。开始标签由封闭在一对尖括号里的元素类型名和一些属性(属性将在后续部分讨论)组成。可以把开始标签看作“打开”了一个容器，该容器接着将由结束标签关闭。结束标签由正斜杠/紧随元素的名称组成，它也是封闭在一对尖括号中。结束标签的名称必须与相应开始标签中的元素名称匹配。在元素的开始标签和结束标签之间的任何内容被包含在该元素中。在开始标签中的<与元素类型名称之间，不允许存在空格。

XML 对于标签的语法有着严格的规定，具体包括：

(1) 标签必不可少。格式良好的 XML 文档必须且只能有一个顶层元素(称为文档元素或根元素)。所有其他元素必须被包含在顶层元素中。因此，标签在 XML 文档中是必不可少的。

(2) 标签名称中含有英文字母时，大小写有所区分，即标签中大小写是敏感的。在 HTML 中，标签<H>和<h>是相同的，但是在 XML 中，它们是两个截然不同的标签。

(3) 要有正确的结束标签。结束标签除了要和开始标签在拼写和大小写形式上完全相同外，还必须在标签名称前面加上一个斜杠/。因此，如果开始标签为<Open>，那么结束标签应该为</Open>。

(4) XML 严格要求标签配对。但为了简便起见，当一对标签之间没有任何文本内容时，可以不写结束标签，而在开始标签的最后加上表示结束的斜杠/，这样的标签称为空标签。空标签一般都有属性，有属性的空标签表示如下：

```
<标签名 [属性名 1="属性值 1" [属性名 2="属性值 1"2]/>
```

例如：

```
<Symbol id="SINA"/>
```

(5) 标签命名要合法。标签名由用户给定，但是应该符合 XML 的命名规则：

- 在使用默认编码的情况下，标签名可以由字母或下划线开头，后面跟着零到多个的字母、数字、句点(.)、冒号(:)、下划线或者连字符(-)。在指定了编码的情况下，则标签名称除了上述字符外，还可以出现该字符集中的合法字符。
- 不能以数字开头。
- 不能以字符串 xml(任何大小写形式)开头。
- 不能包含空格。
- 不能包含斜杠/。
- 最好不以冒号开头，尽管这是合法的，但可能会带来混淆。

空元素没有内容，但它可以有一些相关联的属性。可以只加入开始标签和结束标签对，而不在其中包含任何内容，例如：

```
<Logo></Logo>
```

当然，如果只是想指定一个点，而不是提供一个容器，那么使用简写形式可能会更好，它能节省些空间。这可以用<Logo/>元素来指出，而无须任何内容。所以，XML 指定空元素可以用简写形式表示，它是开始标签和结束标签的混合体。它既短小精悍，而且还能明确指出该元素不会有任何内容。空元素标签由一个元素类型名称紧跟一个正斜杠组成，并封闭在一对尖括号中。注意：在/和>之间不能有任何空白，在开始标签中的<与标签名称之间也不能有任何空白。

请注意：与 HTML 相比，HTML 中不封闭的标记(如
、<p>、<img>等)是 HTML 继承了 SGML 的人为规定，它们与空元素标签不同(虽然它们可能被转换成空元素标签)，也不允许在 XML 中使用。

空元素标签的另一常见应用包括一个或多个属性。这与 XML 数据中点的想法类似。例如，可以使用以下空元素在文本数据中插入图像：

```
<Logo source="companyLogo.gif"/>
```

2.2.2 元素内容

元素内容可以包括下列几种类型。

1. 字符数据

可以是任何合法的 Unicode 字符，不仅包含来自英语和其他西欧字母表中的常见字母与符号，也包含来自古斯拉夫语、希腊语、希伯来语、阿拉伯语、汉语和日语的象形汉字和韩国 Hangul 音节表等，但不能包含被预留做特殊用途的字符，如<，因为该字符被预留用作标签的开始符号。

为了避免把字符数据和标签中需要用到的一些特殊符号相混淆，XML 还提供了一些有用的预定义实体(实体及其引用将在第 3 章中讲解)，可以不必提前说明而引用这些实体来代替特殊符号。表 2.1 列出了 5 个 XML 已经预定义的字符实体。

表 2.1 5个 XML 预定义的字符实体

特殊字符	实体名	实体引用	特殊字符	实体名	实体引用
>	gt	>	"(双引号)	quot	"
<	lt	<	'(单引号)	apos	'
&	amp	&			

另外，有些字符无法从键盘输入到 XML 文档中，例如希腊字母，此时可以使用字符引用来解决这一困难。XML 支持字符引用，例如 & #945;会被解析器替换成希腊字母α。所谓字符引用，就是使用字符的 Unicode 代码点（字符在 Unicode 字符集中的顺序位置）来引用该字符。以 & #开始的字符引用，使用代码点的十进制；以 & #x 开始的字符引用，使用代码点的十六进制。对于 Microsoft Windows 操作系统，可以使用字符映射表来获取字符的代码点（附件→系统工具→字符映射表）。

2. CDATA 段

包含除字符串“<![CDATA[”和“]]>”之外的任意字符的文本块，CDATA 段将在本章后续小节中介绍。

3. 处理指令

在 XML 文档中，处理指令是用来给处理 XML 文档的应用程序提供相关信息的。XML 解析器可能对它并不感兴趣，只是把这些信息原封不动地传给 XML 应用程序，由应用程序来解释这个指令，按照它所提供的信息进行处理，或者再把它原封不动地传递给下一个应用程序。

4. 注释

注释是对 XML 文档内容的补充说明，人们可以读到它，但是 XML 解析器会忽略它。

2.2.3 元素的嵌套

前面已介绍，各种元素描述了 XML 文档的逻辑结构。对于一个稍微复杂的文档来说，一些并列的元素是无法准确描述其结构的。因此，元素所包含的内容要求不仅仅是文档的原始数据，而且要包含其他元素，如例 2.1 所示。

元素中包含了其他元素，这就构成了元素的嵌套。几乎所有的 XML 文档都是由嵌套的元素构成（除非整个文档只有一个元素）。XML 规定，无论文档中有多少元素，也不管这些元素是如何排列、嵌套的，最后所有的元素都必须被包含在一个称为“根元素”的元素中。在示例 2.1 的 XML 文档中，所有的元素都包含在 Stocks 元素中，这就构成了 XML 文档元素的树状结构。XML 对于元素的嵌套，有如下规则：

(1) 所有 XML 文档都从一个根节点开始，该根节点代表文档本身，根节点包含了一个根元素。

(2) 文档中所有其他元素都被包含(直接或间接)在根元素中。

(3) 包含在根元素中的元素称为根元素的子元素，如果有多个子元素，则这些子元素互为兄弟，而根元素则为父元素。

(4) 子元素还可以包含子元素，因此，父元素和子元素都是相对而言的。如示例 2.1 中的 Stock 元素，对 Stocks 元素而言，它是子元素，但它又是 Symbol、Last、Open、High、Low 等元素的父元素。

(5) 包含子元素的元素称为分支，没有子元素的元素称为树叶。

在 XML 文档中，元素和元素之间不允许存在交叉(也称重叠)现象，例如下面的文档片段：

```
<Symbol>SINA
<Last></Symbol>59.92</Last>
```

元素 Last 的开始标签<Last>出现在元素 Symbol 的结束标签</Symbol>之前，这违反了格式良好的 XML 文档关于标签不能有交叉的规定，因此该文档片段所在的 XML 文档不是一个格式良好的 XML 文档。当使用浏览器打开时，浏览器解析该 XML 文档会报错，错误信息为“结束标记 Symbol 与开始标记 Last 不匹配”，其结果如图 2.2 所示。

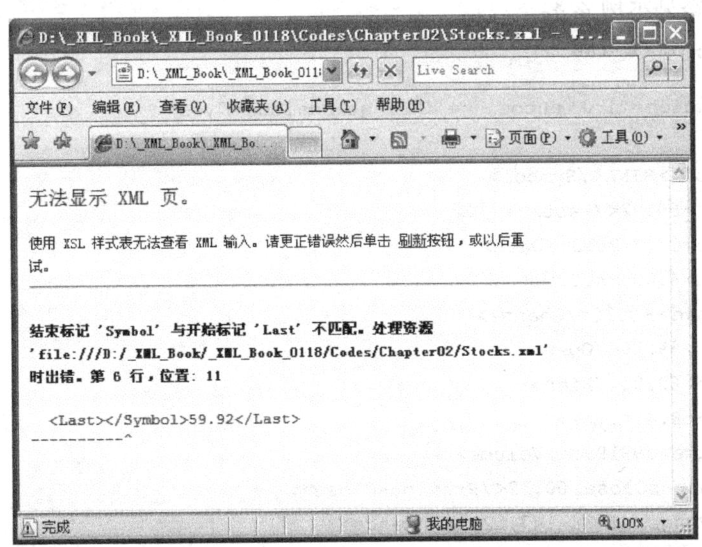

图 2.2　标签存在交叉情况时浏览器的处理结果

2.3 属性

属性是元素的可选组成部分，用户可以自己定义，其作用是对元素及其内容的附加信息进行描述，由使用等号=分隔开的名称-值的对(即键值对)构成。在 XML 中，所有属性的值都必须用引号引起来。单引号、双引号均可，但开始和结束所使用的引号必须相同。如果属性的值含有单引号或双引号，则可以使用表 2.1 中所表示的字符实体引用。含有属性的标签其形式如下所示：

```
<标签名称[属性名 1="属性值 1"[属性名 2="属性值 2"...]]>内容</标签名称>
```

例如，如果在股票行情信息中想表示价格的货币类型信息，可采用如下形式：

```
<Last currency="USD">59.92</Last>
```

那么，什么时候使用属性呢？也就是说，什么样的信息是元素或内容的“附加性”信息呢？对于这个问题没有明确的规定，一般来讲，具有下述特征的信息可以考虑使用属性进行表示：

(1) 与文档读者无关的简单信息。所谓“简单”，是指没有子结构。如<Rectangle width='100' height='80' />中的“Rectangle”元素，其目的是向读者展示一个矩形，但矩形的大小与读者基本无关，而且其“宽”与“高”也没有子结构，在这种情况下，就可以将矩形的长、宽等信息作为元素的属性。

(2) 与文档有关而与文档的内容无关的简单信息。其实，有些信息既可以用元素表示，又可以用属性来表示。

使用元素来存储股票行情信息的 XML 文档参见示例 2.2，使用属性来存储相同信息的 XML 文档参见示例 2.3。

示例 2.2：Stock.xml

```
<?xml version="1.0" encoding="GBK" standalone="yes" ?>
<Stock>
    <Symbol>SINA</Symbol>
    <Last>59.92</Last>
    <Date>1/13/2012</Date>
    <Time>4:00pm</Time>
    <Change>-0.20</Change>
    <Open>59.16</Open>
    <High>60.95</High>
    <Low>58.41</Low>
    <Volume>3991991</Volume>
    <PreviousClose>60.12</PreviousClose>
    <AnnRange>46.86-147.12</AnnRange>
    <Name>Sina Corporation</Name>
</Stock>
```

示例 2.3：Stock_attributes.xml

```
<?xml version="1.0" encoding="GBK" standalone="yes" ?>
<Stock Symbol='SINA' Last='59.92' Date='1/13/2012'
    Time='4:00pm' Change='-0.20' Open='59.16' High='60.95'
    Low='58.41' Volume='3991991' PreviousClose='60.12'
    AnnRange='46.86-147.12' Name='Sina Corporation'>
</Stock>
```

原来作为元素的 Symbol、Last、Date、Time、Change 等信息变成了元素的属性，这样做完全符合 XML 的语法规范。但是对于使用浏览器阅读 XML 文档的读者来说，两种表示方法具有不同的显示结果，分别如图 2.3 和图 2.4 所示。

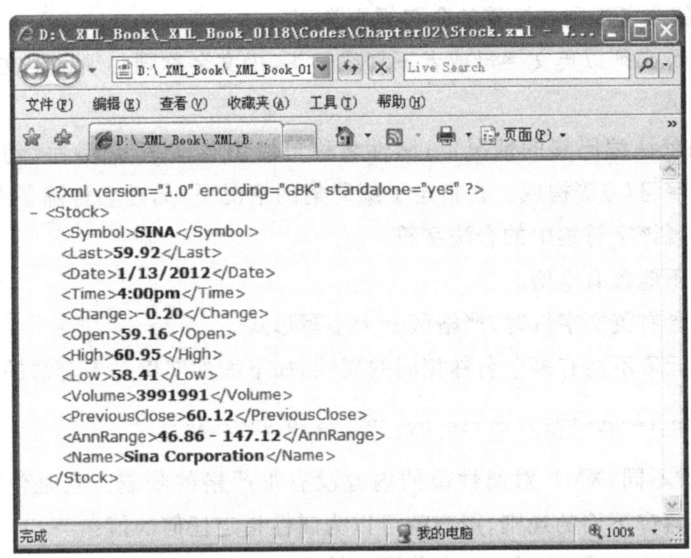

图 2.3 使用元素存储信息的显示结果

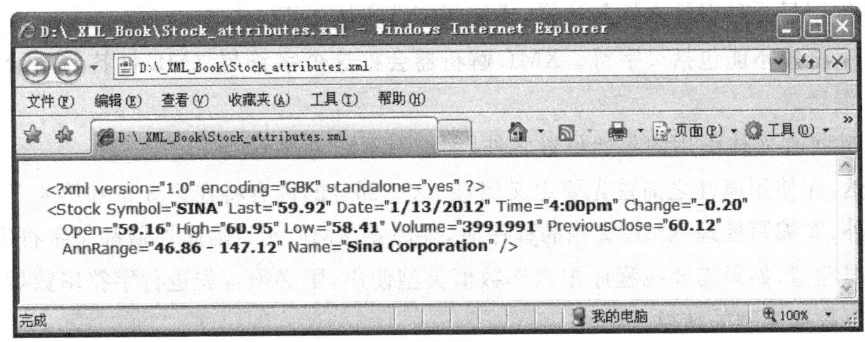

图 2.4 使用属性存储信息的显示结果

那么，在使用元素也行、使用属性也行的情况下，到底使用哪一种方式更好、更准确呢？对于这个问题，XML 规则没有提供明确的答案，具体使用哪种方式完全取决于文档编写者的经验。下面所介绍的只是基于经验的一般性总结，而不是规则。

(1) 在将已有文档处理为 XML 文档时，文档的原始内容应全部表示为元素，而编写者增加的一些附加信息，如对文档某一点内容的说明、注释、文档的某些背景材料等信息可以表示为属性，当然，前提是这些信息非常简单。

(2) 在创建和编写 XML 文档时，希望读者看到的内容应表示为元素，反之表示为属性。在 XML 文档中加入样式单以后，属性一般不会在浏览器中显示出来。

(3) 实在没有明确理由表示为元素或属性的，就表示为元素。因为元素比属性具有更大的灵活性，而使用属性存在如下的问题：

- 属性不能包含多个值(元素可以);
- 属性不容易扩展;
- 属性不能够描述结构(元素可以)。

属性名称的命名规则与标签的命名规则类似:

- 英文名称必须以英文字母或者下划线开头,中文名称则必须以中文文字或者下划线开头。
- 在使用默认编码集的情况下,属性名称可以由英文字母、数字、句点(.)、下划线(_)、连字符(-)等构成。在指定了编码集的情况下,属性名称除了上述字符外,还可以出现该字符集中的合法字符。
- 名称中不能含有空格。
- 名称中含有英文字母时,严格区分大小写形式。
- 同一个元素不能有多个名称相同的属性,如下面的实例是不合法的:

```
<Last currency="USD" currency="RMB">59.92</Last>
```

与属性名称不同,XML 对属性值的内容没有很严格的限制。它是包含在引号内的一串字符,只要遵守下面的规则,用户就可以为属性指定任何的值:

- 使用单引号(')或双引号(")来分隔字符串。
- 字符串不能包含用来括起字符串的引号,如果属性值包含单引号或双引号,则需使用另一种引号来括起该值,或使用字符实体引用。
- 字符串不能包括<字符。XML 解析器会把这个字符与 XML 标签的开始符号相混淆。
- 除了在实体引用的起始位置之外,字符串不能包含 & 字符。

当然,在使用属性之前首先要定义属性,这一部分的内容将在第 3 章和第 4 章进行说明。另外,在编写处理 XML 文档的程序时,要注意 XML 元素的属性值都是字符串,对于这样的属性值,如果需要在程序中当作数值类型使用,则必须首先进行字符串数据类型到相应数值数据类型的转换。

2.4 CDATA 段

在 XML 中,符号>、<、& 等是被当作标签的特定部分处理的,当要输入这样的文本时,不能直接输入。如果把这些符号直接输入,XML 解析器就会把它们当成标签、实体或属性的一部分来处理而导致出错。在这种情况下,可以通过字符实体引用来代替它们。但是,如果有一段包含大量的这些符号的文本需要输入的时候,就会花费很大的力气,同时也非常不方便。那么如何解决这个问题呢? XML 提供了 CDATA(Character Data)段,把这些有特定用途的符号包含在 CDATA 段中,所有的内容都被当作纯字符数据对待,而不把它们解释为标签、实体引用或属性的一部分。

CDATA 段的一般形式如下:

```
<![CDATA[
文本内容
]]>
```

关键词 CDATA 必须大写。

CDATA 段必须遵守以下规则：

- CDATA 段中不能包含字符串<![CDATA["或"]]>；
- CDATA 段中不能再包含 CDATA，即不能嵌套；
- CDATA 段可以放置在元素内容中字符数据出现的任何地方。

2.5 命名空间

XML 允许自定义标签，那么不同 XML 文件以及同一 XML 文件内部就可能出现名称相同的标签。如果想区分这些标签，就需要使用命名空间。命名空间的目的是有效地区分名称相同的标签，当多个标签的名称相同时，可以通过不同的命名空间来区分它们。

在讲解命名空间之前，看一个简单的 XML 文件，参见示例 2.4。

示例 2.4：Notes. xml

```
<?xml version="1.0" encoding="GBK" standalone="yes"?>
<notes>
    <book>
        <title>面向服务的计算—原理和应用</title>
        <authors>
            <author>喻坚</author>
            <author>韩燕波</author>
        </authors>
        <press>清华大学出版社</press>
    </book>
    <book>
        <hotel>北京盘古七星大酒店</hotel>
        <address>北京市朝阳区北四环中路 27 号</address>
        <telephone>010-59067777</telephone>
        <date>2012-01-23</date>
    </book>
</notes>
```

示例 2.4 中的 XML 文件用于存储个人的日常记录信息，第一个 book 元素表示最近要学习的书的信息，第二个 book 元素表示旅行中酒店预订的信息。XML 解析器在解析该 XML 文件中的数据时，如果使用代码：

```
NodeList nodeList=element.getElementsByTagName("book");
```

那么返回值 nodeList 中将含有 2 个 Node 对象。如果只想解析出其中一个元素中的数据，就必须在 XML 文件中使用命名空间。

2.5.1 命名空间的声明

命名空间通过使用声明命名空间来建立，共有以下两种方式。

1. 有前缀的命名空间

声明有前缀的命名空间，其语法如下：

```
<标签名称 xmlns:前缀="命名空间的名称">
```

例如：

```
<book xmlns:reading="http://www.peter.cn/reading">
```

2. 无前缀的命名空间

声明无前缀的命名空间，其语法如下：

```
<标签名称 xmlns="命名空间的名称">
```

例如：

```
<book xmlns="http://www.peter.cn/travel">
```

需要注意的是，在声明命名空间时，xmlns 与冒号:、冒号:与命名空间的前缀之间都不能有空白存在。

当且仅当它们的名称相同时，两个命名空间相同，也就是说，对于有前缀的命名空间，如果两个命名空间的名称不相同，即使它们的前缀相同，也是不同的命名空间；如果两个命名空间的名称相同，即使它们的前缀不相同，也是相同的命名空间，命名空间的前缀只是为了方便地引用命名空间而设。下列声明分别声明了 3 个不同的命名空间：

```
<book xmlns:reading="http://www.peter.cn/reading">
<book xmlns:Reading="http://www.peter.cn/Reading">
<book xmlns:travel="http://www.peter.cn/travel">
```

“http://www.peter.cn/reading”和“http://www.peter.cn/Reading”是不同的命名空间名称，因为 XML 区分大小写。

命名空间的声明必须在元素的“开始标签”中，而且命名空间的声明必须放在开始标签中标签名字的后面，例如：

```
<book xmlns:travel="http://www.peter.cn/travel">
```

2.5.2 命名空间的作用域

一个标签如果使用了命名空间声明，那么该命名空间的作用域是该标签及其所有的子孙标签。如果一个标签中声明的是有前缀的命名空间，那么该标签及其子孙标签如果准备隶属该命名空间，则必须通过命名空间的前缀引用这个命名空间，使得该标签隶属于这个命名空间。一个标签通过在它的开始标签和结束标签的标签名字前添加命名空间的前缀和冒号命名空间（前缀、冒号和标签名字之间不要有空格），表明此标签隶属该命名空间。因此，在示例 2.4 的基础上增加命名空间的声明和使用，参见示例 2.5。

示例 2.5：NotesNS. xml（NS 代表命名空间 namespace）

```
<?xml version="1.0" encoding="GBK" standalone="yes" ?>
<notes>
    <reading:book xmlns:reading="http://www.peter.cn/reading">
        <reading:title>面向服务的计算——原理和应用</reading:title>
        <reading:authors>
            <reading:author>喻坚</reading:author>
            <reading:author>韩燕波</reading:author>
        </reading:authors>
        <reading:press>清华大学出版社</reading:press>
    </reading:book>
    <travel:book xmlns:travel="http://www.peter.cn/travel">
        <travel:hotel>北京盘古七星大酒店</travel:hotel>
        <travel:address>北京市朝阳区北四环中路 27 号</travel:address>
        <travel:telephone>010-59067777</travel:telephone>
        <travel:date>2012-01-23</travel:date>
    </travel:book>
</notes>
```

该文档使用浏览器显示的结果如图 2.5 所示。

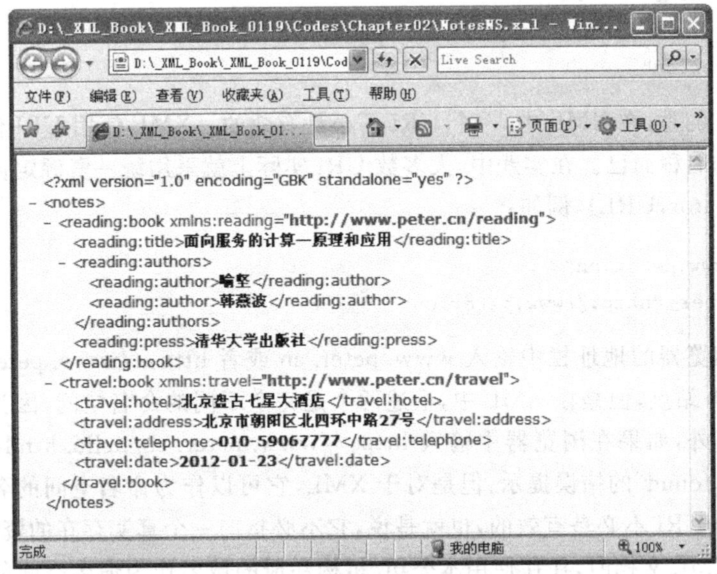

图 2.5 使用命名空间的 XML 文档的显示结果

如果一个标签中声明的是无前缀的命名空间，那么该标签及其子标签都默认地隶属于这个命名空间。下面的 XML 文件中，所有的标签都隶属于同一个名称为"http://www.peter.cn"的命名空间：

```
<book xmlns="http://www.peter.cn">
    <title>面向服务的计算——原理和应用</title>
    <authors>
        <author>喻坚</author>
        <author>韩燕波</author>
    </authors>
    <press>清华大学出版社</press>
</book>
```

尽管子标签可以通过命名空间的前缀来引用父标签声明的有前缀的命名空间，但是子标签也可以在其开始标签处重新声明自己的命名空间，因此，子标签和父标签可以属于不同的命名空间，这给某些要求非常灵活的 XML 应用领域带来了很大的便利。另外，即使父标签声明的是无前缀的命名空间，子标签仍然可以重新声明命名空间。

2.5.3 命名空间的名称

命名空间的目的是有效地区分名称相同的标签，那么命名空间本身的名称就成为一个值得关注的问题。W3C 推荐使用统一资源标识符(Uniform Resource Identifier，URI)作为命名空间的名称。URI 是有一定的语法、用来标识资源的一个字符串。一个 URI 可以是一个 E-mail 地址、一个文件的绝对路径、一个 Internet 主机的域名等，例如：

```
"SmartSearch@163.com"
"D:\\XML_Book\\Codes\\Chapter02\\Stocks.xml"
"www.peter.cn"
```

需要注意的是，在 XML 中，一个 URI 不必是有效的。XML 使用 URI 仅仅是为了区分命名空间的名称而已。在实践中，大多数 URI 实际上就采用统一资源定位符(Uniform Resource Locator，URL)，例如：

```
xmlns="www.peter.cn"
xmlns:peter="http://www.peter.cn"
```

如果在浏览器的地址栏中输入 www.peter.cn 或者 http://www.peter.cn，访问的是同一个 Web 站点，但是在 XML 中，上述两个是完全不同的命名空间，因为二者是不同的字符串。另外，如果在浏览器中输入 http://www.peter.cn/hello.html，可能会得到"404 File not found"的错误提示，但是对于 XML，它可以作为命名空间的名称。因为在 XML 中，一个 URI 不必是有效的，也就是说，它不必指向一个真实存在的资源。

在编写 XML 文档时，往往使用本公司、机构注册的域名作为命名空间的名称的一部分。例如，在 Microsoft Word(2003 及更高版本)中可以把 doc 文件另存为 XML 文件，其文档根元素的开始标签如下：

```
<w:wordDocument
xmlns:w="http://schemas.microsoft.com/office/word/2003/wordml"
xmlns:v="urn:schemas-microsoft-com:vml"
xmlns:w10="urn:schemas-microsoft-com:office:word"
xmlns:sl="http://schemas.microsoft.com/schemaLibrary/2003/core"
xmlns:aml="http://schemas.microsoft.com/aml/2001/core"
xmlns:wx="http://schemas.microsoft.com/office/word/2003/auxHint"
xmlns:o="urn:schemas-microsoft-com:office:office"
xmlns:dt="uuid:C2F41010-65B3-11d1-A29F-00AA00C14882"...>
```

该 XML 文档中大多数的标签属于前缀为 w、名称为“http://schemas. microsoft. com/ office /word/2003/wordml”的命名空间，该命名空间的名称即使用了 Microsoft 公司的域名。

2.5.4 命名空间的解析

使用了命名空间的 XML 文档参见示例 2.5，处理该 XML 文档的 Java 程序参见示例 2.6。

示例 2.6：TestParseXmlFileNS.java

```java
package chapter_02;
import java.io.File;
import javax.xml.parsers.DocumentBuilder;
import javax.xml.parsers.DocumentBuilderFactory;
import org.w3c.dom.Document;
import org.w3c.dom.Element;
import org.w3c.dom.Node;
import org.w3c.dom.NodeList;
import org.xml.sax.SAXException;
import org.xml.sax.SAXParseException;
import org.xml.sax.helpers.DefaultHandler;
public class TestParseXmlFileNS {
    public static final String XML_FILE_PATH="D:\\_XML_Book\\NotesNS.xml";
    public static void main(String[] args){
        DocumentBuilderFactory factory=null;
        DocumentBuilder builder=null;
        MyXmlHandler handler=new MyXmlHandler();
        Document document=null;
        Element notes=null;
        NodeList nodeList=null;
        Node readingBook=null;
        int size=0;
```

```
        try {
            factory=DocumentBuilderFactory.newInstance();
            //注意：默认不支持命名空间,因此必须修改,设置为支持命名空间
            factory.setNamespaceAware(true);
            builder=factory.newDocumentBuilder();
            builder.setErrorHandler(handler);
            document=builder.parse(new File(XML_FILE_PATH));
            notes=document.getDocumentElement();
            //获取代表酒店预订的节点,方法中的 NS 代表命名空间
            //第一个参数是命名空间的名称,第二个参数是元素的名称
            //注意：第二个参数中不能包括命名空间的前缀和冒号
            nodeList=notes.getElementsByTagNameNS
                ("http://www.peter.cn/travel","book");
            readingBook=nodeList.item(0);
            nodeList=readingBook.getChildNodes();
            size=nodeList.getLength();
            for (int i=0;i<=size -1;i++){
                Node node=nodeList.item(i);
                if (node.getNodeType()==Node.TEXT_NODE){
                    continue;
                }
                //获取节点的名称,如果是标签则是标签的名称
                //如果调用 getNodeName()方法则返回带有命名空间前缀的标签名称
                String nodeName=node.getLocalName().trim();
                String nodeValue=node.getTextContent().trim();
                System.out.printf("\n%12s: %s",nodeName,nodeValue);
            }
        }
        catch (Exception e){
            System.err.println(e);
            e.printStackTrace();
        }
    }
}
class MyXmlHandler extends DefaultHandler{
    @Override
    public void error(SAXParseException e)throws SAXException {
        this.errorMessage=e.getMessage();
        System.err.println("一般错误: "+this.errorMessage);
    }
    @Override
    public void fatalError(SAXParseException e)throws SAXException {
        this.errorMessage=e.getMessage();
        System.err.println("致命错误: "+this.errorMessage);
```

```
    }
    String errorMessage=null;
}
```

该程序的运行结果如图 2.6 所示。

```
<terminated> TestParseXmlFileNS (1) [Java Application] C:\Program Files\Java\jdk1.6\bin\javaw.exe

      hotel: 北京盘古七星大酒店
    address: 北京市朝阳区北四环中路27号
  telephone: 010-59067777
       date: 2012-01-23
```

图 2.6　带有命名空间 XML 文档的解析结果(1)

需要特别注意的是，通过调用 DocumentBuilderFactory. newInstance()方法得到的 factory 对象默认是不支持命名空间的，需要调用 factory 的 setNamespaceAware(true)方法来使其支持命名空间。如果没有调用这个支持命名空间的方法，在后面的代码中调用 getElements ByTagNameNS()方法，其返回值是 null，如果通过这个返回值再继续调用方法，程序会抛出 java. lang. NullPointerException 异常后终止。

如果把上述 Java 程序中获取 book 子标签的标签名称的代码由

```
String nodeName=node.getLocalName().trim();
```

改为：

```
String nodeName=node.getNodeName().trim();
```

则获取的标签名称中会包含命名空间的前缀以及冒号:，运行结果如图 2.7 所示。

```
<terminated> TestParseXmlFileNS (1) [Java Application] C:\Program Files\Java\jdk1.6\bin\javaw.exe

      travel:hotel: 北京盘古七星大酒店
    travel:address: 北京市朝阳区北四环中路27号
  travel:telephone: 010-59067777
       travel:date: 2012-01-23
```

图 2.7　带有命名空间 XML 文档的解析结果(2)

如果把示例 2.4 中 XML 文档中的 hotel 与 address 元素交叉，如示例 2.7 所示。

示例 2.7：Notes_wrong. xml

```
<?xml version="1.0" encoding="GBK" standalone="yes"?>
<notes>
    <book>
        <title>面向服务的计算—原理和应用</title>
        <authors>
            <author>喻坚</author>
            <author>韩燕波</author>
        </authors>
```

```
        <press>清华大学出版社</press>
    </book>
    <book>
        <hotel>北京盘古七星大酒店
        <address></hotel>北京市朝阳区北四环中路 27 号</address>
        <telephone>010-59067777</telephone>
        <date>2012-01-23</date>
    </book>
</notes>
```

此时，示例 2.6 中的解析程序运行结果如图 2.8 所示，可以看出，此时程序认为该 XML 文档中存在“致命错误”，错误信息为“元素类型 address 必须以结束标签</address>来结束”，而在示例 2.7 中的 XML 文档中，存在<address></hotel>代码片段，这意味着使用结束标签</hotel>来结束开始标签<address>。读取 XML 文档的程序因为上述致命错误而抛出异常 org. xml. sax. SAXParseException 后退出。

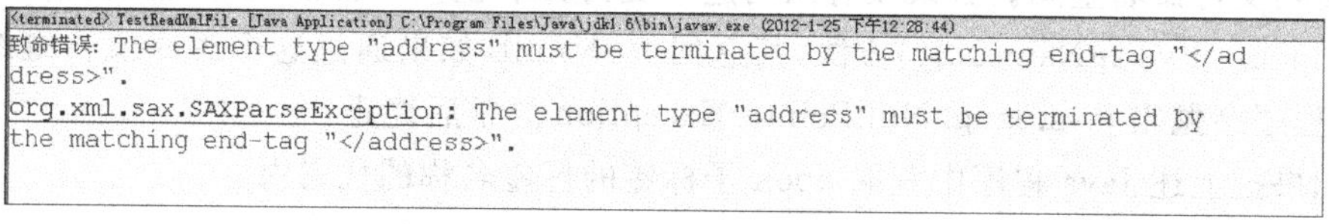

```
<terminated> TestReadXmlFile [Java Application] C:\Program Files\Java\jdk1.6\bin\javaw.exe (2012-1-25 下午12:28:44)
致命错误: The element type "address" must be terminated by the matching end-tag "</ad
dress>".
org.xml.sax.SAXParseException: The element type "address" must be terminated by
the matching end-tag "</address>".
```

图 2.8　标签存在交叉现象时读取程序显示的错误和异常信息

2.6　习题

1. 简要说明 XML 文档的结构。
2. 什么是元素？如何定义元素？
3. XML 规范中预定义了哪几个实体？如何引用它们？
4. 什么是元素的属性？举例说明。
5. 一个格式良好的 XML 文档有哪些基本规则？
6. 简要说明命名空间的含义及其用途。
7. 编写一个包含联系人各项信息的 XML 文档，然后使用浏览器来显示。

第 3 章　XML 的有效性：DTD

从前两章可以看出，XML 的规则非常简单。在创建 XML 文档时，可以根据文档包含的元素和属性把文档进行分组，同一组文档具有相似的文档类型。在 XML 文档中，组成一个文档类型的元素和属性称为文档的词汇。第 2 章还讲述了如何使用命名空间在一个 XML 文档里使用多个词汇。本章将讲解如何定义自己的文档类型，以及如何检查某个文档是否符合词汇的语法规则。

假设需要开发一个应用程序，需要处理的股票行情 XML 文档如示例 3.1 所示。

示例 3.1：Stock1.xml

```
<?xml version="1.0" ?>
<Stock>
    <Symbol>SINA</Symbol>
    <Last>59.92</Last>
    <Date>1/13/2012</Date>
    <Time>4:00pm</Time>
    <Change>-0.20</Change>
    <Open>59.16</Open>
    <High>60.95</High>
    <Low>58.41</Low>
    <Volume>3991991</Volume>
    <PreviousClose>60.12</PreviousClose>
    <AnnRange>46.86-147.12</AnnRange>
    <Name>Sina Corporation</Name>
</Stock>
```

在这个示例中，我们已创建了一个简单的 XML 文档，这个 XML 文档的根元素为 Stock，该元素中又有 Symbol、Last、Date、Time、Change、Open、High、Low、Volume、PreviousClose、AnnRange 和 Name 等子元素。

现在有了存储股票行情信息的一个 XML 文档，那么如何验证这个 XML 文档的有效性呢？一种方案是在应用程序中编写一些代码检查元素的正确性和它们顺序的正确性，但是如果需要修改文档类型，那怎么办呢？我们不得不修改应用程序，而且可能需要修改很多地方。

在标记语言中，根据文档内容的规则来验证文档的有效性是非常普遍的。事实上，它是如此普遍，以至于 XML 语言的设计者在 XML 推荐标准里增加了一个验证文档的方法。一个 XML 文档有效是指 XML 文档内容符合元素、属性和其他文档内容的定义。利用专用的**文档类型定义**(Document Type Definitions，DTD)和专用的解析器，可以验证一个 XML 文档的有效性。XML 推荐标准把解析器分为两类：有验证功能的解析器和无验证功能的解析器。根据 XML 的推荐标准，前者必须利用 DTD 实现有效性验证。有了具有验证功能的解析器，我们可以删除应用程序中用于 XML 内容的验证代码，让解析器根据 DTD 来验证 XML 文档的有效性。

3.1 第一个 DTD

下面在示例 3.1 的 XML 文档中添加 DTD 定义，如示例 3.2 所示。

示例 3.2：Stock2.xml

```
<?xml version="1.0" ?>
<!DOCTYPE Stock[
    <!ELEMENT Stock(Symbol,Last,Date,Time,Change,Open,High,Low,Volume,
    PreviousClose,AnnRange,Name)>
    <!ELEMENT Symbol(#PCDATA)>
    <!ELEMENT Last(#PCDATA)>
    <!ELEMENT Date(#PCDATA)>
    <!ELEMENT Time(#PCDATA)>
    <!ELEMENT Change(#PCDATA)>
    <!ELEMENT Open(#PCDATA)>
    <!ELEMENT High(#PCDATA)>
    <!ELEMENT Low(#PCDATA)>
    <!ELEMENT Volume(#PCDATA)>
    <!ELEMENT PreviousClose(#PCDATA)>
    <!ELEMENT AnnRange(#PCDATA)>
    <!ELEMENT Name(#PCDATA)>
]>
<Stock>
    <Symbol>SINA</Symbol>
    <Last>59.92</Last>
    <Date>1/13/2012</Date>
    <Time>4:00pm</Time>
    <Change>-0.20</Change>
    <Open>59.16</Open>
    <High>60.95</High>
    <Low>58.41</Low>
    <Volume>3991991</Volume>
    <PreviousClose>60.12</PreviousClose>
    <AnnRange>46.86-147.12</AnnRange>
    <Name>Sina Corporation</Name>
</Stock>
```

下面对这个包含了 DTD 的 XML 文件进行分析，第 1 行为：

```
<?xml version="1.0"?>
```

正如前面已经看到的，所有的XML文档开头都有这一行内容。此外，这一行内容是可选的，但是强烈建议在文档的开头插入这一行内容，目的是避免将来发生版本冲突。

紧跟在XML版本声明语句后面是文档类型声明，常用DOCTYPE表示：

```
<!DOCTYPE Stock[
```

它告诉解析器，当前的XML文档需要与一个DTD文件一起使用。在XML文档使用DTD文件时，DOCTYPE必须放在文档的开头（只允许XML版本声明语句在它的前面），不能放在文档的其他位置。

DOCTYPE声明语句的第一个字符必须是一个!符号。XML推荐标准规定，声明元素必须以!开头。声明元素是DTD的一部分，它们不允许出现在XML的主体内容里。

至此，可以看出，DTD的规则与XML文档的规则差别很大。DTD最初用在标准通用标记语言（SGML）中。为了维护与SGML的兼容性，XML的设计者决定继续使用这种SGML声明语言。事实上，XML中的DTD语法比SGML中的DTD简单。因此为了构建DTD语句，必须在XML文档的规则之外学习新的语法规则。

在示例3.2中，建立了相对比较简单的DOCTYPE声明语句，紧跟在DOCTYPE语句后面的是DTD定义的主体，在DTD主体中可以声明元素、属性、实体和注释。

这里声明了几个元素，它们组成了<Stock>文档的词汇。与DOCTYPE声明一样，元素声明的第一个字符也必须是感叹号（!）。最后是DTD声明的结束符（]>），它用一个右方括号和大于号表示，这样就结束了DTD文档类型的定义，紧接其后的是XML文档。

现在已看到了DTD语句和验证解析器的作用。即使是一个很小的XML文档，验证其有效性的过程也需要相当的时间，因此在很多情形中，可能不需要使用DTD。例如，当XML文档是由自己的公司设计的，或者机器生成的（即不是手工输入的），则它们的正确性相对有保障，基本上都会遵循已建立的词汇的规则。在这种情况下，就没有必要进行文档的有效性验证。事实上，验证过程会严重影响整个程序的运行性能。

3.2 文档类型声明

文档类型声明（DOCTYPE）告诉解析器，XML文档必须遵循DTD定义。同时它也告诉解析器，到哪里找文档定义的其余内容。在示例3.2中，DOCTYPE语句很简单：

```
(!DOCTYPE Stock[])
```

文档类型声明总是以<!DOCTYPE开始，在DOCTYPE的后面是一些空白符，就像标签名称后面有空白一样。此外，在<!与DOCTYPE单词之间不能有空白符。在空白符之后是XML文档的根元素名。它必须与XML文档里的根元素完全一样，包括它的前缀。由于示例3.2中XML文档的根元素是<Stock>，因此Stock出现在了<!DOCTYPE之后。

记住：XML是区分大小写形式的，因此，XML文档中的任何名称都要区分大小写。XML推荐标准要求DTD声明中的名称必须与XML文档中的名称完全一样，包括大小写都要一样，在DTD中都是这样。任何对XML名称的引用都要区分大小写。

在根元素的名称之后，可以使用几种不同的方法来定义 DTD 的其余内容。在示例 3.2 中，元素声明必须放在 DTD 声明的[与]之间。当声明像示例 3.2 中出现在[和]之间时，这种声明称为内部子集声明(internal subset declaration)。另外一种情况是，部分或全部声明都保存在单独一个 DTD 文件中。保存在外部文档中的 DTD 声明称为外部子集声明(external subset declaration)。在 XML 文档中，引用外部 DTD 有两种方法：系统标识符和公共标识符。

3.2.1 系统标识符

利用系统标识符可以说明一个含有 DTD 定义的外部文件的位置。它由两部分组成，即关键字 SYSTEM 和指向 DTD 位置的 URL 引用。这个 URL 引用的可以是硬盘上的一个文件，也可以是内部网或局域网上的一个文件，甚至可以是 Internet 上的一个文件，例如：

```
<!DOCTYPE Stock SYSTEM "Stock.dtd"[...]>
```

在声明语句的根元素名称之后是 SYSTEM，SYSTEM 之后是表示 DTD 文件位置的 URL 引用，它必须使用引号。下面的文档类型声明都使用了系统标识符：

```
<!DOCTYPE Stock SYSTEM "file:///c:/Stock.dtd  []>
<!DOCTYPE Stock SYSTEM "http://wiley.com/hr/Stock.dtd  []>
<!DOCTYPE Stock SYSTEM "Stock.dtd>
```

在上面最后一个 DTD 声明中，没有[和]字符，这完全是可以的。在 XML 文档中，定义一个内部子集是可选的。一个 XML 文档可能使用一个只含内部子集的 DTD 文件，也可能使用一个只含外部子集的 DTD 文件，也可能这两类 DTD 文件都使用。如果要定义一个内部子集，则必须插入到系统标识符 SYSTEM 之后的[与]两个字符之间。

3.2.2 公共标识符

公共标识符提供了定位 DTD 资源的第二种方法：

```
<!DOCTYPE name PUBLIC "-//Beginning XML//DTD Name Example//EN">
```

与系统标识符非常相似，公共标识符以 PUBLIC 关键字开始，其后紧跟着一个专用的标识符，但是公共标识不是用来表示文件的引用，而是表示目录中的一个记录。根据 XML 规范，公共标识符可以采用任何格式，但是一种经常使用的格式是**正式公共标识符**(Formal Public Identifier，FPI)。

FPI 的语法是由 ISO 9070 文档定义的。该文档同时也定义了 FPI 的注册和记录过程。ISO(国际标准化组织)是一个专门负责制订政府认可的标准的组织。访问 http://www.iso.ch 可以了解更多有关 ISO 这个标准化组织的信息。

FPI 的语法要匹配下面的基本结构：

```
-//Owner//class Description//Language//Version
```

从最底层的角度来看，公共标识符的作用与命名空间的作用类似，但是公共标识符不能把两个不同的词汇组合到同一个文档里。就这一点而言，命名空间比公共标识符的功能更强大。

在标识符字符串之后，还可以插入一个可选的系统标识符。这样，当处理器不能解析公共标识符时，可以查找这个文档的副本(大多数处理器不能解析公共标识符)。当插入了一个系统标识符时，可以不使用 SYSTEM 关键字，这一点与只使用系统标识符时不同。下面是一个有效的文档类型声明，它声明了一个公共标识符：

```
<!DOCTYPE Stock PUBLIC "-//Beginning XML//DTD Name Example//EN" "Stock.dtd">
```

这个声明假定，为一个根元素为<Stock>的文档定义了一个 DTD。它的公共标识符是：

```
-//Beginning XML//DTD Name Example//EN
```

如果解析器不能解析它，还有一个 URL 指向一个名为 Stock. dtd 的文件，此处没有定义内部子集。

在 XML 开发中经常用到公共标识符。事实上，许多 Web 浏览器利用公共标识符机制来识别 XHTML 文档的版本。例如，许多 XHTML 网页利用公共标识符//W3C//DTD XHTML 1.0 Strict//EN 识别插入在文档的 DTD。当 Web 浏览器读取网页时，使用一个与公共标识符相对应的内置 DTD，而不是从 Internet 上下载一个副本。这使得 Web 浏览器可以在本地的高速缓存中访问 DTD，因而大大减少了处理时间。当开发一个应用程序时，可以使用同样的方法。利用公共标识符可以提供一种识别词汇的方法，在这方面，它与命名空间的作用是相同的。

下面来建立一个外部 DTD 文件，并把它插入到一个 XML 文档里。可以采用内部子集、外部子集或二者兼而有之。当使用内部子集时，DTD 声明出现在 XML 文档的内部；当使用外部子集时，DTD 声明出现在单独的一个文件中。示例 3.2 中使用的是内部子集。利用外部 DTD，很容易实现与公司甚至整个行业里其他人共享同一个词汇。同样，也可以共享其他公司或组织开发的词汇，方法是引用他们建立的外部 DTD 文件。

重新组织示例 3.2 中的 XML 文档，把其中的 DTD 定义从 XML 文档中独立出来，放在单独一个文件 Stock3. dtd 中，如示例 3.3 所示。

示例 3.3：Stock3. dtd

```
<!ELEMENT Stock(Symbol,Last,Date,Time,Change,Open,High,Low,Volume,PreviousClose,
AnnRange,Name)>
<!ELEMENT Symbol(#PCDATA)>
<!ELEMENT Last(#PCDATA)>
<!ELEMENT Date(#PCDATA)>
<!ELEMENT Time(#PCDATA)>
<!ELEMENT Change(#PCDATA)>
<!ELEMENT Open(#PCDATA)>
```

```
<!ELEMENT High(#PCDATA)>
<!ELEMENT Low(#PCDATA)>
<!ELEMENT Volume(#PCDATA)>
<!ELEMENT PreviousClose(#PCDATA)>
<!ELEMENT AnnRange(#PCDATA)>
<!ELEMENT Name(#PCDATA)>
```

新建一个 XML 文档，名称为 Stock3. xml，其内容与示例 3.1 中 Stock1. xml 的内容类似，如示例 3.4 所示。

示例 3.4：Stock3. xml

```
<?xml version="1.0" ?>
<!DOCTYPE Stock PUBLIC "-//Beginning XML//DTD Stock Example//EN" "Stock3.dtd">
<Stock>
    <Symbol>SINA</Symbol>
    <Last>59.92</Last>
    <Date>1/13/2012</Date>
    <Time>4:00pm</Time>
    <Change>-0.20</Change>
    <Open>59.16</Open>
    <High>60.95</High>
    <Low>58.41</Low>
    <Volume>3991991</Volume>
    <PreviousClose>60.12</PreviousClose>
    <AnnRange>46.86-147.12</AnnRange>
    <Name>Sina Corporation</Name>
</Stock>
```

在示例 3.4 的 XML 文档中，使用了一个外部 DTD 文件进行约束。该 XML 文档采用了 DTD 进行内容的约束，这种 XML 文档称为 XML 实例文档。可以看出，DTD 的语法几乎没有变化。内部 DTD 与外部 DTD 的主要区别是，在外部 DTD 中没有 DOCTYPE 声明，该声明总是在 XML 文档的开头。此外，在该 XML 文档中没有定义内部子集，而是利用公共标识符和系统标识符指定了验证程序要使用的 DTD 文件。

在示例 3.4 中，验证程序无法解析公共标识符。但是，处理器在验证时可以通过 XML 文档中的 URL 地址来找到所使用的 DTD 文件。在该示例中，XML 解析器必须找到 Stock3. dtd 文件。由于 URL 引用采用了相对地址（没有网站地址和驱动器符号），解析器就从当前目录开始查找，当前目录是指正在解析的 XML 文档所在的目录。XML 推荐标准并没有规定解析器应该如何处理相对 URL 引用，但是大多数 XML 解析器把 XML 文档所在的路径作为当前路径，这也正是示例 3.4 所采用的办法。在使用相对 URL 引用之前，必须检查通过 URL 地址引用的文件是否存在。

使用外部 DTD 在很多情形中是有利的。例如，由于 DTD 定义保存在单独一个文件里，因此修改比较容易。如果同一段 DTD 内容在 XML 文档里重复多次，则修改就非常麻烦。但是，寻找外部的DTD文件需要额外的处理时间。此外，当DTD文件位于Internet上，解析器必须等待它从Internet上下载。因此可以在本地保存一个DTD的副本用于验证，如果在本地保存了一个DTD的副本，则需经常检查在原来位置的DTD是否已更新。

在实际中，大多数DTD比示例3.3中的DTD要复杂得多，因此最好实现词汇共享，并且使用通用的DTD。在动手建立自己的DTD定义之前，如果知道从哪里可以下载现有的DTD定义那会大大减轻负担。共享DTD不仅解除了自行建立DTD定义的麻烦，而且有了它，就更容易与共享同一个词汇的其他公司和其他XML开发商融合为一体。

有很多个人和行业已经开发了很多DTD，它们已成为事实上的标准。例如，化学工作者利用化学标记语言(Chemical Markup Language，CML)的DTD定义来验证共享的XML文档。在抵押行业，许多企业把抵押业标准维护机构的DTD应用于信息交换。XHTML，即HTML 4.01的XML版拥有三个DTD，它们是过渡型、严格型和框架型。这三个DTD定义了XHTML可以使用的词汇。有了这些DTD，浏览器的开发者能够在XHTML文档显示之前，确保其内容的有效性。

为了找到某个特定行业需要的DTD，需要借助于很多方法。方法之一是使用常用的搜索引擎。在绝大多数情形中，用搜索引擎可以得到令人满意的结果。另一个方法是浏览Cover Pages网站，该网站上有很多有价值的XML资料，它由Robin Cover维护，网址是http://xml.coverpages.org/。此外也可以到都柏林核心元数据计划(Dublin Core Metadata Initiative)网站搜索，这是一个致力于建立可互操作标准的在线资源，网址是http://www.dublincore.org。

读者或许想搜索一个XML Schema或RELAX NG文档作为自己的词汇。事实上，很有可能，目前最新的软件将来可能不使用DTD而是使用它们中的一种格式。如果没有为自己的应用程序找到一个DTD或XML Schema，可以自己动手建立一个。

3.3 有效性的验证

绝大多数浏览器在打开XML文档时，仅检查所打开的XML文档是否是格式良好的，如果不是格式良好的，则显示错误信息；如果是格式良好的，就按照指定的CSS或XSL进行显示，如果未指定任何显示信息，则默认以树状结构显示该XML文档。浏览器默认不对XML文档进行有效性验证，即使该XML文档在其中指定了该文档所使用的DTD。

那么如何使用XML文档声明的DTD来验证该XML文档是否是有效的呢？主要有两种方法：

(1) 使用相关的XML开发工具，例如Altova XMLSpy，该软件既可进行XML文档的可视化编辑，同时也能验证指定的XML文档是否是格式良好的以及是否是有效的。

(2) 编写程序进行验证，本章仍然以Java为编程语言进行说明。

3.3.1 使用开发工具验证

此处 XML 开发工具使用 Altova XMLSpy 2011，对于一个已经打开的 XML 文档，使用 XMLSpy 可以进行检查格式良好(快捷键为 F7)，验证有效性(快捷键为 F8)，如图 3.1 所示。

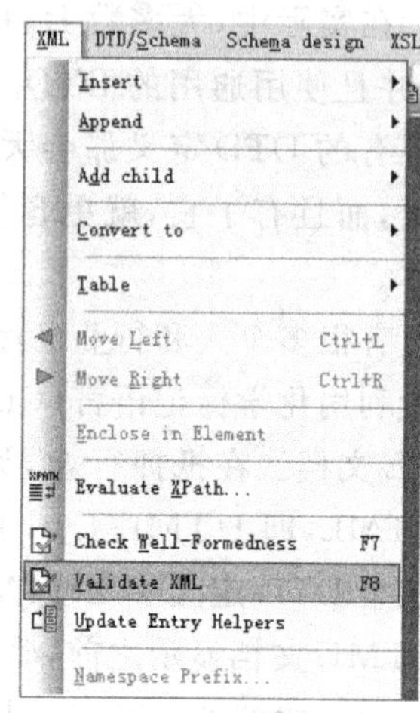

图 3.1 XMLSpy 中关于检查和验证 XML 文档的菜单

对示例 3.1 分别进行格式良好、有效性验证，其结果分别如图 3.2 和图 3.3 所示。结果说明，示例 3.1 中的文档是格式良好的，但不能进行有效性验证，这是因为该文档中没有声明所引用的 DTD，因此无法验证其有效性。对示例 3.4 进行有效性验证，其结果如图 3.4 所示，这说明示例 3.4 的 XML 文档是符合示例 3.3 中 DTD 的。如果把示例 3.4 中元素 Symbol 改为 symbol，再重新进行格式良好和有效性验证，其结果如图 3.5 所示，可以看出，该 XML 文档修改之后仍然是格式良好的，但是不再是有效的 XML 文档，错误信息为：

```
Content model of element 'Stock' disallows element
'symbol' at this position.
Error location: Stock/symbol
```

这是因为，在 DTD 中规定的元素名称为 Symbol，而在修改之后的 XML 文档中元素名称为 symbol，不符合 DTD 的规定。

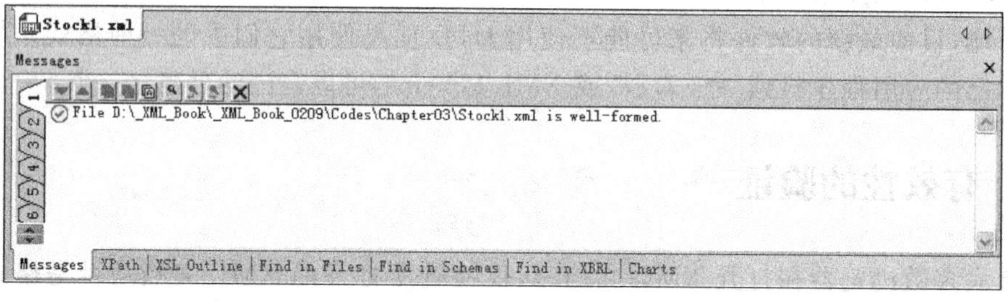

图 3.2 示例 3.1 文档检查格式良好的结果

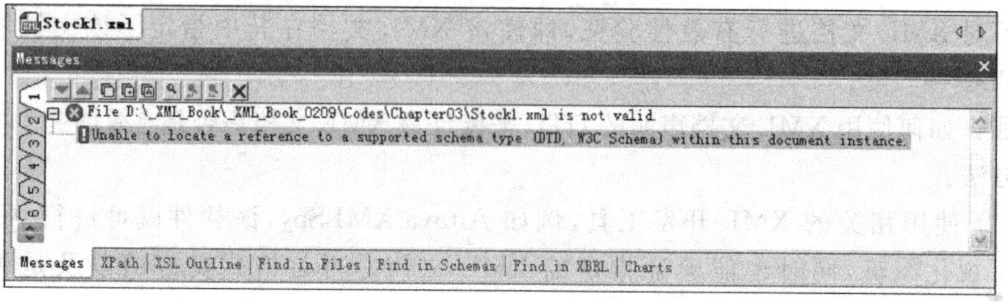

图 3.3 示例 3.1 文档验证有效性的结果

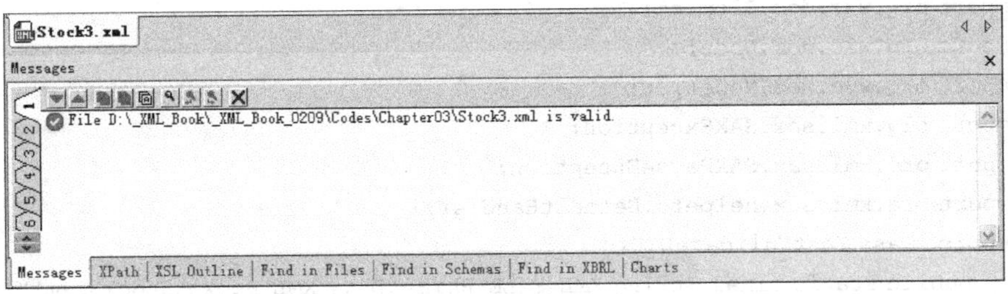

图 3.4　示例 3.4 文档验证有效性的结果

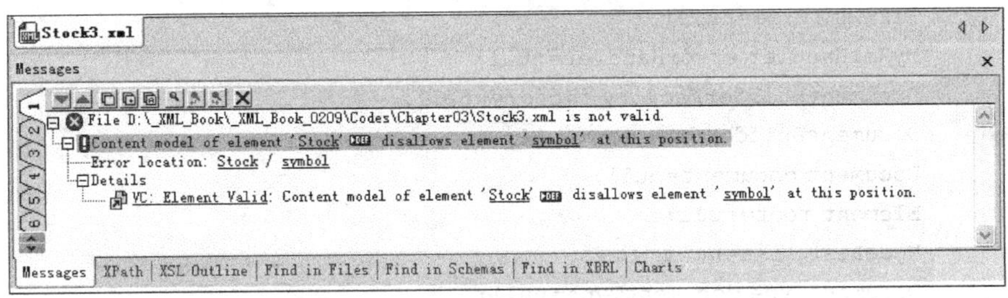

图 3.5　示例 3.4 文档修改后验证有效性的错误信息

可以看出，使用 Altova XMLSpy 可以非常方便地对指定的 XML 文档检查其格式良好或者验证其有效性。

3.3.2　编程验证

使用前述方法得到的 DOM 解析器默认是不支持验证 XML 文档有效性的，需要进行设置，主要代码如下：

```
DocumentBuilderFactory factory=null;
DocumentBuilder builder=null;
factory=DocumentBuilderFactory.newInstance();
//设置该 factory 对象支持有效性的验证
factory.setValidating(true);
builder=factory.newDocumentBuilder();
```

完整的用于验证示例 3.4 中的 XML 文档是否符合示例 3.3 中 DTD 的 Java 程序如示例 3.5 所示。

示例 3.5：TestValidateDTD.java

```
package chapter_03;
import java.io.File;
import javax.xml.parsers.DocumentBuilder;
import javax.xml.parsers.DocumentBuilderFactory;
import org.w3c.dom.Document;
import org.w3c.dom.DocumentType;
```

```
import org.w3c.dom.Element;
import org.w3c.dom.Node;
import org.w3c.dom.NodeList;
import org.xml.sax.SAXException;
import org.xml.sax.SAXParseException;
import org.xml.sax.helpers.DefaultHandler;
public class TestValidateDTD{
    public static final String XML_FILE_PATH="D:\\_XML_Book\\Stock3.xml";
    public static final String DTD_FILE_PATH="D:\\_XML_Book\\Stock3.dtd";
    public static void main(String[] args){
        File xmlFile=null;
        MyXmlHandler errorHandler=null;
        DocumentBuilderFactory factory=null;
        DocumentBuilder builder=null;
        Document document=null;
        Element root=null;
        NodeList list=null;
        DocumentType documentType=null;
        try{
            xmlFile=new File(XML_FILE_PATH);
            factory=DocumentBuilderFactory.newInstance();
            factory.setValidating(true);
            builder=factory.newDocumentBuilder();
            errorHandler=new MyXmlHandler();
            builder.setErrorHandler(errorHandler);
            document=builder.parse(xmlFile);
            root=document.getDocumentElement();
            documentType=document.getDoctype();
            list=root.getChildNodes();
        }
        catch(Exception e){
            System.err.println(e);
        }
        if(errorHandler.errorMessage==null){
            System.out.println("XML 文件"+XML_FILE_PATH+" 符合 DTD "+DTD_FILE_
            PATH);
            System.out.println("DTD 名称: "+documentType.getName());
            System.out.println("SystemId: "+documentType.getSystemId());
            System.out.println("根元素名称: "+root.getTagName());
            for(int i=0;i<=list.getLength()-1;i++){
                Node node=list.item(i);
                if(node.getNodeType()==Node.ELEMENT_NODE){
                    System.out.printf("%15s:%s\n",
                        node.getNodeName(), node.getTextContent());
                }
            }
```

```
            }
            else{
                System.err.println("XML 文件 "+XML_FILE_PATH+" 不符合 DTD "+DTD_FILE
                _PATH);
            }
        }
    }
class MyXmlHandler extends DefaultHandler{
    @Override
    public void error(SAXParseException e)throws SAXException{
        this.errorMessage=e.getMessage();
        System.err.println("一般错误："+this.errorMessage);
    }
    @Override
    public void fatalError(SAXParseException e)throws SAXException{
        this.errorMessage=e.getMessage();
        System.err.println("致命错误："+this.errorMessage);
    }
    String errorMessage=null;
}
```

在示例3.5的应用程序中，不仅验证了该XML文档的有效性，同时还读取了XML文档中有关DTD的信息，这里主要使用了类DocumentType，该类的对象就表示XML文档中的DTD，获取类DocumentType的对象主要是通过代表整个XML文档的document对象的getDoctype()方法：

```
documentType=document.getDoctype();
```

然后从documentType对象中即可获取DTD的有关信息，可参见第6章关于DocumentType的部分。示例3.5的应用程序，其运行结果如图3.6所示。

```
XML 文件D:\_XML_Book\Stock3.xml 符合DTD D:\_XML_Book\Stock3.dtd
DTD名称: Stock
SystemId: Stock3.dtd
根元素名称: Stock
         Symbol:SINA
           Last:59.92
           Date:1/13/2012
           Time:4:00pm
         Change:-0.20
           Open:59.16
           High:60.95
            Low:58.41
         Volume:3991991
  PreviousClose:60.12
       AnnRange:46.86 - 147.12
           Name:Sina Corporation
```

图3.6 验证有效性应用程序的运行结果

下面更深入地讨论 DTD 声明的每一部分内容。通常，DTD 由以下 3 个基本部分组成：

- 元素声明。
- 属性声明。
- 实体声明。

为了深入分析 DTD 中比较复杂的内容，需要扩展示例 3.4 中 XML 文档的内容。在该 XML 文档的基础上，建立一个更复杂一些的 Stock XML 词汇。这个更复杂一些的 XML 词汇可以包含多家上市公司的股票行情信息。

3.4 声明元素

本章开头已经介绍了元素声明的用法，但是还没有就声明元素的细节作深入讨论。当使用 DTD 定义一个 XML 文档的内容时，必须定义 XML 文档中的每一个元素。DTD 也可以对可选元素进行声明，可选元素是指在 XML 文档中可能出现，也可能不出现的元素。

元素声明由 3 部分组成：

- ELEMENT 声明。
- 元素名称。
- 元素内容模型。

在示例 3.4 的 DTD 中，文档根元素 Stock 的元素声明为：

```
<!ELEMENT Stock(Symbol,Last,Date,Time,Change,Open,High,Low,Volume,
PreviousClose,AnnRange,Name)>
```

ELEMENT 声明告诉解析器当前声明了一个元素。与 DOCTYPE 声明非常相似，ELEMENT 声明前面必须有一个感叹号。这个声明符只能出现在 DTD 内容里。紧跟在 ELEMENT 关键字后是需要定义的元素名。与 DOCTYPE 声明一样，元素名必须与 XML 文档里的元素名完全相同，包括前面的命名空间前缀。

在 DTD 中必须指定命名空间的前缀，这是 DTD 的一个主要局限。因为这就意味着用户在 XML 文档中不能根据需要来定义命名空间前缀符，而必须使用 DTD 中已经定义的命名空间前缀符。之所以存在这样一个局限，是由于 W3C 在最终定稿命名空间的作用之前，已经完成了 XML 推荐标准。在第 4 章可以看到，使用 XML Schema 进行词汇的定义就没有这种限制。

元素的内容模型必须出现在元素名称之后。一个元素的内容模型定义了可允许的元素内容。一个元素可能包含一个子元素、一段文本或子元素与文本的组合，也允许元素的内容为空。这正是 DTD 的核心，这样就可以定义 XML 文档的结构。就 XML 推荐标准而言，有 4 类内容文档，它们是：

- 元素内容。
- 混合内容。

- 空内容。
- 任意内容。

1. 元素内容

在XML文档中，许多元素还含有其他元素。事实上，这正是开发XML语言最主要的理由。为了定义一个包含元素内容的内容模型，只须将元素插入到后面的括号中。例如，有一个Stock元素，它只允许有一个Symbol子元素，则Stock元素的DTD定义如下：

```
<!ELEMENT Stock(Symbol)>
```

事实上在股票里，Stock元素远远不止包含Symbol一个元素，在示例3.4的XML文档中，Stock元素的子元素包括Symbol、Last、Date、Time、Change、Open、High、Low、Volume、PreviousClose、AnnRange和Name等，其DTD定义如下：

```
<!ELEMENT Stock(Symbol,Last,Date,Time,Change,Open,High,Low,Volume,
PreviousClose,AnnRange,Name)>
```

在元素的内容模型中出现的每一个元素也必须有自己的DTD定义。因此，在上面的这段DTD定义中，还需要使用ELEMENT声明来定义Symbol、Last、Date、Time、Change、Open、High、Low、Volume、PreviousClose、AnnRange和Name元素，这样才能得到一个完整的DTD定义。另外，即使一个元素在多个内容模型中出现，也只需要声明一次。XML推荐标准不允许在DTD中对同一个名称(包括元素、属性和实体)重复定义。

处理器需要读取元素的声明信息，才能知道如何处理这些元素。ELEMENT声明的顺序并不重要，但是元素名称必须与XML文档中的元素名称完全相同，如果使用了命名空间，则命名空间也要完全相同。

即使是在示例3.1中那样简单的XML文档中，一个元素也有多个子元素，这种情况在XML中是非常普遍的，可以说无处不在。定义元素的子元素，有两种基本的方法：

- 顺序组合。
- 选择组合。

首先来看顺序组合。通常有些XML文档中，一个元素的子元素必须按一定的顺序排列，对于这种情况，可以采用顺序组合的方法来定义该元素的内容模型。当定义一个顺序组合时，必须把各子元素的名称放在这个组合里，各子元素之间用逗号分隔。此外，在整个组合的前面是需要定义的父元素的名称。在声明内容模型时，如果不止一个子元素，则必须使用一个顺序组合，DTD定义如下：

```
<!ELEMENT Stock(Symbol,Last,Date,Time,Change,Open,High,Low,Volume,
PreviousClose,AnnRange,Name)>
```

在这段DTD定义中，元素声明表示Stock元素必须有12个子元素：Symbol、Last、Date、Time、Change、Open、High、Low、Volume、PreviousClose、AnnRange和Name，而且子元素的名称要完全相同，顺序也要完全一致。

如果在XML实例文档里少了DTD定义的顺序组合中的某个子元素，或者多了一个子元素，解析器就会报告一个错误。如果 XML 实例文档中有了声明中的全部子元素，但是不是按 Symbol、Last、Date、Time、Change、Open、High、Low、Volume、PreviousClose、AnnRange、Name 这种顺序出现，则解析器也会报告一个错误。

另外需要注意的是，在只含有元素的内容模型里(例如前面的 Stock 元素)，各子元素之间是否有空白并不重要。因此，利用前面的 DTD 声明，Stock 元素中的内容可以指定为如示例 3.4 所示的 XML 实例文档，在该 XML 实例文档中，各子元素之间包含了换行和制表符两个空白字符。

由于各子元素之间的空白字符并不重要，因此 Stock 的内容也可以如下所示：

```
<Stock><Symbol>SINA</Symbol><Last>59.92</Last><Date>1/13/2012</Date>
<Time>4:00pm</Time><Change>-0.20</Change><Open>59.16</Open><High>60.95
</High><Low>58.41</Low><Volume>3991991</Volume><PreviousClose>60.12
</PreviousClose><AnnRange>46.86-147.12</AnnRange><Name>Sina Corporation
</Name></Stock>
```

在仅含有元素的内容模型里，元素之间的空白字符只是为了增加可读性，对 XML 实例文档的有效性没有任何意义。

下面来看选择组合。虽然到目前为止使用的都是顺序组合，但是也有很多情形，用顺序组合不能定义元素内容，例如只能从两个元素中选择一个。很明显，此时需要某种选择机制。考虑 Stock 元素，它定义了一支股票：

```
<!ELEMENT Stock(Money)>
```

这里的 Stock 元素只有一个子元素 Money。如果现在要求从两个元素中选择一个：

```
<!ELEMENT Stock(Money|Price)>
```

这个声明允许 Stock 元素包含一个 Money 子元素，或者一个 Price 子元素。如果 Stock 元素的内容为空，或者同时含有这两个子元素，则解析器会报告一个错误。

构建一个选择结构的内容模型与构建一个顺序结构的内容模型非常相似。后者使用逗号分隔符，而前者使用竖线分隔符|。竖线分隔符的作用相当于具有排他特性的或逻辑运算符，该运算符会从多个选项中选取一个且只能选取一个。

除了顺序和选择的简单组合外，许多 XML 文档的元素还有更加复杂的组合方式。假设希望在 Stock 的内容模型中使用 High 和 Low 元素来代替 Price 元素。在声明 Stock 元素时，需要说明其内容包含一个 Money 子元素，或者 High 与 Low 两个子元素的顺序组合，但是只能是二者取其一。XML 推荐标准允许混合使用顺序组合和选择组合。因此，Stock 元素的内容模型可以定义如下：

```
<!ELEMENT Stock(Money|(High,Low))>
```

与前面的 DTD 定义一样，这个例子把全部内容模型放在括号里。但是在这个例子里，在内容模型中还有第二级括号。内层的内容模型是 High 和 Low 两个元素的顺序组合。XML 推荐标准允许在内容模型里嵌套定义内容模型，这样一层嵌套一层，嵌套的层数不受限制。使用选择组合的顺序组合，或使用顺序组合的选择组合，几乎可以得到需要的任何类型的组合。

2. 混合内容

XML推荐标准规定任何以文本为其内容的元素是一个混合内容模型元素。在混合内容模型里，文本可以单独出现，也可以与其他元素交错在一起。只含有文本的元素称为纯文本元素。

定义混合内容模型的规则与定义元素内容模型的规则类似。在示例3.3的DTD定义中，已经包含了几个最简单的混合内容模型（纯文本）的例子：

```
<!ELEMENT Symbol (#PCDATA)>
```

在这个声明中，在内容模型的括号里使用了关键字＃PCDATA，PCDATA是Parsed Character Data（被解析的字符数据）。这个关键字表示，XML实例文档中的字符数据需要解析。下面是一个符合该声明的例子：

```
<Symbol>SINA</Symbol>
```

混合内容模型的内容也可以同时包含文本和子元素。例如需要在Stock元素中加入一些说明，可以创建一个<Description>元素，在这个元素里可以使用换行符以及斜体和粗体等符号：

```
<Description>SINA 的股票行情信息
    <em>NASDAQ</em>
    <br/>
    <strong>实时股票行情</strong>
    版权所有
</Description>
```

在这个例子里，使用了一个Description元素，该元素的内容是一些文本与em（表示斜体）、strong（表示粗体）以及br（换行符）等元素交错在一起的混合内容。如果熟悉HTML或XHTML的话，就知道em、strong和br等元素的含义。在HTML语言里，经常使用混合内容模型来表示HTML文档的内容。

在DTD文件中，定义混合内容模型只有一种办法。在混合内容模型中如果需要增加元素，则必须使用选择组合，这意味着在内容模型里必须有至少一个竖线分隔符，上述Description元素的定义如下：

```
<!ELEMENT Description (#PCDATA|em|strong|br) *>
```

注意，在使用选择组合来描述内容模型时，子元素之间必须使用竖线分隔符，而不能使用逗号分隔符。

当混合内容模型中还包括子元素时，关键字＃PCDATA必须出现在子元素列表的第一个位置。解析器据此就可以知道它正在处理一个混合模型内容，而不是元素内容模型。与只含元素的内容模型不同，在混合内容模型中不能再嵌套声明混合内容模型。

在上述Description元素的定义中，混合内容模型的括号外面有一个星号。当在混合内容模型里加入子元素时，必须在内容模型的结尾位置插入一个星号，其目的是告诉解析器重复此内容模型。星号在DTD中属于量词符号，其目的是用来表示出现的次数。

由于使用了一个重复的选择组合模式（星号量词符号），就不能再控制混合内容中的子元素的个数和顺序。例如在Description元素中，em子元素、strong子元素、br子元素和文本内容出现的次数没有限制，而且它们出现的顺序也没有任何要求。

一个元素的出现次数是指这个元素在内容模型中出现的次数。内容模型中的每个元素名后面都有一个量词符号表示该元素的出现次数。DTD有4个量词符号，如表3.1所示。

表3.1 DTD中的量词符号

量词符号	说明
无	表示元素必须出现且只能出现一次。这是内容模型中元素的默认方式
?	表示元素出现零次或一次
+	表示元素出现一次或多次
*	表示元素出现零次或多次

总之，在混合内容模型中声明子元素时，它们必须遵循以下规则：

- 必须使用选择组合（竖线符号）来分隔各子元素；
- 关键字#PCDATA必须出现在子元素列表的最前面；
- 其中不能再嵌套内容模型；
- 如果有子元素，则量词符号必须出现在模型的最后。

3. 空内容

有些元素可以有内容，也可以没有内容：

```
<PreviousClose>6</PreviousClose>
<PreviousClose></PreviousClose>
```

元素PreviousClose有时有内容，有时没有内容。在XML文档中，有些元素可能永远没有内容。事实上，在很多情况下，在某些元素里插入文本或其他子元素是毫无意义的。例如，可以在<Description>元素中插入
元素表示换行符，但是在
元素中插入文本是毫无意义的。而且从理论上讲，在
元素里无法插入其他东西。这是空内容模型的最好例子。

定义一个空内容模型的元素，只需在声明中使用EMPTY关键字，紧跟在元素名称的后面，代码如下：

```
<!ELEMENT br EMPTY>
```

该声明要求br元素在XML文档中必须是一个空元素。不能使用EMPTY关键字来声明可能有内容的元素，如<PreviousClose>元素，该元素在XML文档中可能有内容，也可能没有内容。实际上，即使一个元素在DTD中并没有被声明为空内容模型，该元素在XML文档中仍然可以是空内容。由于<PreviousClose>元素可能会有内容，因此在 DTD 中定义该元素时，不能使用 EMPTY 关键字，而是使用混合内容模型来声明该元素。

4. 任意内容

最后，可以使用 ANY 关键字声明一个元素。当使用 ANY 关键字来声明内容模型时，表示其内容不受约束。例如，使用 ANY 关键字来声明<Description>元素：

```
<!ELEMENT Description ANY>
```

在这个例子里，使用 ANY 关键字表示任何在 DTD 中声明的元素都可以作为 Description 元素的内容。允许它们按任意顺序、以任意次数出现在 Description 元素中。但是 ANY 关键字不允许使用没有在 DTD 中声明的元素。除了元素之外，任何字符内容也可以出现在 Description 元素中。

由于 DTD 是用来限制元素内容的，因此 ANY 关键字使用的并不多，它对已声明元素的内容几乎不加任何限制。

3.5 声明属性

在很多方面，属性声明的语法与元素声明类似。前面说明了元素的内容模型，本节讲述如何声明元素的属性。属性的声明需要使用 ATTLIST 关键字：

```
<!ELEMENT Stocks (Stock+)>
<!ATTLIST Stocks source CDATA #IMPLIED>
```

上述定义中，第一条语句声明了元素 Stocks，并说明该元素至少包含 1 个 Stock 子元素。第二条语句是 ATTLIST 声明，它声明了 Stocks 元素的属性，为 Stocks 元素定义了一个 source 属性。

ATTLIST 声明包括 3 部分的基本内容：

- ATTLIST 关键字。
- 属性所属的元素名称。
- 属性列表。

与其他声明语句一样，ATTLIST 声明的首字符必须是一个感叹号，表示这是 DTD 定义的声明语句。紧跟在 ATTLIST 关键字之后的是元素的名称，在上述定义中，元素的名称是 Stocks，这表示当前定义的属性属于 Stocks 元素。

一般在元素名称之后定义属性。一个 ATTLIST 声明语句可以定义任意数量的属性，每个属性由 3 部分组成：

- 属性的名称。
- 属性的类型。
- 属性的值。

下面来逐一分析 source 属性声明的每一部分内容：

```
source CDATA #IMPLIED
```

在该属性声明语句中，属性的名称是 source，关键字 CDATA 是属性类型，它表示该属性的值是字符数据；最后一部分是＃IMPLIED 关键字，它表示该属性没有默认的值；使用了＃IMPLIED 关键字声明的属性可以不出现在元素中。属性声明中的第三部分是值声明（Value Declaration），它控制解析器如何处理属性的值。

3.5.1 属性的名称

属性的名称类似于元素的名称。在声明属性时，必须遵守 XML 基本的命名规则。除了遵守这些基本规则外，属性列表中不能出现重复的属性名称。一个元素不能包含重复的属性名称。在 XML 实例文档中使用的属性名称必须与 DTD 中定义的属性名称完全相同，包括它们的命名空间前缀。

就 DTD 定义而言，像 xmlns:nasdaq="http://www.nasdaq.com/stocks"的命名空间声明也被视为属性。虽然推荐标准坚持认为 xmlns 语句是声明而非属性，但是如果要在 DTD 中定义 xmlns，则它必须在 ATTLIST 中进行声明。这同样是由于 W3C 在命名空间标准出来之前 DTD 语法已经制定完毕。

3.5.2 属性值的类型

在声明属性时，必须说明处理器如何处理属性值中的字符数据。在元素声明语句中，可以说明元素包含文本内容，但是没有说明处理器如何处理文本内容。为解决这个问题，属性声明引入了几个新内容。在表 3.2 中列出了各个不同的属性类型。

表 3.2 DTD 中属性的类型

类　型	描　述
CDATA	表示属性值是字符数据。注意与 ELEMENT 声明中的 PCDATA 关键字稍有不同。解析器在解析 CDATA 时，会忽略某些保留字，在这一点上与 PCDATA 不同
ID	可以唯一确定包含它的元素的属性值
IDREF	表示属性值是一个 ID 的引用，引用一个可标识的唯一元素
IDREFS	表示属性值为一个由空白符分隔的 IDREF 列表
ENTITY	属性值是一个外部非解析实体（有关实体的更多内容将在本章后续小节中介绍。不可解析实体可能是一个图像文件或其他外部资源，如 mp3 文件或其他二进制文件）
ENTITIES	属性值是一个由空白符分隔的 ENTITY 列表
NMTOKEN	属性值是一个名称标记。一个名称标记（name token）是一个字符数据串，由标准的、允许用于命名的字符组成
NMTOKENS	属性值是一个由空白符分隔的 NMTOKEN 列表
Enumerated List	除了默认类型值，属性值还可以是枚举值列表

正如在前一个例子中看到的，紧跟在属性名称之后的是属性的类型。下面详细讨论每种属性类型。

1. CDATA

CDATA是属性的默认类型，表示属性的值是字符数据。处理器不会对CDATA值进行任何的类型检查，因为它是最基本的数据类型。毫无疑问，XML的结构良好规则仍然起作用，但是只要内容是结构良好的，处理器会把任何文本当成是CDATA。

2. ID、IDREF和IDREFS

类型为ID的属性在XML文档中可以唯一地标识一个元素。如果为一个元素已经定义了一个ID性质的属性，以后就可以通过该属性来引用这个元素。对元素进行唯一性的标识，是XML的重要技术之一。在HTML和CSS中，经常通过元素的ID属性来对元素进行引用。在JavaScript中，也经常通过ID属性来访问HTML文档中的元素。

在使用ID属性时，要遵循以下规则：

- ID类型的属性名称必须遵循XML的命名规则；
- ID类型的属性值在整个XML文档中必须是唯一的；
- 一个ID类型的属性只能属于一个元素；
- ID类型的属性必须声明为#IMPLIED或#REQUIRED。

假设想给Stock元素增加一个ID属性：

```
<!ATTLIST Stock company ID #REQUIRED>
```

在XML实例文档中增加一个唯一性的ID值：

```
<Stock company="NETS_Stock" >
```

Company已被声明为一个ID属性。以股票中的股票代码作为company属性值，保证了每个属性值的唯一性。ID类型的属性值必须唯一，也就是说不同元素的ID属性值不能相同。

定义IDREF属性也有类似的规则：

- IDREF类型的属性值必须遵循XML的命名规则；
- IDREF类型的属性值必须与XML文档中的某个ID值相对应。

3. ENTITY和ENTITLES

属性可以包含不可解析实体的引用。一个不可解析实体是指一个解析器不能解析的外部文件，例如外部图像文件就是一个不可解析实体。与其把图像文件插入到XML文档中，还不如利用一个特殊属性来插入对这个外部文件的引用。在DTD定义中，使用ENTITY关键字可以定义一个可重用的引用。

首先来看ENTITY属性类型的一些规则。在ENTITY属性中引用的对象必须是已经在DTD的其他位置已经定义好的对象。此外，如果要引用一个ENTITY，属性值必须符合XML的命名规则。分析下面的属性声明：

```
<!ATTLIST Stock portrait ENTITY #IMPLIED>
```

把 portrait 定义为实体属性后，就可以在 XML 实例文档中引用这个实体属性名：

```
<Stock portrait="PictureOfSOHU">
```

portrait 属性引用了一个名为 PictureOfSOHU 的实体。这里假定已经在 DTD 的某个位置声明了名称为 PictureOfSOHU 的实体。

ENTITLES 属性类型表示由空白符分隔的 ENTITY 列表。因此可以声明如下的实体列表：

```
<!ATTLIST Stock pictures ENTITIES #IMPLIED>
```

下面的语句引用上面这个实体列表，这个引用是有效的：

```
<Stock pictures="PictureOfSOHU-Small PictureOfSOHU-Large">
```

pictures 的实体名仍然是有效的，两个实体名由空白符分隔。两个实体名之间可以有一个换行符和若干个空格符，这是合法的，因为 XML 处理器并不关心两个值之间有多少空白符。XML 处理器会把任意一个空格符、跳格符、换行符和回车符都当作空白符。

4. NMTOKEN 和 NMTOKENS

经常需要在属性中引用一个概念或一个单词，它可以是一个元素名称、一个实体名称、一个属性名称或者其他任何概念。实际上，NMTOKEN 的属性值不需要声明。有了 NMTOKEN 类型属性，可以创建一个属性值，该属性值只要符合 XML 命名规则，XML 处理器就认为有效。

假设要给 Stock 元素增加一个 tag 属性，利用它为 Stock 元素定义一个会引起人们注意的关键字：

```
<!ATTLIST Stock tag NMTOKEN #IMPLIED>
```

tag 属性允许取以下的值：

```
<Stock tag="aaaa">
```

在 XML 的命名规则中，名称的首字符不能是数字，但是 NMTOKEN 的属性值不受这个规则约束。NMTOKEN 值的第一个字符可以是包括数字在内的任何名称字符。

与其他属性类型一样，NMTOKENS 类型也是一个由多个 NMTOKEN 值组成、由空白字符分隔的列表。例如可以定义一个 tags 属性，它的值可以由 aaaa、bbbb 和 cccc 等 NMTOKEN 值组成，如下所示：

```
<!ATTLIST Stock tags NMTOKENS #IMPLIED>
```

下面是 tags 属性的值：

```
<Stock tags="aaaa bbbb cccc" >
```

注意在 DTD 中不需要定义 aaaa、bbbb 和 cccc 等，它们都是合法的 NMTOKEN 值。

5. 枚举类型

很显然，能够检查属性值的类型是非常有必要的。假设某个属性只允许某组值，那么可以利用现有的类型限制这个属性值。但是这还不够，例如想给表示股票最新价格的Last元素增加一个currency属性，表示该价格的货币种类，其值可能是USD、RMB、EUR、HKD等。这些值都是字符数据，因此可以使用CDATA类型，但此时值42也是合法的，因为这也是字符数据，这不是我们所希望的。另外一种办法是利用NMTOKEN属性类型，因为这4个值都是有效的NMTOKEN，但同时这也允许像Blog这样的值。因此最好能进一步限制该属性的值。

使用枚举类型可以实现上述功能。在声明属性的同时定义一个允许值的列表。声明时，在每个枚举值之后可以使用任意个空白符，每个值必须是一个有效的XML名称，值本身不能有空白符。使用枚举类型定义一个currency属性，如下所示：

```
<!ATTLIST Last currency (USD|RMB|EUR|HKD) #IMPLIED>
```

在小括号中列出了各个允许的值，各个值之间使用竖线进行分隔。上述声明表示，currency属性的值必须满足列表中的某一个值，而且只能是其中的一个。列表中的每个元素必须是一个有效的NMTOKEN值。NMTOKEN类型与XML名称非常相似，只是前者的首字符可以是数字字符。

下面一些例子，使用了这个刚定义的currency属性：

```
<Last currency="USD">
```

或

```
<Last currency="RMB">
```

下面两个例子里的currency属性值无效：

```
<Last currency="USD RMB">
```

或

```
<Last currency="rmb">
```

第一个例子无效，是因为使用了枚举列表中的多个值。第二个例子无效的原因是由于列表中的RMB值是大写的，而XML代码中currency属性值中的rmb是小写的。由于XML是区分大小写形式的，因此，属性列表中的值也是区分大小写的。

3.5.3 属性的取值方式

在声明属性时，需要说明属性值的取值方式。可以在DTD中声明属性时给该属性指定一个默认值；也可以在XML实例文档中给该属性赋值；另外，也可以要求该属性的值为某个固定值。在DTD中声明属性时必须说明上述这些属性值的取值方式。

根据XML推荐标准，属性的值可以按以下4种方式来设置：

- 默认值。
- 固定值。
- 必需值。
- 隐含值(或可选值)。

1. 默认值

有时候,即使在 XML 实例文档中没有明确给属性赋值,也希望该属性有某个值,那么这个值就是默认值。在为某个属性设置了默认值后,它一定会出现在最后的输出结果中。在处理文档时,XML 解析器如果发现 XML 实例文档没有定义属性值,就自动插入该属性的默认值。如果一个属性既有默认值,又在 XML 实例文档中给该属性赋值,则 XML 实例文档中的值优先于默认值。DTD 中的属性默认值只对 XML 解析器有用。能够为属性指定默认值是 DTD 最有价值的特性之一。

定义一个属性的默认值非常容易,只需在属性类型后插入一个用引号表示的值即可:

```
<!ATTLIST Last currency (USD|RMB|EUR|HKD) "USD">
```

在这个例子里,修改了前面的 currency 属性声明语句,给该属性指定了一个默认值,默认值是 USD。一个验证解析器在读取 Last 元素时,如果 currency 属性还没有赋值,则自动插入 USD 作为 currency 属性的值。如果解析器发现在 Last 元素中已经定义了 currency 属性的值,那么就使用这个值。

在给属性指定默认值时,必须确保这个值与属性的类型相一致。例如,如果属性类型是 NMTOKEN,那么默认值必须是一个有效的名称标记。如果属性类型是 CDATA,那么默认值可以是任何结构良好的 XML 字符数据。

不能给 ID 类型的属性设定默认值。如果一个验证解析器给多个 ID 类型的属性插入同一个默认值,那么这些元素的 ID 值就不再具有唯一性了,整个 XML 文档因此也无效。

2. 固定值

在某些情况下,属性值可以是固定不变的。如果某个属性值固定不变,那么可以使用#FIXED 关键字,之后紧跟这个固定值。固定值在许多方面与默认值相似。当解析器正在解析 XML 文档时,当遇到一个固定值的属性时,就把这个固定值插入到这个属性里。

固定属性值的一个常见应用是指定版本号。DTD 的作者经常为某个专用的 DTD 文件指定一个固定的版本号:

```
<!ATTLIST Stocks version CDATA #FIXED "1.0">
```

与默认值一样,在定义属性的固定值时,这个值必须与属性的类型一致。与默认值声明一样,在声明固定值时,我们不能为 ID 类型的属性值设定一个固定值。固定值与默认值的不同点在于,一旦给定了固定值,在 XML 实例文档中就不能再为该属性指定其他的值,否则该 XML 实例文档就不是有效的。

3. 必需值

当把某个属性设置为 required(必需值)时，表示该属性必须出现在 XML 实例文档中。一个 XML 实例文档要正常工作，就必须有该属性。这是约束 XML 实例文档内容的一种方式。例如，把 currency 属性设置为必需值：

```
<!ATTLIST Last currency (USD|RMB|EUR|HKD) #REQUIRED>
```

这表示，XML 实例文档中的每个 Last 元素都必须有 currency 属性。如果解析器在解析 XML 文档时遇到了一个没有 currency 属性的 Last 元素，则报告一个错误信息。

要把某个属性声明为必需值，只需要在属性类型的后面加上 #REQUIRED 关键字即可。如果某个属性已设为必需值，那么不能再为这个属性设置一个默认值，也就是说，关键字 #REQUIRED 和默认值是互斥的。

4. 隐含值

在某些情况下，声明的属性既不是必需的，也没有默认值或固定值。在这种情况下，该属性可能出现在元素中，也可能不出现，这种属性称为隐含属性(implied)。当 XML 文档中包含隐含属性时，XML 解析器只是检查在 XML 实例文档中指定的属性值是否符合相应的属性类型。如果这个值不符合属性类型的规则，则解析器报告一个验证错误；如果在 XML 示例文档中相应的元素没有该属性，则 XML 解析器不做任何处理。

在声明属性时需要声明属性的取值方式。如果属性没有默认值，也没有固定值，也不是必需的，那么必须把它声明为隐含的。要把一个属性声明为隐含的，只需在属性类型之后加上 #IMPLIED 关键字即可，定义如下：

```
<!ATTLIST Stocks Symbols IDREFS #IMPLIED>
```

到目前为止，上述示例中的 ATTLIST 声明都只定义了一个属性。但是一些元素需要多个属性。实际上，通过 ATTLIST 语句也可以声明多个属性，如下所示：

```
<!ATTLIST Stocks version CDATA #FIXED "1.0"
                 source CDATA #IMPLIED >
```

这个 ATTLIST 声明语句定义了 Stocks 元素的两个属性：version 属性和 source 属性。其中，version 属性取固定值"1.0"，类型为字符数据；而 source 属性的值也是字符数据，但是 source 属性是隐含的。如果需要声明多个属性，就像本例，各属性之间必须使用空白符分隔。在这个例子中，两个属性之间使用了一个换行符。为了使两个属性的声明对齐，第二个属性声明的前面加了一些空白字符。在声明多个属性时经常使用这种方法。除了可以在一个 ATTLIST 声明语句里定义多个属性外，也可以为一个元素多次使用 ATTLIST 声明，每次定义一个属性，如下所示：

```
<!ATTLIST Stocks version CDATA #FIXED "1.0">
<!ATTLIST Stocks Source CDATA #IMPLIED>
```

上述两种方式都可以定义多个属性，并且都符合 DTD 的规则。

3.6 声明实体

在 XML 文档中如果要插入某个特殊字符，可以使用转义字符或实体引用。XML 内置了 5 个字符实体，用于插入特殊字符。除了这 5 个内置的实体外，还可以利用字符引用来表示一些难以从键盘输入的字符，例如表示版权的©字符：

```
<Description>&#169; 版权所有,2002-2012</Description>
```

在上述代码中，Description 元素的内容里有一个 ©字符引用，它是©的 Unicode 编码值，因此用这种方法可以插入©字符。

实际上在 XML 文档中实体不限于这些简单字符的引用。在 XML 文档中，实体可以是一段要替换的文本，可以是其他的 XML 标签，甚至可以是外部文件。事实上，XML 文档的每个部分都是一个实体。例如，文档的根元素是一个实体，它是文档实体；DTD 是另一个实体，还有其他实体此处就不再一一列举。当然，它们的作用不同于下面要讨论的 4 类主实体类型，它们的使用受到了限制。

实体可以分为 4 大类，每一类都可以插入到 XML 文档中：

- 内置实体。
- 字符实体。
- 一般实体。
- 参数实体。

下面对这 4 类实体进行详细讨论。

3.6.1 内置实体

在 XML 文档中可以使用以下 5 个字符实体：

- &——& 字符。
- <——<字符。
- >——>字符。
- '——'字符。
- "——"字符。

一般总是把这 5 个实体归类为内置实体，这是因为根据 XML 推荐标准，所有的 XML 解析器默认都必须支持这 5 个实体。它们不需要在 DTD 中定义，但是其他类型的实体在插入到 XML 文档之前必须先在 DTD 中定义。

要使用一个实体，必须在文档里插入对这个实体的引用。实体引用是指引用实体所代表的一个字符或文本甚至一个外部文件。引用内置实体要用下面的格式：

```
&apos;
```

它的首字符是 &，之后是实体的名称，这里是 apos，结尾是分号(;)，上述几部分之间不允许有任何的空白字符。

通常，就像在 XML 文档中插入普通文本那样，可以在 XML 文档的任何位置插入实体引用。例如，可以在元素的内容和属性值中插入实体引用。在 DTD 文件里，也可以在默认属性值、固定属性值或实体声明里插入实体引用。虽然可以使用内置实体引用来表示特殊字符，但是它们不能代替 XML 的标记字符，包括<、>、'、""。例如，下面的语句是合法的：

```
<Description>Sina &amp; Corporation </Description>
```

这里，&是一个内置实体引用。通过这种办法，在<Description>元素的内容里插入了 & 字符。这之所以是合法的，是因为该实体引用是在元素的文本内容里。相反，下面的实体引用是非法的：

```
<Stocks version=&quot;1.0&quot;>
```

这里，用 "实体表示实际的引号。当 XML 解析器处理这个元素时，遇到＝后面的 & 符号就报告一个不符合结构良好要求的错误。XML 解析器首先根据 XML 文档的结构良好要求进行检查；只有当实体引用都可以解析时，才继续检查其他错误。许多 XML 解析器可以对 XML 的某一段内容进行结构良好的检查，然后开始对这一段里的实体进行替换。当 XML 文档非常大时，这个方法很有用。另外，不能在元素或属性的名称中使用实体。

3.6.2 字符实体

字符实体不需要在 DTD 中声明，它们可以直接用在元素内容和属性内容里。字符实体引用常用来表示不容易输入的字符或非 ASCII 字符。

与内置实体一样，要在 XML 文档中里使用字符实体，必须插入字符实体的引用。引用字符实体的语法与引用内置实体的语法非常相似：

```
&#169;
```

从这个例子可以看出，它与内置实体的最大区别是：字符实体没有实体名称。第一个字符是 &，然后是一个＃字符，而不是实体名称，紧跟其后是一个数字，本例是 169，这是©字符的 Unicode 码，字符实体引用的最后是一个分号(；)。与内置实体引用一样，字符实体引用中也不能使用空白字符。

字符实体引用也可以使用 Unicode 码的十六进制表示：

```
&#x00A9;
```

这里 00A9 是十进制数 169 的 16 进制表示，当字符的 Unicode 码用 16 进制表示时，前面必须有一个 x。事实上 16 进制比 10 进制更常用，因为在 Unicode 规范中字符列表就是使用字符的 16 进制来表示的。查看字符 16 进制表示的最好地方是 http://www.unicode.org/ charts 上的 Unicode 技术报告。例如想知道字符 o 的 16 进制码，可以查阅

http://www.unicode.org/charts/PDF/U0080.pdf 文档。

与内置实体的引用一样，凡是允许使用普通文本的地方，如元素内容和属性值，都可以使用字符实体。在 DTD 定义里也可以使用字符实体。与内置实体一样，字符实体不能代替实际的 XML 标记，也不能作为元素名称或属性名称的一部分。

这是不是说，利用字符引用可以在 XML 文档中插入任何的 Unicode 字符呢？并非完全如此。实际上，XML 标准允许插入那些在 XML 推荐标准里定义的字符，这个推荐标准是基于 Unicode 3.0 的。随着 Unicode 标准的不断完善，在 XML 文档里需要使用更多的字符。在 XML 1.1 版中，凡是没有被明确禁止的 Unicode 字符，包括采自最新 Unicode 5.0 版本里的字符，都可以使用。这正是为什么要在 XML 的开头插入 XML 版本的原因，这是为了向后兼容。当前最新 XML 1.0 允许的字符集可以在 XML 推荐标准里找到。XML 推荐标准可以在 http://www.w3.org/TR/REC-XML/#NT-Char 和 http://www.w3.org/TR/REC-xml/#CharClasses 两个网页上找到。如果 XML 解析器遇到一个字符(或字符实体引用)还没有在标准中定义，解析器会报告一个致命的错误，它把非法的字符看成违背了结构良好的规则。在 XML 1.0 的最新推荐标准中，支持到 Unicode 5.0 版本，但是 Unicode 的最新版本为 6.1.0(2012 年 1 月 13 日)。

3.6.3 普通实体

普通实体的作用与 5 个内置实体的作用非常相似，但是前者必须在 XML 文档中使用之前，先在 DTD 中定义。最常见的情形是，XML 开发人员利用普通实体，建立可以重用的替换文本段。普通实体不仅仅可以表示单个字符，也可以表示多个字符、文本段甚至整个文档。本节介绍普通实体的概念和应用。

可以用两种方法在 DTD 中声明普通实体。可以直接声明实体的值，或者指向一个外部文件。下面先分析一个内部实体声明：

```
<! ENTITY comment-text "Real-time stock quote of NASDAQ" >
```

与前面的 ELEMENT 和 ATTLISI 声明一样，ENTITY 声明的第一个字符必须是一个感叹号(!)，在 ENTITY 关键字之后是一个实体的名称，本例是 comment-text。如果在 XML 文档的其他位置需要引用这个实体，需要使用实体的名称。实体的名称也必须遵循 XML 的命名规则。在该例中，实体的名称之后是一行替换文本。每当 XML 解析器在 XML 文档中的某个位置遇到 comment-text 实体的引用时，就在该位置使用这段替换文本替换这个实体引用。这个例子是一个内部实体声明，因为替换文本可以直接出现在 DTD 的声明中。

在前面这个例子里，替换文本的内容是"Real-time stock quote of NASDAQ "。但是普通实体的值不仅仅局限于简单的字符或文本。一个普通实体的内容可以是任何结构良好的 XML。唯一的例外是不能把文档根元素插入到替换文本里。例如，下面的普通实体值是合法的：

```
<!ENTITY High-unknown "The High for this Stocks is &quot;Unknown&quot;">
```

需要注意的是，在替换文本里仍然可以插入实体引用。实体引用可以代替 DTD 中的普通文本。另外需要注意的是，这些值可能含有根元素，也可能没有根元素，甚至可能没有元素。虽然可以在替换文本里插入实体引用，但是实体不能引用自己，不管是直接的还是间接的。下面这个声明是非法的：

```
<!ENTITY High-unknown "The High for this Stocks is &High-unknown;">
```

因为这个实体在替换文本中引用了自己。当一个实体引用自己时，称为递归实体引用。

一个实体的替换文本必须是结构良好的：

```
<!ENTITY Stock-High "<Stock>">
<!ENTITY Stock-Low "</Stock>">
```

这两个例子都是非法的，因为它们都不符合结构良好的规则。在第一条语句中，Stock 元素有开始标签，但没有结束标签；而第二条语句中，Stock 元素只有结束标签。不允许一个元素的开始标签在一个实体里，而它的结束标签在另一个实体里。每个实体本身也必须是结构良好的。

由于替换文本的长度没有受制，因此 DTD 文件中很容易充斥着很多替换文本，使 DTD 文件的可读性较差。可能并不希望把所有的替换文本都放在 DTD 文件里而是希望把它们保存到一个外部文件里。当在一个外部文件里而不是在 DTD 内部定义一个实体时，可以引用这个外部文件。例如，可以像下面这样定义一个实体：

```
<!ENTITY Stock-description SYSTEM "Stock.txt">
```

或者：

```
<!ENTITY Stock-description PUBLIC "-//beginning XML//Stock-Description//EN"
"Stock.txt">
```

正如在文档类型定义里中看到的那样，引用一个外部文件时，需要使用系统标识符或公共标识符。使用公共标识符时，可以插入一个可选的 URL 地址。这两条声明语句都引用一个名为 Stock.txt 的外部文件。在 XML 解析器解析 DTD 文件的过程中，当遇到一个外部实体声明时，可能需要打开这个外部文件并对它进行解析。如果 XML 解析器是一个验证解析器，则它必须打开这个外部实体，并对引用的内容进行解析；如果 XML 解析器不是一个验证解析器，则它可能会打开这个外部文件，也可能不打开。

XML 推荐标准之所以明确区分验证解析器与非验证解析器，主要原因是为了比较容易地建立遵循 XML 规范的解析器。许多解析器之所以不具有验证 XML 文档的功能，是因为需要额外的处理时间或编程时间。

与内部实体声明一样，替换文本也必须是结构良好的 XML。当解析器在解析一个外部文件时遇到违反了结构良好的规则，就会输出错误信息，并停止解析。

现在来讨论如何在 XML 文档中引用实体：

```
&Stock-description;
```

这就是一个实体引用，它与前面的内置实体引用非常相似。同样，每个引用的第一个字符必须是 &，紧跟其后的是引用实体的名称，这里是 Stock-description，引用的最后是一个分号(;)。在引用中不允许有空白字符，但是允许有连字符和下划线。用这种方法可以引用在 DTD 中定义的任一个普通实体。当解析器遇到一个实体引用时，就把 DTD 文件中定义的替换文本或者外部文件插入到引用位置。

另外，在 XML 文档中也可以引用 Internet 上的文件或 HTML 的 Web 网页。然而，与处理本地的文本文件一样，解析器也需要解析每个外部文档，并对它进行结构良好的检查。Web 上的大多数 HTML 文件并不是结构良好的 XML 文档，必须确保处理器在解析这些外部文件时不会产生违反结构良好的规则。此外，验证解析器还会对外部替换文本进行检查。<Description>元素的 ELEMENT 声明规定了它可以插入 #PCDATA 内容、strong 元素和 em 元素。如果 XML 解析器在 Description 元素中发现了 html 元素时，即使这是实体引用的替换结果，也会产生一个有效性错误，因为在 DTD 里没有定义 html 元素。

前面曾经提到，验证要占用处理器的一些时间，这是使用 DTD 的一个缺点。同理，使用外部实体也会降低程序的性能。在最后这个实例中，程序的运行性能会明显地下降。由于使用外部文件，要经过“打开、读取、下载”等过程。因此，在把 DTD 分解为几个独立模块时，需要考虑到使用外部文件的利和弊，必须兼顾到程序的性能和文档的易维护性。把 XML 和 DTD 分解为各独立模块的优点是可以使各不同部门或开发者把注意力集中到 XML 文档的某一专门内容上。

3.6.4 参数实体

参数实体很像普通实体。有了参数实体，可以创建可重用的替换文本段。到目前为止，在 XML 文档中的元素内容和属性内容里，或在 DTD 的声明语句中，或在实体替换文本里都可以进行实体的引用，但是参数实体则不同，不能在 XML 实例文档中引用参数实体，而只能在 DTD 中进行参数实体的引用。与其他类型的实体不同，参数实体里的替换文本可以由 DTD 中的一个或多个声明组成。

参数实体也可用来建立分散在多个文件中的 DTD。当不同的开发组都在开发 DTD 时，这个方法有时非常有用。此外，利用这种方法，可以在 XML 文档里重用 DTD，或者使用 DTD 的部分定义。当把 XML 文档或 DTD 分解为多个文件时，就称这些文件为模块。

参数实体声明与普通实体声明非常相似：

```
<!ENTITY %CurrencyType "USD|RMB|EUR|HKD">
```

这个例子声明了一个内部参数实体，它的名字为 CurrencyType。之所以这是一个参数实体，是因为实体的名称前有一个%符号，这是参数实体声明格式与普通实体声明格式最主要的差别。注意在 ENTITY 与%之间、%与实体的名称之间有空白字符，这里的空白字符是不可缺少的。

与普通实体一样，参数实体也可以利用系统标识符或公共标识符引用外部文件：

```
<!ENTITY %NameDeclarations SYSTEM "Stock3.dtd">
```

或

```
<!ENTITY %NameDeclarations PUBLIC "-//Beginning XML 4E//DTD External module//EN"
"Stock3.dtd">
```

没有必要在DTD文件中重新定义Symbol、Last、Date和Time等元素，可以引用实例3.3中的Stock3.dtd文件。通过外部参数实体，在DTD中重用已有的DTD定义是模块化词汇的最好方法。

在DTD中引用参数实体的语法与引用其他实体稍有不同，不使用&符号，而是使用%符号：

```
%NameDeclarations;
```

这个引用包含了一个百分比符号(%)，后面跟着参数实体的名称，最后是一个分号(;)。只允许在DTD中引用参数实体。假设想在Last元素的ATTLIST声明中引用参数实体CurrencyType，可以使用下面的格式：

```
<!ENTITY %CurrencyType "USD|RMB|EUR|HKD">
<!ATTLIST Last currency (%CurrencyType;) "USD" >
```

在前面这个例子里，在ATTLIST定义里引用参数实体。事实上，这之所以可以，是因为使用的是一个外部DTD。

注意：在DTD中，参数实体必须在实体引用之前定义。另外，参数实体引用不能用在内部子集的声明语句里。

3.7 DTD的局限性

使用DTD可以定义属性的默认值，甚至可以建立模块化的XML文档。在与XML有关的工作中，往往会使用现有的DTD，并且经常要建立自己的DTD。由于XML是以SGML为坚实的基础，最初XML的发展主要围绕技术文档中的标记符号。但后来，XML的应用范围已超出原有的期望，这是XML团体取得的伟大成就。但同时，也暴露了DTD的一些局限性：

- DTD语法与XML语法存在差异；
- 缺少对XML命名空间的支持；
- 缺少数据分类；
- 内容模型描述受限制。

但是，即使DTD具有这些局限性，它仍然是XML推荐标准的最重要部分。即使出现了其他的文档描述方法，DTD仍将继续应用在许多不同的领域里。

可以看出，DTD元素声明的语法与XML的语法完全不同。为什么二者的语法差异会如此之大？这是因为，在早期，XML 是基于 SGML 的，XML 的设计者也因此采用了当初为 SGML 开发的 DTD 语法。在 XML 里，这被证明是既有利，也有弊。最初，它使得从 SGML 到 XML 的移植变得轻而易举，因为许多用户都已经使用 SGML 开发了 DTD 文件。与其重新设计自己的词汇，还不如使用已有的工具，尽可能重用这些词汇。当 XML 的支持日益强大时，XML 新工具和新标准层出不穷，用户可以利用这些工具和标准来处理自己的 XML 数据。但遗憾的是，这些工具是专为 XML 设计的，而不是为 DTD 设计的。

每当需要在 DTD 文件里声明元素和属性时，声明中必须明确包括命名空间前缀和冒号(:)。除了这个缺点外，在 DTD 里必须把命名空间的声明视为属性，这是因为 XML 推荐标准是在 XML 命名空间语法定稿之前完成的。在前缀需要预先定义的条件下，把来自多个命名空间里的 XML 文档进行合并可能会产生问题，并引起混乱。

当 XML 开发人员开始利用 DTD 建立复杂的数据模型时(如数据库和可编程对象)，就认识到需要建立功能更强大的数据类型。在 DTD 中可以使用的数据类型只能用于属性声明里，尽管如此，这些数据类型也只实现了实际要求的功能的一小部分。在纯文本元素里，没有办法把数据限制为某个具体类型。例如，需要建立一个数据库模型，希望某个元素的数据是数值型，使用 DTD 定义是无法实现这个功能的。

除了对高级的数据类型的需求之外，内容模型描述的局限性在 XML 推荐标准公布后不久就显露了出来。开发人员希望能够在 XML 的内容模型里模仿对象的继承特性。另外，开发人员发现量词符号也有其局限性。例如，由于 DTD 无法控制元素出现的准确次数，所以很难实现某个元素出现多于 1 次而少于 10 次的功能。

正是由于存在上述局限性，W3C 又制定了基于 XML 语法的用于 XML 有效性约束的 XML Schema 标准，对上述问题有着比较圆满的解决，下一章将讲述 XML Schema 的内容。

3.8 习题

1. 什么是有效的 XML 文档？
2. 什么是 DTD？它和 XML 之间有何关系？
3. 什么是命名空间？在 DTD 中如何声明命名空间？
4. 请为下面的航班 XML 文档编写一个外部 DTD 文件，并在 XMLSpy 中使用该 DTD 来对该 XML 文档进行有效性验证。

```
<?xml version="1.0" encoding="GBK" ?>
<Airlines>
    <AirlinesTime rowOrder="0">
        <Company>中国国际航空股份有限公司</Company>
        <AirlineCode>CA1353</AirlineCode>
        <StartDrome>首都国际机场</StartDrome>
        <ArriveDrome>凤凰国际机场</ArriveDrome>
```

```
        <StartTime>07:00</StartTime>
        <ArriveTime>10:55</ArriveTime>
        <Mode>321</Mode>
        <AirlineStop>0</AirlineStop>
        <Week>12346 日</Week>
    </AirlinesTime>
    <AirlinesTime rowOrder="1">
        <Company>中国国际航空股份有限公司</Company>
        <AirlineCode>CA1369</AirlineCode>
        <StartDrome>首都国际机场</StartDrome>
        <ArriveDrome>凤凰国际机场</ArriveDrome>
        <StartTime>07:30</StartTime>
        <ArriveTime>11:25</ArriveTime>
        <Mode>JET</Mode>
        <AirlineStop>0</AirlineStop>
        <Week>123456 日</Week>
    </AirlinesTime>
    <AirlinesTime rowOrder="2">
        <Company>中国联合航空有限公司</Company>
        <AirlineCode>KN2277</AirlineCode>
        <StartDrome>南苑机场</StartDrome>
        <ArriveDrome>凤凰国际机场</ArriveDrome>
        <StartTime>08:00</StartTime>
        <ArriveTime>11:40</ArriveTime>
        <Mode>738</Mode>
        <AirlineStop>0</AirlineStop>
        <Week>123456 日</Week>
    </AirlinesTime>
</Airlines>
```

5. 编写程序，使用编写的 DTD 来对习题 4 中的航班 XML 文档进行有效性验证。

第 4 章　XML 的有效性：XML Schema

XML Schema 的作用与 DTD 一样，都是用于定义 XML 文档结构，并用于验证 XML 文档。但 XML Schema 的功能比 DTD 要强大得多，相应地也比 DTD 要复杂得多。XML Schema 的内容非常庞大，详细地讲解 XML Schema 的内容已经超过了本书的范围，本章就 XML Schema 基本的内容进行简单的介绍。XML Schema 的标准稍显大了一些，如果对 XML 文件的约束只限于文件的标签和属性结构，而不涉及文本的具体内容，那么 DTD 就足够了，它能够完成 XML Schema 的大部分功能，简单而且兼容性很好。

模式的目的是为了约束 XML 文件。我们已经知道，XML 元素的内容可以由文本数据和子元素组成，模式就是为了限制元素应当有怎样的文本内容以及可以有哪些子元素。第 3 章讲解了 DTD 文件，并学习了怎样使用 DTD 文件来约束 XML 文档。我们可以将 DTD 文件看做 XML 文档的一种模式，一个和 DTD 关联的有效的 XML 文档必须遵循该模式。但是，DTD 文件有些不足之处。例如，当将标记约束为"#PCDATA"时，仅仅是限制了该标签只能有文本数据，却不能限制文本数据的实际意义，比如，不能强制限制文本内容是浮点数或是日期形式的数据。

4.1　XML Schema 简介

W3C 于 1998 年开始制定 XML Schema 标准，2001 年 5 月 2 日正式发布了 XML Schema 1.0 的第 1 版。2004 年 10 月 28 日，W3C 发布了 XML Schema 1.0 的第 2 版，该版本修正了第 1 版中的一些错误。本章依据的是 XML Schema 1.0 的第 2 版。

XML Schema 1.0 推荐标准包括如下 3 个部分：

- XML Schema Part 0：Primer(Second Edition)
  这一部分是 XML Schema 的非标准文档，它对 XML Schema 的功能提供了一个让人容易理解的描述，并给出了大量的示例和说明，其主要目的是为了帮助开发者快速掌握 XML Schema 语言来创建 XML Schema。该部分文档的网址是：http:// www.w3.org/TR/xmlschema-0/。
- XML Schema Part 1：Structures (Second Edition)
  这一部分详述了 XML Schema 定义语言(XML Schema definition language，XSDL)，描述了 XSDL 中用于定义 XML 文档结构和约束 XML 文档内容的大部分组件。该部分规范依赖于 XML Schema Part 2：Data types。该部分文档的网址是：http://www.w3.org/TR/ xmlschema-1/。
- XML Schema Part 2：Data types (Second Edition)
  这一部分定义了一个类型系统，描述了内置的数据类型和可用于限制它们的面(facet)。这部分是单独的文档，其他规范也可以使用它，而不需要包含所有的

XML Schema。该部分文档的网址是：http://www.w3.org/TR/xmlschema-2/。

XML Schema模式不仅能实现DTD的大部分功能，而且能指定元素内容的"数据类型"。但是XML Schema模式也不是万能的，XML Schema模式的出现并不意味着抛弃了DTD，DTD可以实现XML Schema模式不能实现的功能，而且较XML Schema模式而言，具有广泛的解析器支持。

DTD非常适合下列情形：

- 文件是叙述性的，并有混合内容；
- 需要约束元素之间的关系，特别是子元素的顺序关系，而不是元素本身的文本内容；
- 需要使用实体；
- XML文件的使用者对使用的DTD达成一致。

而XML Schema则非常适合下列情形：

- 需要定义数据类型，以便约束元素的文本内容内部结构，例如约束元素Last的内容是一个正的浮点数；
- 元素的子元素的顺序并不重要，重要的是其数量；
- 元素约束不限于父子关系，需要考虑祖先及子孙管理；
- 跨越多个文件，命名空间前缀不一致。

XML Schema文档采用XML语法，因此XML的语法规则和命名约束也适用于XML Schema。实际上，你可以把XML Schema看成是XML定义的一种应用。使用XSDL(XML Schema definition language，XML模式定义语言)编写的XML文档，称为XML Schema文档。XML Schema文档以schema元素作为根元素，文件的后缀名为".xsd"。

首先来看一个最简单的模式文档，如示例4.1所示。

示例4.1

```
<?xml version="1.0"?>
<xsd:schema xmlns:xsd="http://www.w3.org/2001/XMLSchema">
   <xsd:element name="symbol" type="xsd:string"/>
</xsd:schema>
```

对示例4.1的说明包括：

- XML Schema文档本身也是XML文档，因此以XML声明开始。
- XML Schema文档以xs:schema作为文档根元素，标志着XML Schema定义内容的开始。XSDL中的元素都在http://www.w3.org/2001/XMLSchema命名空间中，因此必须在根元素上声明这个命名空间，并指定命名空间的前缀(通常是xs或者xsd)，示例4.1中指定的前缀为xsd。
- 使用XSDL中的xsd:element元素来声明一个在XML文档中使用的元素，属性name指定元素的名字，属性type指定元素的类型，即指定元素内容的类型。在示例4.1中，我们使用xsd:element元素声明了symbol元素(name="symbol")，该元素的类型为字符串(type="xsd:string")。

一个符合示例 4.1 所示的 XML Schema 定义的 XML 文档如示例 4.2 所示。

示例 4.2

```
<?xml version="1.0" encoding="GBK" ?>
<symbol>
    SINA
</symbol>
```

在计算机软件中，Schema 这个词在不同的应用中有不同的含义，可以翻译为：架构、结构、规则、模式等。在 XML 中，Schema 指的是定义和描述 XML 文档的规则，可翻译为模式，在本书中一律仍然使用英文原文 XML Schema。

那么如何使用示例 4.1 制定的 XML Schema 文件来对示例 4.2 中的 XML 文档进行约束呢？使用 4.1 的 XML Schema 文件进行约束的 XML 文档如示例 4.3 所示。

示例 4.3

```
<?xml version="1.0" encoding="GBK" ?>
<symbol xmlns:xsi="http://www.w3.org/2001/XMLSchema-instance"
        xsi:noNamespaceSchemaLocation="first.xsd">
    SINA
</symbol>
```

在示例 4.3 中，在根元素 symbol 的开始标签处，声明了 URI 为“http://www.w3.org/2001/ XMLSchema-instance”的命名空间并使用前缀 xsi 表示该命名空间，随后使用该命名空间中的 noNamespaceSchemaLocation 属性来指定当前 XML 文档的不包含命名空间的 XML Schema 文件的 URL，示例 4.3 中为“first.xsd”，这意味着这个 XML Schema 文件和示例 4.3 的 XML 文件在同一目录下。

4.2 XML 有效性的验证

在第 3 章已经说明，绝大多数浏览器在打开 XML 文档时，仅检查所打开的 XML 文档是否是格式良好的，如果不是格式良好的，则显示错误信息，如果是格式良好的，就按照指定的 CSS 或 XSL 来进行显示，如果未指定任何显示信息，则默认以树状结构来显示该 XML 文档。浏览器默认不对 XML 文档进行有效性验证，即使该 XML 文档在其中指定了该文档所使用的 XML Schema。

那么如何使用 XML 文档声明的 XML Schema 来验证该 XML 文档是否是有效的呢？主要有两种方法：(1)使用相关的 XML 编辑器，例如 XMLSpy，该软件即可进行 XML 文档的可视化编辑，同时也能验证指定的 XML 文档是否是格式良好的以及是否是有效的。(2)编写程序进行验证，本章仍然以 Java 为编程语言进行说明。

4.2.1 使用开发工具验证

此处 XML 编辑器使用 Altova XMLSpy 2011，对于一个已经打开的 XML 文档(包括后缀为.xsd的XML Schema文档)，使用XMLSpy可以进行检查格式良好(快捷键为F7)、验证有效性(快捷键为F8)，如图4.1所示。

对示例4.2分别进行格式良好、有效性验证，其结果分别如图4.2和图4.3所示。结果说明，示例4.2中的文档是格式良好的，但不能进行有效性验证，这是因为该文档中没有声明所引用的DTD或XML Schema，因此无法验证其有效性。对示例4.3进行有效性验证，其结果如图4.4所示，这说明示例4.3的XML文档是符合示例4.1中XML Schema的。如果把示例4.3中元素symbol改为Symbol，再重新进行格式良好和有效性验证，其结果如图4.5所示，可以看出，该XML文档修改之后仍然是格式良好的，但是不再是有效的XML文档，错误信息为"文件无效，根元素Symbol的声明未找到"。这是因为，在XML Schema中规定的其根元素为symbol，而在修改之后的XML文档中根元素为Symbol，不符合XML Schema的规定。

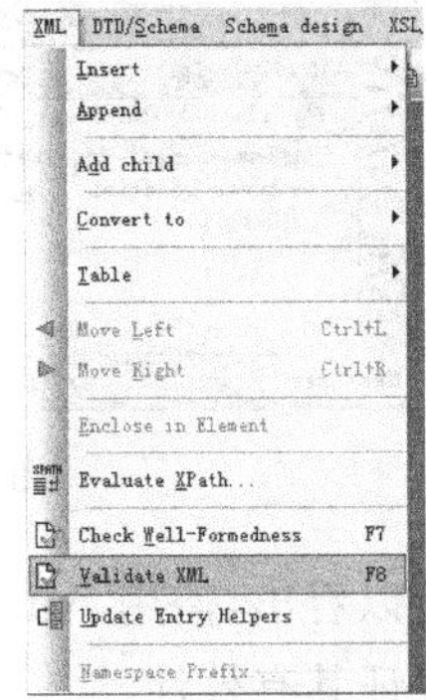

图4.1 XMLSpy中关于检查和验证XML文档的菜单

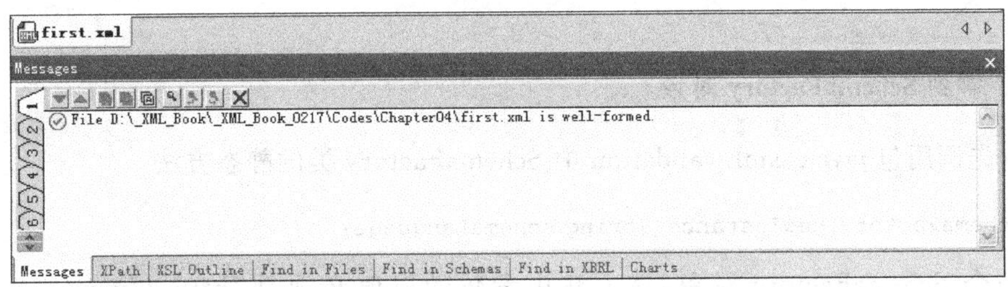

图4.2 示例4.2文档检查格式良好的结果

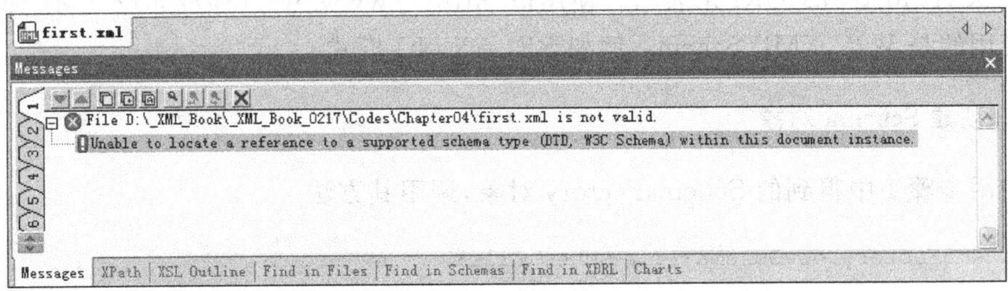

图4.3 示例4.2文档验证有效性的结果

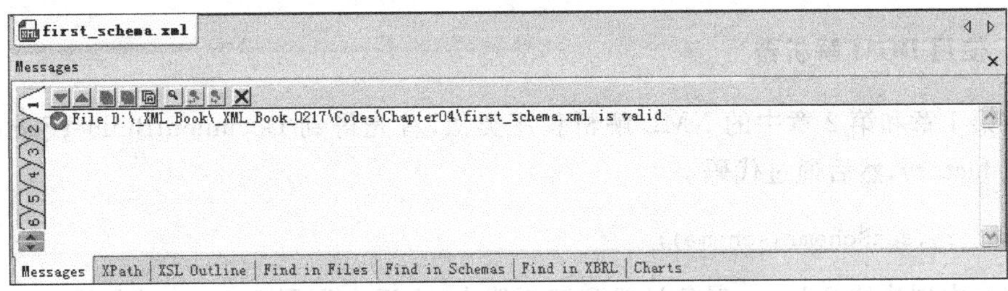

图4.4 示例4.3文档验证有效性的结果

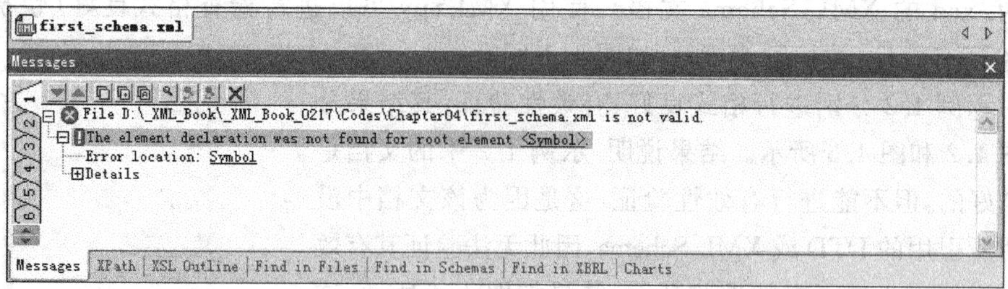

图 4.5 修改之后示例 4.3 文档验证有效性的结果

可以看出，使用 Altova XMLSpy 可以很方便地对指定的 XML 文档检查其格式良好或者验证其有效性。

4.2.2 编程验证

使用编程方式来验证 XML 文档是否符合某个 XML Schema 文件的规定，主要步骤包括：

1. 得到 SchemaFactory 对象

首先调用包 javax. xml. validation 中 SchemaFactory 类的静态方法

```
SchemaFactory.newInstance(String schemaLanguage)
```

得到一个 SchemaFactory 对象，该方法中参数的取值必须是"http://www. w3. org/2001/XMLSchema"，该值可以使用类 javax. xml. XMLConstants 的静态成员变量 W3C_XML_ SCHEMA_NS_URI 来表示。使用值"http://www. w3. org/2001/ XMLSchema"表示使用的是 W3C XML Schema，例如 RELAX NG 模式。

2. 创建 Schema 对象

使用步骤 1 中得到的 SchemaFactory 对象，调用其方法

```
schemaFactory.newSchema(File schemaFile)
```

可以得到 Schema 类的一个对象，该类在 javax. xml. validation 包中，与 SchemaFactory 类在同一个包中。Schema 类的一个对象就代表一个具体的 XML Schema 约束。

3. 使用 DOM 解析器

与第 1 章和第 2 章中的 XML 解析程序类似，首先得到 DocumentBuilderFactory 类的对象 factory，然后通过代码

```
factory.setSchema(schema);
```

把步骤 2 中创建的 Schema 对象设置到解析器中，之后在调用 builder 对象的 parse 方法时就会使用设置好的 Schema 信息进行有效性的验证：

```
document=builder.parse(xmlFile);
```

由于已经使用下列代码进行了错误处理器的设置：

```
builder.setErrorHandler(errorHandler);
```

因此在解析过程中如果违反了 XML Schema 的规定，则会把相关错误信息存储到 errorHandler 对象的成员变量 errorMessage 中。在解析完毕之后，对该成员变量进行判断即可了解有效性验证的结果，主要代码如示例 4.4 中的 if-else 结构所示。

示例 4.4

```
package chapter_04;
import java.io.File;
import javax.xml.XMLConstants;
import javax.xml.parsers.DocumentBuilder;
import javax.xml.parsers.DocumentBuilderFactory;
import javax.xml.validation.Schema;
import javax.xml.validation.SchemaFactory;
import org.w3c.dom.Document;
import org.w3c.dom.Node;
import org.w3c.dom.NodeList;
import org.xml.sax.SAXException;
import org.xml.sax.SAXParseException;
import org.xml.sax.helpers.DefaultHandler;
public class TestValidateSchema {
    public static final String XML_FILE_PATH="D:\\first_schema.xml";
    public static final String SCHEMA_FILE_PATH="D:\\first.xsd";
    public static void main(String[] args){
        File xmlFile=null;
        File schemaFile=null;
        MyXmlHandler errorHandler=null;
        SchemaFactory schemaFactory=null;
        Schema schema=null;
        DocumentBuilderFactory factory=null;
        DocumentBuilder builder=null;
        Document document=null;
        NodeList nodeList=null;
        Node node=null;
        try {
            xmlFile=new File(XML_FILE_PATH);
            schemaFactory=SchemaFactory.newInstance(
            XMLConstants.W3C_XML_SCHEMA_NS_URI);
            schemaFile=new File(SCHEMA_FILE_PATH);
            schema=schemaFactory.newSchema(schemaFile);
            factory=DocumentBuilderFactory.newInstance();
```

```
                factory.setNamespaceAware(true);
                factory.setSchema(schema);
                builder=factory.newDocumentBuilder();
                errorHandler=new MyXmlHandler();
                builder.setErrorHandler(errorHandler);
                document=builder.parse(xmlFile);
                nodeList=document.getChildNodes();
                node=nodeList.item(0);
            }
            catch(Exception e){
                System.err.println(e);
            }
            if(errorHandler.errorMessage ==null){
                System.out.println("XML 文件 " +XML_FILE_PATH+" 符合 XML Schema "+
                    SCHEMA_FILE_PATH);
                System.out.println("元素名称: " +node.getLocalName());
                System.out.println("元素的值: " +node.getTextContent());
            }
            else {
                System.err.println("XML 文件 " +XML_FILE_PATH+"不符合 XML Schema" +
                    SCHEMA_FILE_PATH);
            }
        }
    }
    class MyXmlHandler extends DefaultHandler {
        @Override
        public void error(SAXParseException e)throws SAXException {
            this.errorMessage=e.getMessage();
            System.err.println("一般错误: " +this.errorMessage);
        }
        @Override
        public void fatalError(SAXParseException e)throws SAXException {
            this.errorMessage=e.getMessage();
            System.err.println("致命错误: " +this.errorMessage);
        }
        String errorMessage=null;
    }
```

使用示例 4.4 中的程序验证示例 4.3 中的 XML 文档是否符合示例 4.1 中 XML Schema 的规定，其运行结果如图 4.6 所示，可以看出，是符合该 XML Schema 规定的，同时读取了 XML 文档中的元素和数据的值。

如果把示例 4.3 中元素 symbol 改为 Symbol，再重新运行示例 4.4 中的程序，其运行结果如图 4.7 所示，可以看出，此时产生了解析错误，错误信息为“找不到元素 Symbol 的声明”，使用 XML Schema 进行有效性的验证的结果是不符合。

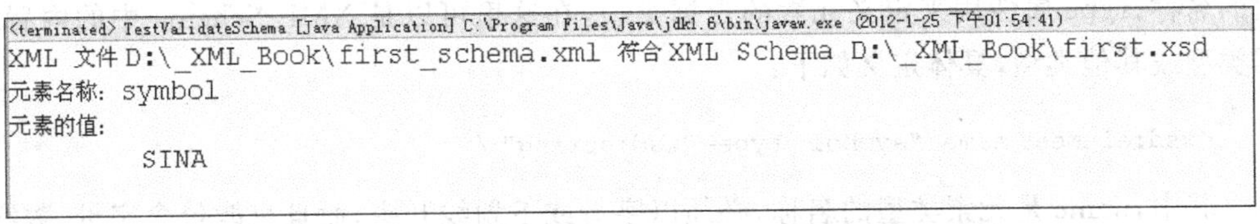

```
<terminated> TestValidateSchema [Java Application] C:\Program Files\Java\jdk1.6\bin\javaw.exe (2012-1-25 下午01:54:41)
XML 文件D:\_XML_Book\first_schema.xml 符合XML Schema D:\_XML_Book\first.xsd
元素名称: symbol
元素的值:
        SINA
```

图 4.6　验证 XML 文档是否符合 XML Schema 规定的程序运行结果(1)

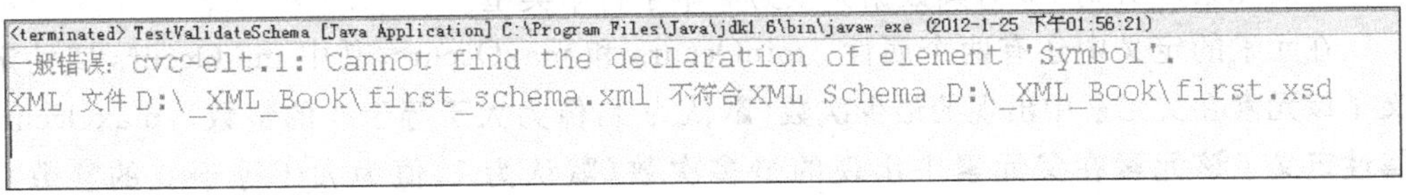

```
<terminated> TestValidateSchema [Java Application] C:\Program Files\Java\jdk1.6\bin\javaw.exe (2012-1-25 下午01:56:21)
一般错误: cvc-elt.1: Cannot find the declaration of element 'Symbol'.
XML 文件D:\_XML_Book\first_schema.xml 不符合XML Schema D:\_XML_Book\first.xsd
```

图 4.7　验证 XML 文档是否符合 XML Schema 规定的程序运行结果(2)

类 SchemaFactory 和类 Schema 均属于包 javax. xml. validation，这个包的主要作用就是验证 XML 文档的有效性，该包属于 JAXP 的一部分。JAXP，即 Java API for XML Processing，是 Java 语言用于处理 XML 文档的 API，可以支持 XPath，也支持 XML Schema 和 RELAX NG，能够在验证的同时即时修改。经过这些改进，为 Java 开发人员提供了一种良好的 XML 验证解决方案。

4.3　声明元素

元素是创建 XML 文档的主要构建材料。在 XML Schema 中，通过使用<element>来声明元素。元素声明用于给元素指定元素的名称、内容和数据类型等属性。在 XSDL 中，元素声明可以是全局的，也可以是局部的。

4.3.1　元素的声明语法

在 XML Schema 中必须定义有且仅有一个 schema 根元素。根元素不但表明了文档类型，而且还包括 XML Schema 模式命名空间的定义，以及其他命名空间的定义、版本信息、语言信息和其他一些属性，定义如下：

```
<?xml version="1.0" encoding="GBK" ?>
<xsd:schema name="mySchema"
            xmlns:xsd="http://www.w3.org/2001/XMLSchema" >
   … …
</xsd:schema>
```

其中，name 属性指定 Schema 的名称，也可以不使用，xmlns 指定了所属的命名空间，紧跟在后面的 xsd 则是该命名空间的前缀，命名空间“http://www. w3. org/2001/XMLSchema”被映射到了 xsd 前缀。

XML Schema 中的元素是利用 element 标签来声明的，其中，name 属性用来定义元素的名称，type 属性用来定义元素的数据类型，在这里可以是 XML Schema 中的内置数据类型或其他类型，具体定义如下：

```
<xsd:element name="symbol" type="xsd:string" />
```

其中，name 是元素类型的名称，必须以字母或下划线开头，而且只能包含字母、数字、下划线、连接符和句点。type 属性是必需的，说明该元素的数据类型。示例 4.1 定义了一个全局元素声明 symbol，其数据类型为简单字符串类型。

在元素的定义中还有两个属性：minOccurs 和 maxOccurs，其中 minOccurs 属性定义了该元素在父元素中出现的最少次数(默认为 1，值为大于等于 0 的整数)，maxOccurs 属性定义了该元素在父元素中出现的最多次数(默认为 1，值为大于等于 0 的整数)。maxOccurs 属性的值可以设置为 unbounded，表示对元素出现的最多次数没有限制。

```
<xsd:schema xmlns:xsd="http://www.org/2001/XMLSchema">
    <xsd:element name="author" type="xsd:string"
                 minOccurs="0" maxOccurs="unbounded" />
</xsd:schema>
```

上述代码中，表示元素 author 的数据类型为 string，出现的次数最少为 0(就是可选)，最多次数则没有限制。

一般来说，如果元素声明出现在 XML Schema 文档的顶级结构中，也就是说，它的父元素是 schema，那么这些元素为全局元素。反之，如果局部元素声明只出现在复杂类型定义内部，则局部元素声明只在该类型定义中使用，而不能被其他复杂类型引用或在替换组中使用。不同的复杂类型可以有相同元素名称的局部元素。

示例 4.5 中的 XML 文档表示有关书的信息。

示例 4.5：book.xml

```
<?xml version="1.0" encoding="GBK" ?>
<book>
    <title>面向服务的计算—原理和应用</title>
    <authors>
        <author>喻坚</author>
        <author>韩燕波</author>
    </authors>
    <press>清华大学出版社</press>
</book>
```

用于约束该 XML 文档的 XML Schema 如示例 4.6 所示。

示例 4.6：book.xsd

```
<?xml version="1.0"?>
<xsd:schema xmlns:xsd="http://www.w3.org/2001/XMLSchema">
    <xsd:element name="book">
        <xsd:complexType>
```

```
        <xsd:sequence>
            <xsd:element name="title" type="xsd:string" />
            <xsd:element name="authors">
                <xsd:complexType>
                    <xsd:sequence>
                        <xsd:element name="author"
                                     type="xsd:string"
                                     minOccurs="1"
                                     maxOccurs="unbounded" />
                    </xsd:sequence>
                </xsd:complexType>
            </xsd:element>
            <xsd:element name="press" type="xsd:string" />
        </xsd:sequence>
    </xsd:complexType>
  </xsd:element>
</xsd:schema>
```

<xsd:complexType>用于声明一个复杂类型的元素，所谓复杂类型的元素就是指可以拥有子元素或属性的元素，使用<xsd:element>只能声明简单类型的元素，简单类型的元素既不能包含子元素，也不能具有任何属性。

在示例 4.6 的 XML Schema 中，元素声明的嵌套层次较深。对于示例 4.5 这种非常简单的 XML 文档，其 XML Schema 已经有三层的<xsd:element>嵌套，而且被包含的元素是在被包含的地方声明，给 XML Schema 的理解增加了麻烦，而且一个元素在文档中可能多次被定义。为了简化 XML Schema 的定义，可以使用引用。

4.3.2 元素的引用

引用是利用 element 标签的 ref 属性来实现的。在定义 XML Schema 时，可以将经常使用的元素定义为根元素的子元素，即全局元素，这样可以在文档的任何地方来引用它。因此，可以在示例 4.6 中的 XML Schema 中增加引用，增加之后如示例 4.7 所示。

示例 4.7：book_ref.xsd

```
<?xml version="1.0"?>
<xsd:schema xmlns:xsd="http://www.w3.org/2001/XMLSchema">
    <xsd:element name="title" type="xsd:string" />
        <xsd:element name="author" type="xsd:string" />
        <xsd:element name="press" type="xsd:string" />
        <xsd:element name="book">
            <xsd:complexType>
                <xsd:sequence>
```

```
                    <xsd:element ref="title" />
                    <xsd:element name="authors">
                        <xsd:complexType>
                            <xsd:sequence>
                                <xsd:element ref="author"
                                 minOccurs="1" maxOccurs="unbounded" />
                            </xsd:sequence>
                        </xsd:complexType>
                    </xsd:element>
                <xsd:element ref="press" />
            </xsd:sequence>
        </xsd:complexType>
    </xsd:element>
</xsd:schema>
```

在示例 4.7 定义的 XML Schema 中，首先在 schema 元素中定义了 3 种简单类型的全局元素，其元素名称分别是 title、author 和 press，其数据类型都是 string。而后在元素名称为 book 的复杂类型声明中引用了上述 3 种简单类型的元素。

在 XML Schema 中还可以为某个声明的元素起一个别名，这主要是利用 element 元素的 substitutionGroup 属性来实现的。例如，在示例 4.8 的 XML 文档中，这本书有 3 名作者，其中前 2 个是英文原作者，第 3 个是中文版的译者。

示例 4.8：book2.xml

```
<?xml version="1.0" encoding="GBK" ?>
<book xmlns:xsi="http://www.w3.org/2001/XMLSchema-instance"
      xsi:noNamespaceSchemaLocation="book_sub.xsd">
    <title>数据访问宝典:实现最优性能及可伸缩性的数据库应用程序</title>
    <authors>
        <author>John Goodson</author>
        <author>Robert A. Steward</author>
        <translator>王德才</translator>
    </authors>
    <press>清华大学出版社</press>
</book>
```

如果想使元素<translator>具有和<author>相同的含义，则可以定义如示例 4.9 所示的 XML Schema。

示例 4.9：book_sub.xsd

```
<?xml version="1.0"?>
<xsd:schema xmlns:xsd="http://www.w3.org/2001/XMLSchema">
    <xsd:element name="title" type="xsd:string" />
    <xsd:element name="translator" type="xsd:string"
                 substitutionGroup="author" />
```

```
<xsd:element name="author" type="xsd:string" />
<xsd:element name="press" type="xsd:string" />
<xsd:element name="book">
    <xsd:complexType>
        <xsd:sequence>
            <xsd:element ref="title" />
            <xsd:element name="authors">
                <xsd:complexType>
                    <xsd:sequence>
                        <xsd:element ref="author"
                            minOccurs="1" maxOccurs="unbounded" />
                    </xsd:sequence>
                </xsd:complexType>
            </xsd:element>
            <xsd:element ref="press" />
        </xsd:sequence>
    </xsd:complexType>
</xsd:element>
</xsd:schema>
```

4.4 声明属性

属性声明用于定义属性，并使之与某个特定的元素相关联。在 XSDL 中，实现的方法是使用 attribute 标签。在 XML Schema 文档中可以按照声明元素的方法来声明属性，但受限制的程度较高，它们只能是简单类型，只能包含文本，且没有子属性。属性是没有顺序的，而元素则是有顺序的。

使用属性十分简练，一般情况下元素的功能比属性强大，但在某些场合，属性是非常有用的。关于如何使用元素和属性，请参见第 2 章。

4.4.1 属性的声明语法

定义属性的方法如下：

```
<xsd:attribute name="isbn" type="xsd:string" />
```

上述语句定义了一个名称为 isbn 的属性，其数据类型是 string。

属性也分为全局属性和局部属性。全局声明的属性是 schema 元素的子元素，在整个 XML Schema 文档中必须是唯一的。在复杂类型的元素声明中可以使用 ref 属性来引用已经声明的指定名称的属性。局部属性声明只出现在复杂类型定义中，它们仅能在声明属性的类型中使用，而不能被其他类型重用。示例 4.10 显示了属性 isbn 的全局声明，然后定义了复杂类型，使用 ref 属性通过名称来引用这个属性。

示例 4.10：book_isbn.xsd

```
<?xml version="1.0"?>
<xsd:schema xmlns:xsd="http://www.w3.org/2001/XMLSchema">
    <xsd:element name="title" type="xsd:string" />
    <xsd:element name="author" type="xsd:string" />
    <xsd:element name="press" type="xsd:string" />
    <xsd:attribute name="isbn" type="xsd:string" />
    <xsd:element name="book">
        <xsd:complexType>
            <xsd:sequence>
                <xsd:element ref="title" />
                <xsd:element name="authors">
                    <xsd:complexType>
                        <xsd:sequence>
                            <xsd:element ref="author"
                                minOccurs="1" maxOccurs="unbounded" />
                        </xsd:sequence>
                    </xsd:complexType>
                </xsd:element>
                <xsd:element ref="press" />
            </xsd:sequence>
            <xsd:attribute ref="isbn" use="required" />
        </xsd:complexType>
    </xsd:element>
</xsd:schema>
```

需要特别注意的是，在示例 4.10 的 XML Schema 定义中，在定义名称为 book 的复杂类型的元素时，该复杂元素既有多个子元素，同时又具有名称为 isbn 的属性，此时需要先定义其子元素信息，最后定义其属性信息，这是由 XML Schema 标准定义的。

符合示例 4.10 中 XML Schema 定义的 XML 文档如示例 4.11 所示。

示例 4.11：book_isbn.xml

```
<?xml version="1.0" encoding="GBK" ?>
<book xmlns:xsi="http://www.w3.org/2001/XMLSchema-instance"
      xsi:noNamespaceSchemaLocation="book_isbn.xsd"
      isbn="9787302138334">
    <title>面向服务的计算—原理和应用</title>
    <authors>
        <author>喻坚</author>
        <author>韩燕波</author>
    </authors>
    <press>清华大学出版社</press>
</book>
```

所有的属性声明都把属性指定为某种简单类型。所有的属性都必须是简单类型而不是复杂类型，因为它们本身不能有子元素，也不能有属性。

4.4.2 属性值的约束

属性声明可以有以下 3 种方式：

(1) 在属性声明时使用 type 属性指定其数据类型，属性的数据类型可以是 XML Schema 的内置类型，也可以是用户自定义类型；

(2) 通过指定 simpleType 子属性来指定匿名类型；

(3) 既没有 type 属性，又没有 simpleType 子属性，从而不指定特定类型。在这种情况下，属性的类型为 anySimpleType，它可以拥有任何值，只要它是结构良好的 XML 文档。

如果要指定 isbn 的属性值必须是 13 位，则可以通过上述 3 种方式的第 2 种，对已有的 string 类型进行长度的限制，新的 XML Schema 如示例 4.12 所示。

示例 4.12：book_isbn_length.xsd

```
<?xml version="1.0"?>
<xsd:schema xmlns:xsd="http://www.w3.org/2001/XMLSchema">
    <xsd:element name="title" type="xsd:string" />
    <xsd:element name="author" type="xsd:string" />
    <xsd:element name="press" type="xsd:string" />
    <xsd:attribute name="isbn" >
        <xsd:simpleType>
            <xsd:restriction base="xsd:string">
                <xsd:length value="13" />
            </xsd:restriction>
        </xsd:simpleType>
    </xsd:attribute>
    <xsd:element name="book">
        <xsd:complexType>
            <xsd:sequence>
                <xsd:element ref="title" />
                <xsd:element name="authors">
                    <xsd:complexType>
                        <xsd:sequence>
                            <xsd:element ref="author"
                                minOccurs="1" maxOccurs="unbounded" />
                        </xsd:sequence>
                    </xsd:complexType>
                </xsd:element>
                <xsd:element ref="press" />
            </xsd:sequence>
```

```
            <xsd:attribute ref="isbn" use="required" />
        </xsd:complexType>
    </xsd:element>
</xsd:schema>
```

如果 XML 文档中 isbn 属性的长度不是 13 位，使用 XMLSpy 验证有效性，得到的错误信息如图 4.8 所示。

图 4.8　isbn 属性长度不符合 XML Schema 规定时产生的错误信息

对于属性来说，也可以通过设置默认值和固定值的方式增加未出现的属性来扩充实例。定义和扩充的方式与元素一致。在 XSDL 中，默认值和固定值分别通过 default 和 fixed 属性设置，这两个属性只能出现其中之一，它们是互斥的。

如果属性在元素中没有声明，则该属性的默认值将会被填入；如果属性声明了，且包含给定值，则该属性将保持该值不变。下面的例子显示了 book 元素的声明，它包含一个属性 amount，该属性被指定了默认值：

```
<xsd:element name="book">
    <xsd:complexType>
        <xsd:attribute name="amount" type="xsd:integer" default="100" />
    </xsd:complexType>
</xsd:element>
```

4.5　数据类型

W3C XML Schema 可以把 XML 文档中的元素声明为特定的类型，准许解析器检查文档的内容及其结构。XML Schema 定义了两种主要的数据结构：预定义简单类型和复杂类型。这两种数据类型之间的主要区别是：复杂类型可以包含其他元素，而简单类型则只能包含数据，不能包含其他元素，也不能有属性。简单类型给予了 XML Schema 低级类型的检查能力。W3C XML Schema 的数据类型如图 4.9 所示。

4.5.1　简单类型

声明元素和属性都可以使用简单类型来描述其数据类型。

1. 简单类型的种类

简单类型包括原子类型(不可分割的类型，如 string、integer 等 XML Schema 内置的数据类型)、列表类型和联合类型。XML Schema 具有低级类型检查能力，允许把元素定

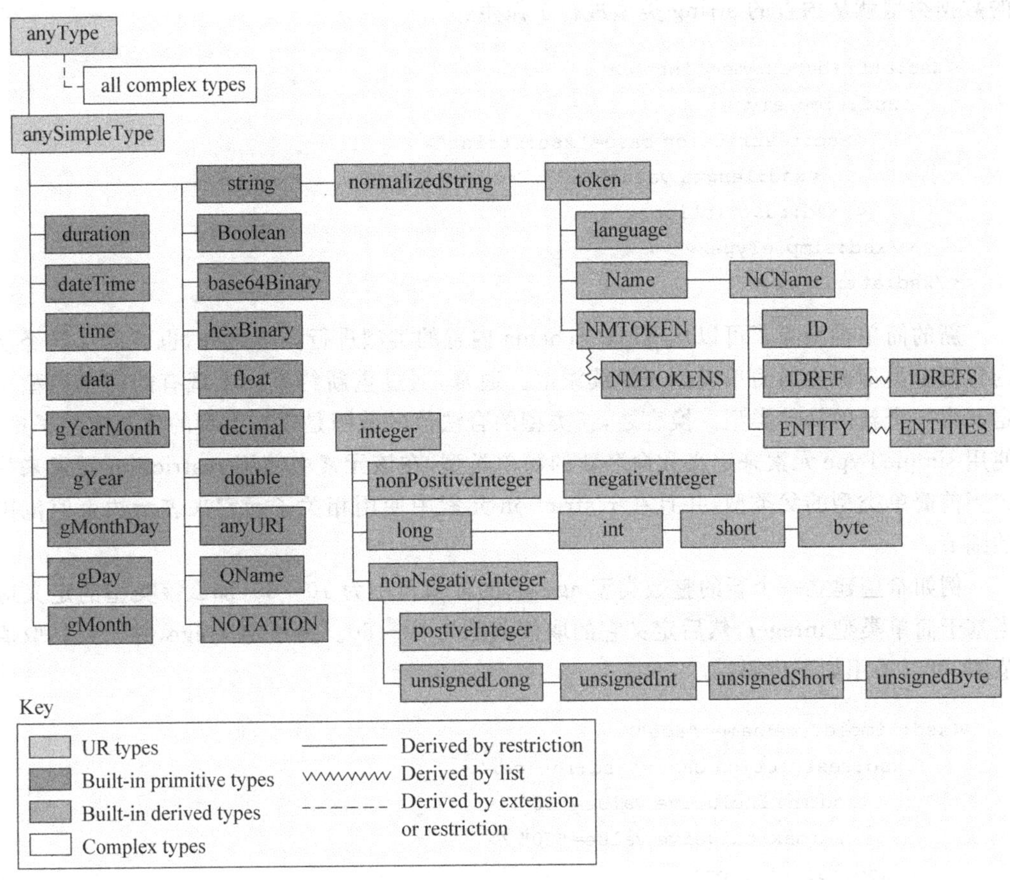

图 4.9 XML Schema 的数据类型

义为表 4.1 中的任何类型之一。赋予简单类型的元素具有字符类型的内容，但没有子元素，也不能有属性。

表 4.1 XML Schema 支持的部分简单类型

内置类型	定 义
string	字符串数据，如“amazon online store”
boolean	二元类型的 true 或 false
date	表示日期，格式是 YYYY-MM-DD
dateTime	表示当前时间，由日期和时间组成，如 2012/01/26 3:00 pm
time	24 小时格式的时间，可根据时区调节
decimal	任意精度和位数的十进制数，如 3.14
integer	整数，如 37
float	标准的 32 位浮点数，如 9.99e3

在前面的示例中，有一些元素和属性的数据类型是简单类型，其中简单类型例如 string 和 integer 是 XML Schema 内置的简单类型，其他的一些则是派生(如果使用面向对象的术语，则为继承)于内置的类型。如示例 4.12 的 XML Schema 中，定义 isbn 属性

的数据类型就从内置的 string 类型进行了派生：

```
<xsd:attribute name="isbn" >
    <xsd:simpleType>
        <xsd:restriction base="xsd:string">
            <xsd:length value="13" />
        </xsd:restriction>
    </xsd:simpleType>
</xsd:attribute>
```

新的简单类型除了可以从 XML Schema 内置的类型进行派生之外，也可以从已经从内置简单类型派生的简单类型来继续派生。通常，通过重新约束一个现有的简单类型来定义出一个新的简单类型。换言之，新类型的合法值的范围是现有类型的值范围的子集。使用 simpleType 元素来定义和命名新的简单类型，在该元素中使用 restriction 元素来指定当前简单类型的父类型，并且在 restriction 元素中使用相关子元素来表示约束值范围的细节。

例如希望建立一个新的整数类型 age，它的取值范围为 10～60，那么该类型的定义应当基于简单类型 integer，然后定义它的取值范围为 10～60。为了定义 age，并约束其取值范围，可以采用如下代码：

```
<xsd:simpleType name="age">
    <xsd:restriction base="xsd:integer">
        <xsd:minInclusive value="10" />
        <xsd:maxInclusive value="60" />
    </xsd:restriction>
</xsd:simpleType>
```

这个例子显示了由一个基本类型定义和两个值域区间方面描述的组合，通过这三个要素对 age 进行类型的定义。

2. 简单类型名称的定义

简单类型既可以是有名称的简单类型，也可以是匿名的简单类型。有名称的简单类型总是在全局定义，而且要求在 XML Schema 文档的数据类型中具有唯一的名称。类型的名称必须为 XML 无冒号名称，即必须是字母或下划线开始，只能包含字母、数字、下划线、连字符和句点。如上面的示例中，定义的简单类型其名称为 age。

这种类型的定义有些并不适用，特别是如果定义了许多只应用一次而且包含非常少的约束的类型。在这种情况下，一个类型应该能够被更简单地定义。这样的简单定义，其形式通常是一个节省了名称和外部引用开销的匿名的简单类型。

在下面的示例中，press 元素声明使用了匿名的简单类型定义。一般来说，可以通过元素中是否包含“type”这个属性来判断是否是匿名的元素定义。如果出现了没有 type 属性的简单类型定义，可以认为是匿名元素(属性)的定义。

```
<xsd:element name="press">
```

```
    <xsd:simpleType>
        <xsd:restriction base="xsd:string">
        <xsd:maxLength value="40" />
    </xsd:restriction>
    </xsd:simpleType>
</xsd:element>
```

3. 简单类型的限制

每个简单类型都是从另一个简单类型派生而来的，其中后者称为父类型(或基类型)。可以从原子类型或用户定义的简单类型来进行派生。上面的例子都是从内置的原子类型派生出新的简单类型。所有新的简单类型都以某种方式限制其父类型的值域空间的范围。下面的示例从以上定义的 age 类型中进一步限制：

```
<xsd:simpleType name="studentAge">
    <xsd:restriction base="xsd:age">
        <xsd:minInclusive value="15" />
        <xsd:maxInclusive value="45" />
    </xsd:restriction>
</xsd:simpleType>
```

在进行简单类型定义时，都是通过 restriction 元素来定义限制，通过该元素的 base 属性来指定其父类型。在 restriction 元素中，可以以任何顺序指定任何面(facet)，来对类型的取值作出进一步的限制。根据面的不同，这个元素或属性可以具有不同的有效值。表 4.2 列出了 XML Schema 中面的定义。

表 4.2 XML Schema 中面的定义

面	含　义
minExclusive	值必须大于 value 的值，与之相对的为 maxExclusive
minInclusive	值必须大于等于 value 的值，与之相对的为 maxInclusive
length	值的长度必须等于 value 的值
minLength	值的长度必须大于等于 value 的值，与之相对的为 maxLength
totalDigits	有效数字的位数必须小于等于 value 的值
fractionDigits	小数位数必须小于等于 value 的值
whiteSpace	应该保留、替换或压缩 whitespace，决定于 value 的值
enumeration	其值是一个有效值
pattern	其值可以匹配一个正则表达式

对于每个内置的原子类型，都有一套定义时可用的面。如果某个面适用于某种原子类型，那么该面也适用于从该原子类型派生出的简单类型。这里需要举例说明常用的简单类型——枚举，下面的示例定义了一个简单类型 category，用于说明书籍的类别。

```
<xsd:simpleType name="category">
    <xsd:restriction base="xsd:token">
```

```
        <xsd:enumeration value="程序设计" />
        <xsd:enumeration value="数据库" />
        <xsd:enumeration value="操作系统" />
        <xsd:enumeration value="软件工程" />
        <xsd:enumeration value="计算机网络" />
        <xsd:enumeration value="图形图像" />
    </xsd:restriction>
</xsd:simpleType>
```

除了使用简单类型中描述的原子类型之外，XML Schema 还定义了其他两种简单类型：列表类型和联合类型。

4. 列表类型

列表类型由一组原子类型组成，因此它的每一个部分(原子)本身都是有意义的，定义时各原子的值以空格分隔开。例如，如果想定义一本书的类型是上面枚举中的多个类别，如“程序设计 软件工程 数据库”，那么可以把该元素定义为一个列表类型，这个类型的元素将是 NMTOKEN 的列表，不同的 NMTOKEN 值之间使用空格分隔开。XML Schema 有 3 个内置的列表类型，它们是 NMTOKENS、IDREFS 和 ENTITIES。

除了使用 XML Schema 内置的列表类型之外，还可以通过使用现有的原子类型来建立新的列表类型，但是，不能使用现有的列表类型来建立新的列表类型，也不能使用复杂类型来建立新的列表类型。

一些用于描述的参数可以被用于到列表类型的定义中，它们是 length、minLength、maxLength 和 enumeration。例如，如果允许书的类别中最少必须包含一种、最多可以包含 3 种的话，可以采用如下定义：

```
<xsd:simpleType name="categoryItem">
    <xsd:restriction base="xsd:token">
        <xsd:enumeration value="程序设计" />
        <xsd:enumeration value="数据库" />
        <xsd:enumeration value="操作系统" />
        <xsd:enumeration value="软件工程" />
        <xsd:enumeration value="计算机网络" />
        <xsd:enumeration value="图形图像" />
    </xsd:restriction>
</xsd:simpleType>
<xsd:simpleType name="categoryList">
    <xsd:list itemType="categoryItem" />
</xsd:simpleType>
<xsd:simpleType name="categoryType">
    <xsd:restriction base="categoryList">
        <xsd:minLength value="1" />
        <xsd:maxLength value="3" />
    </xsd:restriction>
```

```
</xsd:simpleType>
<xsd:element name="category" type="categoryType" />
```

包含了上述定义的 XML Schema 文件如示例 4.13 所示。

示例 4.13：book_category_list.xsd

```
<?xml version="1.0" encoding="GBK" ?>
<xsd:schema xmlns:xsd="http://www.w3.org/2001/XMLSchema">
    <xsd:element name="title" type="xsd:string" />
    <xsd:element name="author" type="xsd:string" />
    <xsd:element name="press" type="xsd:string" />
    <xsd:element name="category" type="categoryType" />
    <xsd:simpleType name="categoryItem">
        <xsd:restriction base="xsd:token">
            <xsd:enumeration value="程序设计" />
            <xsd:enumeration value="数据库" />
            <xsd:enumeration value="操作系统" />
            <xsd:enumeration value="软件工程" />
            <xsd:enumeration value="计算机网络" />
            <xsd:enumeration value="图形图像" />
        </xsd:restriction>
    </xsd:simpleType>
    <xsd:simpleType name="categoryList">
        <xsd:list itemType="categoryItem" />
    </xsd:simpleType>
    <xsd:simpleType name="categoryType">
        <xsd:restriction base="categoryList">
            <xsd:minLength value="1" />
            <xsd:maxLength value="3" />
        </xsd:restriction>
    </xsd:simpleType>
    <xsd:element name="book">
        <xsd:complexType>
            <xsd:sequence>
                <xsd:element ref="title" />
                <xsd:element name="authors">
                    <xsd:complexType>
                        <xsd:sequence>
                            <xsd:element ref="author"
                                minOccurs="1" maxOccurs="unbounded" />
                        </xsd:sequence>
                    </xsd:complexType>
                </xsd:element>
                <xsd:element ref="press" />
                <xsd:element ref="category" />
```

```
            </xsd:sequence>
        </xsd:complexType>
    </xsd:element>
</xsd:schema>
```

符合该 XML Schema 约束的 XML 文档如示例 4.14 所示。

示例 4.14：book_category_list.xml

```
<?xml version="1.0" encoding="GBK" ?>
<book xmlns:xsi="http://www.w3.org/2001/XMLSchema-instance"
     xsi:noNamespaceSchemaLocation="book_category_list.xsd">
    <title>面向服务的计算—原理和应用</title>
    <authors>
        <author>喻坚</author>
        <author>韩燕波</author>
    </authors>
    <press>清华大学出版社</press>
    <category>程序设计 软件工程</category>
</book>
```

如果<category>元素中的列表数量超过了 3 个，如：

```
<category>程序设计 软件工程 数据库 计算机网络</category>
```

则该 XML 文档就不符合 XML Schema 的规定，在 XMLSpy 中的报错界面如图 4.10 所示，可以看出，XMLSpy 认为该 XML 文档是无效的，因为元素“category”的内容根据它的类型定义“categoryType”是无效的。

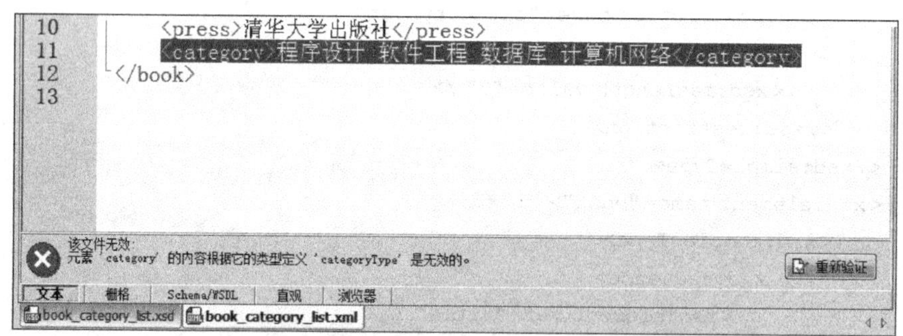

图 4.10 列表数量超过上限时 XMLSpy 中的显示错误界面

需要注意的是，从原子类型 string 可以导出一个列表类型，然而，在一个 string 中可能会包含空格，而空格在一个列表类型的元素值中是作为分隔符来使用的。因此当在使用父类型为 string 的列表类型时，要格外注意。例如，定义了一个 maxLength 为 3 的列表类型，同时这个列表类型基于类型 string。那么，由三个字符串“Asia Europe Africa”组成的列表是合法的，而由“Asia Europe Latin America”组成的列表是不合法的。即使“Latin America”实际上是作为单独的一个字符串存在，但是当它包含在列表中，两个单词之间的空格被认定为“Latin ”和“America”两个列表项，整个列表就有了 4 项，因此就违反了最大长度为3的列表类型定义。

5. 联合类型

使用原子类型和列表类型，一个元素或者属性的值可以为一个或者多个原子类型（或列表类型）的实例。与之对应，一个联合类型（Union Type）可以包含多个原子类型或者列表类型，而类型为联合类型的元素或者属性，其值可以是这些原子类型或列表类型的一个类型实例。为了说明这一点，示例4.15用于建立一个用于表示学生成绩分数以及评价等级组成的联合类型。在示例4.15中，联合类型scoreGradeUnion由一个简单类型和一个列表类型共同联合组成。

示例4.15：score_grade_union.xsd

```
<?xml version="1.0" encoding="GBK" ?>
<xsd:schema xmlns:xsd="http://www.w3.org/2001/XMLSchema">
    <xsd:simpleType name="scoreGradeUnion">
        <xsd:union>
            <xsd:simpleType>
                <xsd:restriction base="xsd:integer">
                    <xsd:minInclusive value="0" />
                    <xsd:maxInclusive value="100" />
                </xsd:restriction>
            </xsd:simpleType>
            <xsd:simpleType>
                <xsd:restriction base="xsd:token">
                    <xsd:enumeration value="优" />
                    <xsd:enumeration value="良" />
                    <xsd:enumeration value="中" />
                    <xsd:enumeration value="及格" />
                    <xsd:enumeration value="不及格" />
                </xsd:restriction>
            </xsd:simpleType>
        </xsd:union>
    </xsd:simpleType>
    <xsd:element name="studentInfo">
        <xsd:complexType>
            <xsd:sequence>
                <xsd:element name="studentScoreGrade" type="scoreGradeUnion"
                    minOccurs="1" maxOccurs="2" />
            </xsd:sequence>
        </xsd:complexType>
    </xsd:element>
</xsd:schema>
```

符合该XML Schema约束的XML文档如示例4.16所示。

示例 4.16：score_grade_union.xml

```
<?xml version="1.0" encoding="GBK" ?>
<studentInfo xmlns:xsi="http://www.w3.org/2001/XMLSchema-instance"
             xsi:noNamespaceSchemaLocation="score_grade_union.xsd">
   <studentScoreGrade>95</studentScoreGrade>
   <studentScoreGrade>优</studentScoreGrade>
</studentInfo>
```

组成联合类型的简单类型称为它的成员类型。成员类型必须是简单类型，不存在复杂类型的联合。除了直接使用简单类型作为联合类型的成员类型外，还可以使用 union 元素的 memberTypes 属性来规定联合类型的成员类型。示例 4.17 是示例 4.15 的另外一种定义方式。

示例 4.17：score_grade_union_alt.xsd

```
<?xml version="1.0" encoding="GBK" ?>
<xsd:schema xmlns:xsd="http://www.w3.org/2001/XMLSchema">
    <xsd:simpleType name="scoreType">
        <xsd:restriction base="xsd:integer">
            <xsd:minInclusive value="0" />
            <xsd:maxInclusive value="100" />
        </xsd:restriction>
    </xsd:simpleType>
    <xsd:simpleType name="gradeType">
        <xsd:restriction base="xsd:token">
            <xsd:enumeration value="优" />
            <xsd:enumeration value="良" />
            <xsd:enumeration value="中" />
            <xsd:enumeration value="及格" />
            <xsd:enumeration value="不及格" />
        </xsd:restriction>
    </xsd:simpleType>
    <xsd:simpleType name="scoreGradeUnion">
        <xsd:union memberTypes="scoreType gradeType" />
    </xsd:simpleType>
    <xsd:element name="studentInfo">
        <xsd:complexType>
            <xsd:sequence>
                <xsd:element name="studentScoreGrade" type="scoreGradeUnion"
                    minOccurs="1" maxOccurs="2" />
            </xsd:sequence>
        </xsd:complexType>
    </xsd:element>
</xsd:schema>
```

需要特别注意的是，在示例4.15中，作为联合类型的两种成员类型，不能具有name属性，在示例4.17中则必须定义name属性，否则无法定义memberTypes属性的值。当在定义一个联合类型时，元素union的memberTypes属性的值包含了联合类型中所有成员类型的列表。此外，对于联合类型，还有两个描述性质的参数pattern和enumeration也可以需要时使用。

4.5.2 复杂类型

复杂类型的元素可以拥有子元素，也可以具有属性，同时也可以有字符内容。复杂类型和简单类型之间最根本的区别在于：复杂类型中的内容可以包含其他元素或者属性，而简单类型则既不能包含子元素，也不能具有任何属性。

复杂类型有4种不同的内容类型：简单类型、纯元素类型、混合类型以及空类型。示例4.18的XML文档中，就包含了这4种不同内容类型的复杂类型的元素，其中，book是带有属性的元素；authors是包含子元素的纯元素复杂类型；chapter是混合类型的复杂类型元素；price是内容为空的空元素。

示例4.18：book_complex.xml

```
<?xml version="1.0" encoding="GBK" ?>
<book isbn="9787302138334">
    <title>面向服务的计算—原理和应用</title>
    <authors>
        <author>喻坚</author>
        <author>韩燕波</author>
    </authors>
    <press>清华大学出版社</press>
    <price value="30.00" currency="RMB" />
    <chapter>
        面向服务的企业信息技术架构
        <content>
            计算不只是计算机的事，它关系到我们的生存。
        </content>
    </chapter>
</book>
```

复杂类型使用元素complexType来创建。与简单类型一样，复杂类型可以拥有名称，也可以是匿名的。有名称的复杂类型可以被多个元素声明使用，它一般在全局范围内定义。相反，匿名的复杂类型完全在元素声明中进行定义，而且也只能被该声明使用一次。

定义复杂类型，共有两种不同的定义方法：

- 从内容类型派生出复杂类型；
- 使用组（group、all、choice或sequence）再加上属性，可以定义一种不是从某种特定类型派生出的自定义的复杂类型。

1. 内容类型

所谓元素的内容，是指在该元素的开始标签和结束标签之间的字符数据和子元素。复杂类型子元素的顺序和结构称为该复杂类型的内容类型。内容类型与属性无关，所有的内容类型都允许有属性。

简单内容只允许有字符数据，它没有子元素。一般来说，简单类型和具有简单内容的复杂类型的唯一区别在于后者可以有属性。

如下面的 book 元素：

```
<book isbn="9787302138334">面向服务的计算—原理和应用</book>
```

要定义如上所示的 book 元素，可以按如下形式来定义：

```
<xsd:complexType name="bookType">
    <xsd:simpleContent>
        <xsd:extension base="xsd:string">
            <xsd:attribute name="isbn" type="xsd:string" />
        </xsd:extension>
    </xsd:simpleContent>
</xsd:complexType>
```

复杂类型 bookType 的字符数据内容符合简单类型 string，然后添加了 string 类型的属性 isbn。<xsd:simpleContent>表示这是一个简单内容的内容类型，在其中不能包含子元素，但可以包含属性。

纯元素内容只允许包含子元素，不能包含字符数据内容。如示例 4.18 中的 authors 元素，它包含了两个 author 的子元素。如果规定最少应该有一个作者，最多可以有 4 个作者，则可以按如下方式进行定义：

```
<xsd:complexType name="authorsType">
    <xsd:sequence>
    <xsd:element name="author" type="xsd:string"
                minOccurs="1" maxOccurs="4" />
    </xsd:sequence>
</xsd:complexType>
```

混合内容既允许有字符数据，又允许包含子元素。它经常用于字母和文档等形式自由的文本。如示例 4.18 中的 chapter 元素，该元素中直接包含了字符数据和子元素 content。在定义这种混合内容的复杂类型时，需要设置 complexType 的 mixed 属性为 true，允许该复杂类型包含字符数据内容，mixed 属性的默认值为 false。

```
<xsd:complexType name="chapterType" mixed="true">
    <xsd:sequence>
        <xsd:element name="content" type="xsd:string" />
```

```
    </xsd:sequence>
</xsd:complexType>
```

空内容既不允许包含字符数据，也不允许包含子元素。具有空内容的元素通常具有一到多个的属性，在某些情况下，也存在没有属性的空元素，但空元素的存在本身就有意义，如 XHTML 中的
元素就表示一个新行。具有属性的空元素可参见示例 4.18 中的 price 元素。要定义空内容的元素类型时，只需指定属性，不需要进行其他内容的定义：

```
<xsd:complexType name="priceType">
    <xsd:attribute name="value" type="xsd:decimal" />
    <xsd:attribute name="currency" type="xsd:string" />
</xsd:complexType>
```

如果想对属性 value 和 currency 的值进行进一步的限制，则可以定义如下：

```
<xsd:complexType name="priceType">
    <xsd:attribute name="value" >
        <xsd:simpleType>
            <xsd:restriction base="xsd:decimal">
                <xsd:fractionDigits value="2" />
            </xsd:restriction>
        </xsd:simpleType>
    </xsd:attribute>
    <xsd:attribute name="currency" >
        <xsd:simpleType>
            <xsd:restriction base="xsd:token">
                <xsd:enumeration value="RMB" />
                <xsd:enumeration value="HKD" />
                <xsd:enumeration value="USD" />
                <xsd:enumeration value="EUR" />
            </xsd:restriction>
        </xsd:simpleType>
    </xsd:attribute>
</xsd:complexType>
```

在上述定义中，属性 price 的值为十进制数，其中小数部分最多两位；属性 currency 的值为枚举类型，其值必须为上述四种货币类型中的一种。

2. 利用组合器控制结构

XML Schema 中的组允许把子元素声明或引用组合起来，从而构建更有意义的、更为复杂的内容模型。组一共有 3 种：all、choice 和 sequence。

sequence 组合器定义了一组元素，并且这组元素必须按照 sequence 中指定的顺序显示。在符合该定义的 XML 文档中，所有子元素如果出现，则必须按照 XML Schema 中指定的顺序出现。使用了 sequence 组合器的 XML Schema 定义如下所示：

```
<xsd:element name="book">
    <xsd:complexType>
        <xsd:sequence>
            <xsd:element name="title" type="xsd:string" />
            <xsd:element name="price" type="xsd:decimal" />
            <xsd:element name="press" type="xsd:string" />
        </xsd:sequence>
    </xsd:complexType>
</xsd:element>
```

下面的 XML 文档即符合上述的 XML Schema 定义：

```
<?xml version="1.0" encoding="GBK" ?>
<book>
    <title>面向服务的计算—原理和应用</title>
    <price>30.00</price>
    <press>清华大学出版社</press>
</book>
```

choice 组合器用来声明在多个元素中只有一个元素必须出现，用于互斥的情况，例如下面使用了 choice 组合的 XML Schema 定义：

```
<xsd:element name="book">
    <xsd:complexType>
        <xsd:choice>
            <xsd:element name="title" type="xsd:string" />
            <xsd:element name="price" type="xsd:decimal" />
            <xsd:element name="press" type="xsd:string" />
        </xsd:choice>
    </xsd:complexType>
</xsd:element>
```

在采用该 XML Schema 作为约束的 XML 文档中，在元素 book 中，子元素 title、price 与 press 只能而且必须出现一个，如果出现了多个子元素，或者根本没有任何子元素出现，那么该 XML 文档就不是有效的 XML 文档。

choice 组合器还可以允许任意数量的子元素以任意顺序出现，这只要通过把 choice 元素的 minOccurs 属性设置为 0、maxOccurs 属性设置为 unbounded，即可允许子元素以任意顺序出现，出现任意次数，定义代码如下：

```
<xsd:element name="book">
    <xsd:complexType>
        <xsd:choice minOccurs="0" maxOccurs="unbounded">
            <xsd:element name="title" type="xsd:string" />
            <xsd:element name="price" type="xsd:decimal" />
```

```
            <xsd:element name="press" type="xsd:string" />
        </xsd:choice>
    </xsd:complexType>
</xsd:element>
```

另外，为了定义更为复杂的类型，sequence 和 choice 可以彼此嵌套，嵌套的层数没有限制，例如：

```
<xsd:element name="book">
    <xsd:complexType>
        <xsd:sequence>
            <xsd:element name="title" type="xsd:string" />
            <xsd:element name="price" type="xsd:decimal" />
            <xsd:choice minOccurs="0" maxOccurs="unbounded">
                <xsd:element name="press" type="xsd:string" />
                <xsd:element name="amount" type="xsd:integer" />
            </xsd:choice>
        </xsd:sequence>
    </xsd:complexType>
</xsd:element>
```

all 组合器用于表示符合元素声明的所有元素都应该出现（以任何顺序）且只能出现一次。all 组合器与 choice 和 sequence 不同的是：

- all 组合器只能包含元素声明和引用，而不能包含其他组合器；
- 它不能出现多次。对于所包含的每个子元素，maxOccurs 属性必须为 1，而 minOccurs 属性则可以为 0 或 1。all 组合器必须出现在复杂类型的最高层，即 all 元素的父元素必须是 complexType，all 组合器不能出现在其他组合器中。

使用了 all 组合器的 XML Schema 定义如下：

```
<xsd:element name="book">
    <xsd:complexType>
        <xsd:all>
            <xsd:element name="title" type="xsd:string" />
            <xsd:element name="price" type="xsd:decimal" />
            <xsd:element name="press" type="xsd:string" minOccurs="1" />
            <xsd:element name="amount" type="xsd:integer" minOccurs="0"/>
        </xsd:all>
    </xsd:complexType>
</xsd:element>
```

由于元素 amount 的属性 minOccurs 为 0，因此该元素可以不出现，如下面的 XML 文档所示：

```
<?xml version="1.0" encoding="GBK" ?>
<book>
```

```
    <title>面向服务的计算—原理和应用</title>
    <price>30.00</price>
    <press>清华大学出版社</press>
</book>
```

4.6 使用命名空间

DTD 的缺点之一就在于和命名空间不相关，当为一个 XML 文档使用了命名空间后，文档的 DTD 就需要重写。XML Schema 对命名空间提供了很好的支持。在编写 XML Schema 文档时，可以指定该 XML Schema 文档是为哪一个命名空间声明和定义类型，这个命名空间称为“目标命名空间”(targetNamespace)。

目标命名空间使用 xsd:schema 元素的 targetNamespace 属性来指定，如示例 4.19 所示。

示例 4.19：book_ns1.xsd

```
<?xml version="1.0" encoding="UTF-8"?>
<xsd:schema xmlns:xsd="http://www.w3.org/2001/XMLSchema"
            targetNamespace="http://www.peter.cn/reading"
            xmlns:reading="http://www.peter.cn/reading" >
    <xsd:element name="book" type="reading:bookType"/>
    <xsd:complexType name="bookType" >
        <xsd:sequence>
            <xsd:element name="title" type="xsd:string"/>
            <xsd:element name="author" type="xsd:string"/>
        </xsd:sequence>
        <xsd:attribute name="isbn" type="xsd:token"/>
    </xsd:complexType>
</xsd:schema>
```

在示例 4.19 中，使用 xsd:schema 元素的 targetNamespace 属性指定目标命名空间为“http://www.peter.cn/reading”，即指明了在该 XML Schema 文档中声明的元素、定义的类型都属于“http://www.peter.cn/reading”命名空间。通过“xmlns:reading="http://www.peter.cn/ reading"”声明了命名空间“http://www.peter.cn/reading”，并为该命名空间指定前缀为 reading，使用该前缀来引用“http://www.peter.cn/reading”命名空间中的类型。由于指定了目标命名空间，该 XML Schema 文档中定义的类型都属于目标命名空间，因此在引用类型时，需要加上 reading 前缀。在指定类型名时，不需要加上任何前缀，因为在使用了 targetNamespace 属性后，在该 XML Schema 文档中定义的任何类型都属于目标命名空间。

在 XML Schema 文档中，很容易就能区分出不同命名空间中的元素和类型，带有 xsd 前缀的元素和类型属于“http://www.w3.org/2001/XMLSchema”命名空间，而其他的元素和类型则属于目标命名空间。

需要特别注意的是，在默认情况下，XML Schema文档中只有全局元素和全局属性才属于目标命名空间，在示例4.19中，声明的全局元素book属于目标命名空间，而局部元素title和press则不属于目标命名空间。

为了简化XML Schema文档对目标命名空间中的元素和类型的引用，可以利用默认命名空间来简化引用，示例4.19如果使用了默认命名空间，可以修改为如示例4.20所示。

示例4.20：book_ns2.xsd

```
<?xml version="1.0" encoding="UTF-8"?>
<xsd:schema xmlns:xsd="http://www.w3.org/2001/XMLSchema"
          targetNamespace="http://www.peter.cn/reading"
          xmlns="http://www.peter.cn/reading" >
   <xsd:element name="book" type="bookType" />
   <xsd:complexType name="bookType">
      <xsd:sequence>
         <xsd:element name="title" type="xsd:string"/>
         <xsd:element name="press" type="xsd:string"/>
      </xsd:sequence>
      <xsd:attribute name="isbn" type="xsd:token"/>
   </xsd:complexType>
</xsd:schema>
```

在xsd:schema元素上声明了默认命名空间http://www.peter.cn/reading，因此在声明book元素时，引用bookType类型就无须再添加前缀了。

符合上述XML Schema的XML实例文档如例4.21所示。

示例4.21：book_ns2.xml

```
<?xml version="1.0" encoding="GBK" ?>
<reading:book xmlns:reading="http://www.peter.cn/reading"
        xmlns:xsi="http://www.w3.org/2001/XMLSchema-instance"
        xsi:schemaLocation="http://www.peter.cn/reading book_ns2.xsd"
        isbn="9787302138334">
   <title>面向服务的计算—原理和应用</title>
   <press>清华大学出版社</press>
</reading:book>
```

在示例4.20的XML Schema文档中，在bookType类型定义中声明的元素title和press是局部元素，没有被目标命名空间所限定，因此在示例4.21的XML文档中，对title和press元素不能添加reading前缀。

在示例4.20中，局部元素title和press没有被目标命名空间所限定，如果要限定局部元素和属性，可以通过xsd:schema元素的elementFormDefault和attibuteFormDefault属性来设置。

为了指定XML Schema文档中局部声明的元素必须被限定，可以将xsd:schema元素的elementFormDefault属性的值设为“qualified”。

将示例4.20中的xsd:schema元素修改为如示例4.22所示。

示例 4.22：book_ns3.xsd

```
<?xml version="1.0" encoding="UTF-8"?>
<xsd:schema xmlns:xsd="http://www.w3.org/2001/XMLSchema"
         targetNamespace="http://www.peter.cn/reading"
         xmlns="http://www.peter.cn/reading"
         elementFormDefault="qualified" >
   <xsd:element name="book" type="bookType"/>
   <xsd:complexType name="bookType">
      <xsd:sequence>
         <xsd:element name="title" type="xsd:string"/>
         <xsd:element name="press" type="xsd:string"/>
      </xsd:sequence>
      <xsd:attribute name="isbn" type="xsd:token"/>
   </xsd:complexType>
</xsd:schema>
```

elementFormDefault 属性的默认值是 unqualified，即对局部声明的元素不加限定。修改了模式文档，相应的就要修改实例文档，如示例 4.23 所示。

示例 4.23：book_ns3.xml

```
<?xml version="1.0" encoding="GBK" ?>
<reading:book xmlns:reading="http://www.peter.cn/reading"
       xmlns:xsi="http://www.w3.org/2001/XMLSchema-instance"
       xsi:schemaLocation="http://www.peter.cn/reading book_ns3.xsd"
       isbn="9787302138334">
   <reading:title>面向服务的计算—原理和应用</reading:title>
   <reading:press>清华大学出版社</reading:press>
</reading:book>
```

在例 4.23 的 XML 文档中，所有的元素都属于同一个命名空间，因此可以声明一个默认的命名空间，来省略前缀的使用，如示例 4.24 所示。

示例 4.24：book_ns3_2.xml

```
<?xml version="1.0" encoding="GBK" ?>
<book xmlns="http://www.peter.cn/reading"
   xmlns:xsi="http://www.w3.org/2001/XMLSchema-instance"
   xsi:schemaLocation="http://www.peter.cn/reading book_ns3.xsd"
   isbn="9787302138334">
  <title>面向服务的计算—原理和应用</title>
  <press>清华大学出版社</press>
</book>
```

属性的限定和元素的限定是类似的。如果属性被声明为全局属性或者 xsd:schema 元素的 attibuteFormDefault 属性被设置成“qualified”的话，那么属性就必须被限定，在实例 XML 文档中将以带命名空间前缀的方式出现。实际上，需要限定的属性必须明确地加上命名空间前缀，因为XML命名空间推荐标准中并没有给出关于属性的默认命名空间的机制，一个没有前缀的属性将不在任何的命名空间中。属性是附属于元素的，对属性添加命名空间不是很有必要，因此在多数应用中都没有给属性添加限定。

使用了attibuteFormDefault属性的模式文档如例4.25所示。

示例4.25：book_ns4.xsd

```
<?xml version="1.0" encoding="UTF-8"?>
<xsd:schema xmlns:xsd="http://www.w3.org/2001/XMLSchema"
          xmlns="http://www.peter.cn/reading"
          targetNamespace="http://www.peter.cn/reading"
          elementFormDefault="qualified"
          attributeFormDefault="qualified" >
   <xsd:element name="book" type="bookType"/>
   <xsd:complexType name="bookType">
      <xsd:sequence>
         <xsd:element name="title" type="xsd:string"/>
         <xsd:element name="press" type="xsd:string"/>
      </xsd:sequence>
      <xsd:attribute name="isbn" type="xsd:token"/>
   </xsd:complexType>
</xsd:schema>
```

attributeFormDefault属性的默认值是unqualified，即对局部声明的属性不加限定。

一个符合示例4.25的XML Schema的XML文档如示例4.26所示。

示例4.26：book_ns4.xml

```
<?xml version="1.0" encoding="GBK" ?>
<reading:book xmlns:reading="http://www.peter.cn/reading"
        xmlns:xsi="http://www.w3.org/2001/XMLSchema-instance"
        xsi:schemaLocation="http://www.peter.cn/reading book_ns4.xsd"
        reading:isbn="9787302138334">
   <reading:title>面向服务的计算—原理和应用</reading:title>
   <reading:press>清华大学出版社</reading:press>
</reading:book>
```

除了使用xsd:schema元素的elementFormDefault和attibuteFormDefault属性来限定局部元素和局部属性外，还可以在xsd:element和xsd:attribute元素上分别使用form属性来限定局部元素和局部属性，参看示例4.27。

示例4.27：book_ns5.xsd

```
<?xml version="1.0" encoding="UTF-8"?>
<xsd:schema xmlns:xsd="http://www.w3.org/2001/XMLSchema"
          xmlns="http://www.peter.cn/reading"
          targetNamespace="http://www.peter.cn/reading">
   <xsd:element name="book" type="bookType"/>
```

```
        <xsd:complexType name="bookType">
            <xsd:sequence>
                <xsd:element name="title" type="xsd:string" form="qualified" />
                <xsd:element name="author" type="xsd:string" form="qualified" />
            </xsd:sequence>
            <xsd:attribute name="isbn" type="xsd:token" form="qualified" />
        </xsd:complexType>
    </xsd:schema>
```

例 4.27 所示的模式文档和例 4.25 所示的模式文档的效果是一样的。

需要注意的是，在 xsd:schema 元素上使用 elementFormDefault 和 attributeFormDefault 属性，影响的是整个 XML Schema 文档中的局部元素和局部属性，而在 xsd:element 和 xsd:attribute 元素上使用 form 属性，影响的是当前的局部元素和局部属性。

4.7 引用 XML Schema

在本章的第 1 节对在 XML 文档中引用 XML Schema 进行了简要说明，本节对引用 XML Schema 进行更进一步的说明。

XML Schema 提供了两个在 XML 文档中使用的特殊属性，用于指出所使用的 XML Schema 文档的位置。这两个属性是：xsi:schemaLocation 和 xsi:noNamespaceSchemaLocation，前者用于声明了目标命名空间的 XML Schema 文档，后者用于没有目标命名空间的模式文档，它们通常在 XML 文档中使用。

xsi:schemaLocation 属性的值由一个 URI 引用对组成，两个 URI 之间以空白符分隔。第一个 URI 是命名空间的名称，第二个 URI 给出 XML Schema 文档的位置，XML Schema 处理器将从这个位置读取 XML Schema 文档，该 XML Schema 文档的目标命名空间必须与第一个 URI 相匹配，参见示例 4.24 中的 book_ns3_2.xml。

在示例 4.24 中，声明了默认的命名空间(http://www.peter.cn/reading)，然后声明了 XML Schema 实例命名空间(http://www.w3.org/2001/XMLSchema-instance)，并将 xsi 前缀与该命名空间绑定，这样 XML Schema 处理器就可以识别 xsi:schemaLocation 属性。XML Schema 实例命名空间的前缀通常使用 xsi。使用了 xsi:schemaLocation 属性指定命名空间 http://www.peter.cn/reading 和 XML Schema 的位置 book_ns3.xsd 相关。要注意，在这个例子中，book_ns3.xsd 中声明的目标命名空间要求必须是 http://www.peter.cn/reading。

实际上，xsi:schemaLocation 属性的值也可以由多个 URI 引用对组成，每个 URI 引用对之间使用空白符分隔。XML Schema 推荐标准中指出，xsi:schemaLocation 属性可以在实例中的任何元素上使用，而不一定是根元素，不过，xsi:schemaLocation 属性必须出现在它要验证的任何元素和属性之前。

此外，要注意的是，XML Schema 推荐标准并没有要求 XML Schema 处理器必须要使用 xsi:schemaLocation 属性，某些 XML Schema 处理器可以通过其他的方式来得到 XML Schema 文档的位置，而忽略 xsi:schemaLocation 属性。

xsi:noNamespaceSchemaLocation 属性用于引用没有目标命名空间的 XML Schema 文档。与 xsi:schemaLocation 属性不同的是，xsi:noNamespaceSchemaLocation 属性的值是单一的值，只是用于指定 XML Schema 文档的位置。本章第 1 节中的示例 4.3 中的 XML 文档中就使用了属性 xsi:noNamespaceSchema Location 来引用 XML Schema 文档。

与 xsi:schemaLocation 属性一样，xsi:noNamespaceSchemaLocation 属性也可以在 XML 文档中的任何元素上使用，而不一定是根元素，不过，xsi:noNamespaceSchemaLocation 属性必须出现在它要验证的任何元素和属性之前。

此外，要注意的是，XML Schema 推荐标准并没有要求 XML Schema 处理器必须要使用 xsi:noNamespaceSchemaLocation 属性，某些 XML Schema 处理器可以通过其他的方式来得到 XML Schema 文档的位置，而忽略 xsi:noNamespaceSchemaLocation 属性。

一个 XML Schema 可以由多个 XML Schema 文档构成，多个 XML Schema 文档通过包含或导入机制来形成 XML Schema。当其他 XML Schema 与主 XML Schema 文档具有相同的目标命名空间时，需要使用包含＜xsd:include＞。当各 XML Schema 之间各自拥有不同的目标命名空间时，需要使用导入＜xsd:import＞。

示例 4.28 为第 2 章中用于讲述命名空间的示例 XML 文档。

示例 4.28：NotesNS. xml

```
<?xml version="1.0" encoding="GBK" ?>
<notes>
    <reading:book xmlns:reading="http://www.peter.cn/reading">
        <reading:title>面向服务的计算—原理和应用</reading:title>
        <reading:authors>
            <reading:author>喻坚</reading:author>
            <reading:author>韩燕波</reading:author>
        </reading:authors>
        <reading:press>清华大学出版社</reading:press>
    </reading:book>
    <travel:book xmlns:travel="http://www.peter.cn/travel">
        <travel:hotel>北京盘古七星大酒店</travel:hotel>
        <travel:address>北京市朝阳区北四环中路 27 号</travel:address>
        <travel:telephone>010-59067777</travel:telephone>
        <travel:date>2012-01-23</travel:date>
    </travel:book>
</notes>
```

下面为该 XML 文档定义 XML Schema 约束。示例 4.29 为用于命名空间 http://www.peter.cn/reading 的 XML Schema 约束，示例 4.30 为用于命名空间 http://www.peter.cn/travel 的 XML Schema 约束。

示例 4.29：readingBook. xsd

```
<?xml version="1.0" encoding="UTF-8"?>
```

```
<xsd:schema xmlns:xsd="http://www.w3.org/2001/XMLSchema"
            targetNamespace="http://www.peter.cn/reading"
            xmlns:reading="http://www.peter.cn/reading"
            elementFormDefault="qualified" >
    <xsd:element name="book" type="reading:bookType"/>
    <xsd:complexType name="bookType">
        <xsd:sequence>
            <xsd:element name="title" type="xsd:string"/>
            <xsd:element name="authors">
                <xsd:complexType>
                    <xsd:sequence>
                        <xsd:element name="author" type="xsd:string"
                            minOccurs="1" maxOccurs="unbounded" />
                    </xsd:sequence>
                </xsd:complexType>
            </xsd:element>
            <xsd:element name="press" type="xsd:string"/>
        </xsd:sequence>
    </xsd:complexType>
</xsd:schema>
```

示例 4.30：travelBook.xsd

```
<?xml version="1.0" encoding="UTF-8"?>
<xsd:schema xmlns:xsd="http://www.w3.org/2001/XMLSchema"
            targetNamespace="http://www.peter.cn/travel"
            xmlns:travel="http://www.peter.cn/travel"
            elementFormDefault="qualified" >
    <xsd:element name="book" type="travel:bookType"/>
    <xsd:complexType name="bookType">
        <xsd:sequence>
            <xsd:element name="hotel" type="xsd:string"/>
            <xsd:element name="address" type="xsd:string"/>
            <xsd:element name="telephone" type="xsd:string"/>
            <xsd:element name="date" type="xsd:string"/>
        </xsd:sequence>
    </xsd:complexType>
</xsd:schema>
```

而后通过包含上述两个 XML Schema 来定义用于示例 4.28 中的 NotesNS.xml 的 XML Schema 文件，如示例 4.31 所示。

示例 4.31：notes.xsd

```
<?xml version="1.0" encoding="UTF-8"?>
<xsd:schema xmlns:xsd="http://www.w3.org/2001/XMLSchema"
```

```
        xmlns:reading="http://www.peter.cn/reading"
        xmlns:travel="http://www.peter.cn/travel"
        elementFormDefault="qualified" >
  <xsd:import namespace="http://www.peter.cn/travel"
           schemaLocation="travelBook.xsd" />
  <xsd:import namespace="http://www.peter.cn/reading"
           schemaLocation="readingBook.xsd" />
  <xsd:element name="notes" type="notesType"/>
  <xsd:complexType name="notesType">
     <xsd:sequence>
        <xsd:element ref="reading:book" />
        <xsd:element ref="travel:book" />
     </xsd:sequence>
  </xsd:complexType>
</xsd:schema>
```

引用示例 4.31 中的 XML Schema，示例 4.28 修改之后，如示例 4.32 所示。

示例 4.32：NotesNS_schema.xml

```
<?xml version="1.0" encoding="GBK" ?>
<notes xmlns:xsi="http://www.w3.org/2001/XMLSchema-instance"
      xsi:noNamespaceSchemaLocation="notes.xsd"
      xmlns:reading="http://www.peter.cn/reading"
      xmlns:travel ="http://www.peter.cn/travel">
  <reading:book>
     <reading:title>面向服务的计算—原理和应用</reading:title>
     <reading:authors>
        <reading:author>喻坚</reading:author>
        <reading:author>韩燕波</reading:author>
     </reading:authors>
     <reading:press>清华大学出版社</reading:press>
  </reading:book>
  <travel:book>
     <travel:hotel>北京盘古七星大酒店</travel:hotel>
     <travel:address>北京市朝阳区北四环中路 27 号</travel:address>
     <travel:telephone>010-59067777</travel:telephone>
     <travel:date>2012-01-23</travel:date>
  </travel:book>
</notes>
```

经过 XMLSpy 验证，可知示例 4.32 中的 XML 文档是符合示例 4.31 中 XML Schema 约束的。其中示例 4.32 中的根元素 notes 也可以增加一个属性 xsi:schemaLocation，用于引用 readingBook.xsd 和 travelBook.xsd 两个 XML Schema 文档及二者对应的目标命名空间，增加后的内容如示例 4.33 所示。

示例 4.33：NotesNS_schema.xml

```
<?xml version="1.0" encoding="GB2312" ?>
<notes xmlns:xsi="http://www.w3.org/2001/XMLSchema-instance"
      xsi:noNamespaceSchemaLocation="notes.xsd"
      xsi:schemaLocation="http://www.peter.cn/reading readingBook.xsd
                         http://www.peter.cn/travel travelBook.xsd"
      xmlns:reading="http://www.peter.cn/reading"
      xmlns:travel ="http://www.peter.cn/travel">
   <reading:book>
      <reading:title>面向服务的计算—原理和应用</reading:title>
      <reading:authors>
         <reading:author>喻坚</reading:author>
         <reading:author>韩燕波</reading:author>
      </reading:authors>
      <reading:press>清华大学出版社</reading:press>
   </reading:book>
   <travel:book>
      <travel:hotel>北京盘古七星大酒店</travel:hotel>
      <travel:address>北京市朝阳区北四环中路 27 号</travel:address>
      <travel:telephone>010-59067777</travel:telephone>
      <travel:date>2012-01-23</travel:date>
   </travel:book>
</notes>
```

可以看出，属性 xsi:schemaLocation 的值可以由多个 URI 引用对组成，每个 URI 引用对之间使用空白(包括空格、制表符、换行符)分隔即可。

4.8 习题

1. 什么是 XML Schema？它与 DTD 各有何优缺点？
2. 在 XML Schema 中如何声明元素？元素的内容模型有哪几种？
3. 简要说明 XML Schema 中的数据类型。
4. 在 XML Schema 中如何定义和使用命名空间？
5. 请为下面的航班 XML 文档编写一个 XML Schema 文件，并在 XMLSpy 中使用该 DTD 来对该 XML 文档进行有效性验证。

```
<?xml version="1.0" encoding="GBK" ?>
<Airlines xmlns:msdata="urn:schemas-microsoft-com:xml-msdata"
          xmlns:diffgr="urn:schemas-microsoft-com:xml-diffgram-v1">
   <AirlinesTime diffgr:id="AirlinesTime1" msdata:rowOrder="0">
      <Company>中国国际航空股份有限公司</Company>
      <AirlineCode>CA1353</AirlineCode>
      <StartDrome>首都国际机场</StartDrome>
```

```
        <ArriveDrome>凤凰国际机场</ArriveDrome>
        <StartTime>07:00</StartTime>
        <ArriveTime>10:55</ArriveTime>
        <Mode>321</Mode>
        <AirlineStop>0</AirlineStop>
        <Week>12346 日</Week>
    </AirlinesTime>
    <AirlinesTime diffgr:id="AirlinesTime2" msdata:rowOrder="1">
        <Company>中国国际航空股份有限公司</Company>
        <AirlineCode>CA1369</AirlineCode>
        <StartDrome>首都国际机场</StartDrome>
        <ArriveDrome>凤凰国际机场</ArriveDrome>
        <StartTime>07:30</StartTime>
        <ArriveTime>11:25</ArriveTime>
        <Mode>JET</Mode>
        <AirlineStop>0</AirlineStop>
        <Week>123456 日</Week>
    </AirlinesTime>
    <AirlinesTime diffgr:id="AirlinesTime3" msdata:rowOrder="2">
        <Company>中国联合航空有限公司</Company>
        <AirlineCode>KN2277</AirlineCode>
        <StartDrome>南苑机场</StartDrome>
        <ArriveDrome>凤凰国际机场</ArriveDrome>
        <StartTime>08:00</StartTime>
        <ArriveTime>11:40</ArriveTime>
        <Mode>738</Mode>
        <AirlineStop>0</AirlineStop>
        <Week>123456 日</Week>
    </AirlinesTime>
</Airlines>
```

6. 编写程序，使用编写的 XML Schema 来对习题 5 中的航班 XML 文档进行有效性验证。

第 5 章　XML 的转换：XSLT

XML 将数据与显示分开，XML 文档用于表示数据，而要显示文档中的数据，就要给 XML 文档添加样式信息，一种选择是使用 CSS(Cascading Style Sheets，层叠样式表)，另一种选择就是使用 XSLT。XSLT 比 CSS 要复杂得多，功能也更加强大，CSS 不能对源 XML 文档的数据进行计算、整理和排序，而这些在 XSLT 中可以很容易地实现。

使用 XSLT，可以根据显示的需要将同一份 XML 文档转换成多种类型的文档，例如，要在 PC 的浏览器中浏览数据，可以将 XML 文档转换为 HTML 文档；要在手持设备(手机、PDA 等)中浏览数据，可以将 XML 文档转换为符合手持设备显示的文档。利用 XSLT 转换 XML 文档，可以向输出文档中添加新的元素，或者删除一些元素，重新安排元素并对元素进行分类，测试并确定显示哪些元素等。

1999 年 11 月 16 日，W3C 组织发布了 XSLT 1.0 的推荐标准，由于 XSLT 依赖于 XPath，所以在同一天，W3C 组织也发布了 XPath 1.0 的推荐标准。可以从下面的两个网址查看 XSLT 和 XPath 推荐标准的内容：http://www.w3.org/TR/xslt、http://www.w3.org/TR/xpath。

5.1　XSLT 简介

5.1.1　第一个 XSLT 示例

下面通过一个简单的例子，来看一下如何对一个 XML 文档应用 XSLT 样式表文档。首先给出一个包含了欢迎信息的 XML 文档，如示例 5.1 所示。

示例 5.1：welcome.xml

```
<?xml version="1.0" encoding="GB2312"?>
<?xml-stylesheet type="text/xsl" href="welcome.xsl"?>
<welcome>
    <title>Welcome to Beijing!</title>
    <content>Hi,everyone! Welcome to Beijing Olympic Games!</content>
</welcome>
```

在 XML 声明之后的处理指令，表示该 XML 文档关联了一个 XSLT 样式表文档 welcome.xsl。浏览器内嵌的 XML 处理器在分析这个文档时，会调用相应的 XSLT 处理器对该文档进行转换。XSLT 样式表文档的扩展名通常为 xsl。为了在浏览器中显示 welcome.xml 中的欢迎信息，下面给出了一个样式表文档，如示例 5.2 所示。

示例 5.2：welcome.xsl

```
<?xml version="1.0" encoding="GB2312"?>
<xsl:stylesheet version="1.0"
            xmlns:xsl="http://www.w3.org/1999/XSL/Transform">
   <xsl:template match="/">
      <html>
         <xsl:apply-templates/>
      </html>
   </xsl:template>
   <xsl:template match="welcome">
      <head>
         <title>
            <xsl:value-of select="title"/>
         </title>
      </head>
      <body><br/>
         <h2>
            <xsl:value-of select="content"/>
         </h2>
      </body>
   </xsl:template>
</xsl:stylesheet>
```

采用了示例 5.2 中的 XSL 样式单之后，示例 5.1 中的 XML 文档在 IE 和 Firefox 浏览器中的显示结果分别如图 5.1 和图 5.2 所示。

图 5.1　使用了 XSL 的 XML 文档在 IE 浏览器中的显示结果

XSLT 是基于 XML 的语言，这意味着 XSLT 文档本身也必须是格式良好的 XML 文档。在 XSLT 文档中，<xsl:stylesheet>是 XSLT 文档的根元素，它有一个必需的属性 version，对于 XSLT 1.0 版本，version 的值是 1.0。XSLT 推荐标准中的元素都属于 http://www.w3.org/ 1999/XSL/Transform 命名空间。在声明 XSLT 命名空间时，通常使用 xsl 作为命名空间前缀，也可以指定使用其他的前缀。在 XSLT 文档中，另外一个可供选择的文档根元素是<xsl:transform>，在编写 XSLT 文档时，这两个元素可以任选其一作为根元素，本书中的 XSLT 样式表文档都采用<xsl:stylesheet>作为根元素。

图 5.2 使用了 XSL 的 XML 文档在 Firefox 浏览器中的显示结果

5.1.2 XSLT 处理器

XSLT 处理器将 XML 文档作为一棵树来操作。XML 文档的各个组成部分作为树中的节点,元素节点可以有自己的子节点,没有子节点的节点称为叶节点。在树状结构中,节点及其子节点也会形成树状结构。文档树的根称为根节点,要注意,根节点并不是 XML 文档中的根元素(文档元素)节点。采用根节点作为 XML 文档树的根,是因为 XML 文档中的处理指令和注释可以在文档根元素之外出现。出现在文档根元素之外的处理指令和注释,以及根元素本身作为根节点的子节点。除了作为文档树的根之外,根节点并不出现。

示例 5.1 中的 XML 文档,其树状结构图如图 5.3 所示。

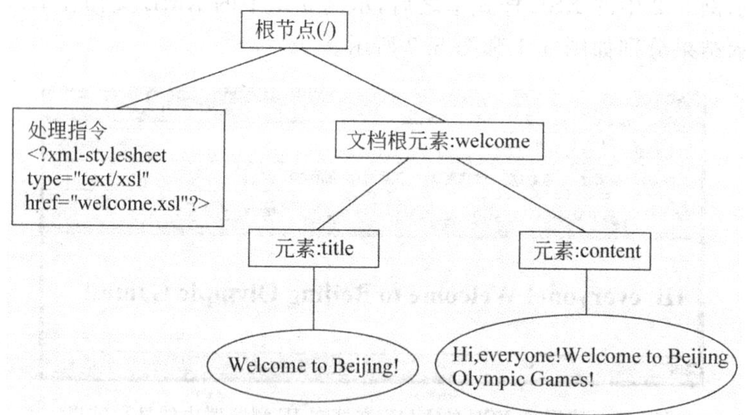

图 5.3 示例 5.1 中 XML 文档的树状结构图

XSLT 所构造的 XML 文档树中包含了以下 7 种类型的节点。

- **根节点**。根节点表示文档树的根。XML 文档中的根元素,以及在根元素之前或之后出现的任何处理指令节点以及注释节点均作为根节点的子节点。
- **元素节点**。元素节点表示 XML 文档中的各个元素。
- **文本节点**。文本节点表示元素内容中的字符数据(包括 CDATA 段中的字符数据)。

- **属性节点**。属性节点附属于元素节点，表示 XML 文档中的属性。元素节点是其附属的属性节点的父节点，但属性节点并不是它的父元素的子节点。要注意，这与 DOM 不同。在 DOM 中，元素并不是其附属的属性的父节点。另外，以 xmlns:开始的属性使用命名空间节点来表示。
- **命名空间节点**。命名空间节点表示 XML 文档中以 xmlns:开始的属性。元素节点是这些命名空间节点的父节点，但命名空间节点并不是它的父元素的子节点。
- **处理指令节点**。处理指令节点表示 XML 文档中的处理指令。
- **注释节点**。注释节点表示 XML 文档中的注释。

注意：XML 声明、文档类型声明和 XML 文档内部的 DTD 都不包含在 XML 的树状结构中。

对于每一种类型的节点，都有一种方式来确定该类型节点的字符串值。对于一些类型的节点，字符串值是节点的一部分；对于其他类型的节点，字符串值由其后代节点的字符串值来计算。表 5.1 列出了不同类型节点的字符串值。

表 5.1 不同类型节点的字符串值

节点类型	字 符 串 值
根节点	根节点下以文档顺序（节点在 XML 文档中出现的顺序）排列的所有后代（子节点、孙子节点等）文本节点的字符串值的累加
元素节点	元素节点下以文档顺序排列的所有后代文本节点的字符串值的累加
文本节点	节点的字符数据，实际上就是节点本身
属性节点	XML 1.0 推荐标准中指定的规范化属性值
命名空间节点	绑定到命名空间前缀的命名空间 URI
处理指令节点	处理指令中跟随在处理指令目标及任何空白之后的部分，不包括结尾的？>
注释节点	注释的内容，不包括起始的<!--和结尾的-->

在示例 5.2 的 XSL 中，依次选择 XML 文档树中的结点，在结果文档中输出 HTML 中的标签，将 XML 文档中<title>元素的内容作为 HTML 中元素<title>的内容，将 XML 文档中<content>元素的内容作为 HTML 中元素<h2>的内容。这从图 5.1 和图 5.2 的显示结果可以看出。

XSLT 处理器在对 XML 文档进行转换时，根据指定的样式表文档来输出结果文档。XSLT 对源文档、结果文档和样式表文档使用同样的数据模型来操作，也就是采用同样的树状结构。不过要注意的是，处理指令和注释在样式表中被忽略，也就是说，样式表被看做是既没有处理指令节点，又没有注释节点的样式表树。XSLT 处理器在构造结果树时，可以对源文档树进行过滤、修改及添加其他的内容，且结果树的结构可以和源文档树的结构完全不同。XSLT 处理器按照指定的样式表文档，将源文档树转换为结果树，如图 5.4 所示。

XSLT 处理器是完成上述转换的软件模块，本书使用 Xalan 作为 XSLT 处理器。Xalan 是 Apache XML 工程下的一个子工程，它实现了 W3C XSLT 1.0 和 XPath 1.0 规范，是一个开放源代码的 XSLT 处理器。Xalan 提供了 Java 和 C++ 的版本，本书使用的

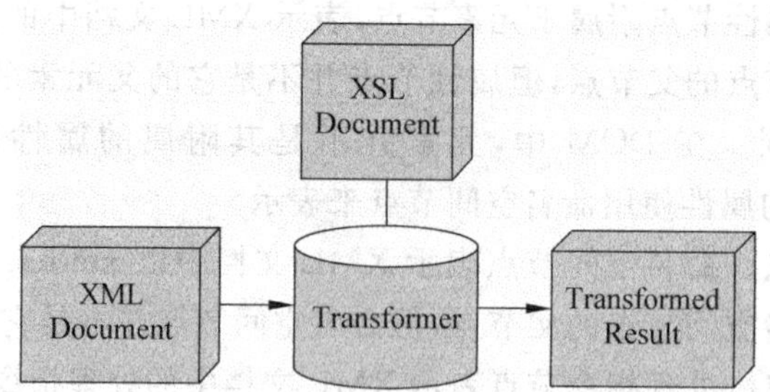

图 5.4 XSLT 处理器转换示意图

Xalan 版本是 Xalan-Java 2.7.1。

Xalan 既可以作为一个 XSLT 工具以命令行的方式使用，也可以作为一个模块在其他应用程序中使用。可以在 http://www.apache.org/dyn/closer.cgi/xml/xalan-j 上下载 Java 版本的 Xalan 处理器。在下载解压缩后的目录中，有一个 xalan.jar，这就是 Xalan 处理器，也是实现了 XSLT 和 XPath 规范的 Java 类库。在 docs 目录下的 commandline.html 文件介绍了如何以命令行的方式使用 Xalan 处理器。

Xalan 处理器的运行类是 org.apache.xalan.xslt.Process，它可以接受多个命令行选项。在本章中，主要用到 3 个选项，选项 IN 用于指定输入的 XML 文档的 URL，选项 XSL 用于指定 XSLT 样式表文档的 URL，选项 OUT 用于指定保存转换结果的文件名。例如，将示例 5.2 中的样式表文档应用到示例 5.1 中的 XML 文档，并将转换后的结果保存到 welcome.out.html 文件中，可以运行如示例 5.3 所示的 Java 应用程序。

示例 5.3：TestGenerateXsltOut.java

```
package chapter_05;
public class TestGenerateXsltOut {
    public static void main(String[] args){
        String[] values=new String[6];
        values[0]="-IN";
        values[1]="D:\\_XML_Book\\welcome.xml";
        values[2]="-XSL";
        values[3]="D:\\_XML_Book\\welcome.xsl";
        values[4]="-OUT";
        values[5]="D:\\_XML_Book\\welcome.out.html";
        org.apache.xalan.xslt.Process.main(values);
    }
}
```

本章中对 XML 文档应用的样式表转换，都采用上述应用程序来查看结果。将示例 5.2 中的样式表文档应用到示例 5.1 中的 XML 文档，其转换结果如示例 5.4 所示。

示例 5.4：welcome.out.html

```
<html>
<head>
```

```
<META http-equiv="Content-Type" content="text/html; charset=UTF-8">
<title>Welcome to Beijing!</title>
</head>
<body>
<br>
<h2>Hi,everyone! Welcome to Beijing Olympic Games!</h2>
</body>
</html>
```

在本章中，仍然使用存储多个股票行情信息的 XML 文档，如第 2 章的示例 2.1 所示。

5.2 模板规则

XSLT 样式表由一组**模板规则**(template rules)组成。模板规则由两部分组成：**模式**(pattern)和**模板**(template)，其中模式用于在源文档树中匹配(定位)节点，模板则定义了节点的处理规则，通过模板的实例化来构成结果树。

当一个模板实例化的时候，它总是相对于当前节点和当前节点的列表来实例化。当前节点总是当前节点列表的成员。在 XSLT 中，大多数操作都是对当前节点进行处理。只有很少的指令改变当前节点列表或者当前节点(例如<xsl:for-each>指令)。在这指令实例化的过程中，当前节点列表改变为新的节点列表，这个新的列表中每一个成员依次成为当前节点；在指令的实例化完成之后，当前节点和当前节点列表还原为指令实例化之前的当前节点和当前节点列表。

当 XSLT 处理器使用 XSLT 样式表转换 XML 文档时，处理器将遍历 XML 文档的树状结构，依次浏览每个节点，并将浏览的节点与样式表中的每个模板规则的模式进行比较。如果处理器找到了与模板规则的模式相匹配的节点，处理器就会输出此规则的模板。模板通常包含了一些元素指令、新的数据，或者从源 XML 文档中复制的数据。

模板规则使用<xsl:template>元素来表示，规则的模式由属性 match 来指定，元素的内容是用于构成结果树相应组成部分的模板。在模板中，可以包含 XSLT 的指令，这些指令都是由 XSLT 命名空间中的元素来执行的。在 XSLT 命名空间中的元素，都要加上 xsl 前缀，没有 xsl 前缀的元素，将被直接输出作为结果树的一部分，例如 HTML 标签。

示例 5.5 中的样式表文档只有一个模板规则。

示例 5.5：first.xsl

```
<?xml version="1.0"?>
<xsl:stylesheet version="1.0"
        xmlns:xsl="http://www.w3.org/1999/XSL/Transform">
    <xsl:template match="/">
        <html>
            <head>
                <title>Stocks info</title>
            </head>
```

```
        </html>
    </xsl:template>
</xsl:stylesheet>
```

如果将例 5.5 中的样式表文档应用到示例 2.1 中的股票行情 XML 文档，那么当 XSLT 处理器读取到 XML 文档树的根节点时（这也是 XSLT 处理器看到的第一个节点），与样式表中的模板规则进行匹配，正好匹配第一个模板规则（也只有一个模板规则），于是输出 HTML 中的各标签，转换后的结果如示例 5.6 所示。

示例 5.6：Stocks.out.html

```
<html>
<head>
<META http-equiv="Content-Type" content="text/html; charset=UTF-8">
<title>Stocks info</title>
</head>
</html>
```

在示例 5.5 的样式表文档中，只对根节点进行了处理，如果要让 XSLT 处理器对根节点的子节点进行处理，可以使用<xsl:apply-templates>元素。

5.2.1 <xsl:apply-templates>元素

<xsl:apply-templates>元素用于告诉 XSLT 处理器处理当前节点的所有子节点。在转换 XML 文档时，往往需要递归处理文档树中的每一个节点，可以使用<xsl:apply-templates>元素来完成这一操作。在模板规则的模板中使用<xsl:apply-templates>元素，告诉 XSLT 处理器将匹配的节点的每一个子节点（包括文本节点）与样式表中的模板规则进行比较，如果找到了匹配的模板规则，那么就可以为匹配的节点输出模板。当然，在这个匹配的节点的模板中还可以再包含<xsl:apply-templates>元素，从而通知处理器处理该节点的所有子节点。这样依次调用，就可以完成对 XML 源文档树中所有节点的处理。

示例 5.7 是一个使用了<xsl:apply-templates>元素的样式表文档。

示例 5.7：second.xsl

```
<?xml version="1.0"?>
<xsl:stylesheet version="1.0"
                xmlns:xsl="http://www.w3.org/1999/XSL/Transform">
    <xsl:template match="/">
        <xsl:apply-templates/>
    </xsl:template>
    <xsl:template match="Stock">
        <xsl:apply-templates select="Symbol"/>
    </xsl:template>
</xsl:stylesheet>
```

如果将示例5.7中的样式表文档应用到示例2.1的股票行情XML文档时，XSLT处理器首先读取到XML文档树的根节点，并与第一个模板规则相匹配(属性match的值为/的模板)，在匹配根节点的模板规则的模板中，使用了<xsl:apply-templates>元素，告诉XSLT处理器处理根节点的所有子节点。当XSLT处理器读到Stock节点时，与第二个模板规则(match属性为Stock的模板)相匹配，在该模板规则的模板中应用的<xsl:apply-templates>元素，有一个select属性，使用这个属性是告诉XSLT处理器只处理Stock节点下的Symbol子节点。由于在Stocks节点下有三个Stock节点，所以第二个模板规则将匹配三次。XSLT处理器的处理结果如下：

```
<?xml version="1.0" encoding="UTF-8"?>
SINA
SOHU
NTES
```

在使用<xsl:apply-templates>元素时要小心，以免陷入自身的循环匹配之中，看下面代码：

```
<xsl:template match="Stock">
    <xsl:apply-templates select="."/>
</xsl:template>
```

select属性值“.”表示选择当前节点，也就是匹配的Stock节点。这样的话，Stock节点将会不断匹配这个模板规则，从而导致一个无法终止的循环发生。

5.2.2 <xsl:value-of>元素

<xsl:value-of>元素用于在结果树中创建一个文本节点。<xsl:value-of>元素有一个必须的属性select，用于指定要计算的表达式，表达式计算的结果将被转换为一个字符串值(关于不同类型节点的字符串值，请参见表5.1)，然后使用该字符串值来创建一个文本节点。如果字符串为空，那么文本节点将不会被创建；如果该文本节点相邻的也是文本节点，那么相邻的文本节点将被合并为一个文本节点。

例如，如果要在结果树中输出股票代号(<Symbol>元素的内容)，可以使用如下代码：

```
<xsl:template match="Stock">
    <xsl:value-of select="Symbol"/>
</xsl:template>
```

示例5.6所示的样式表文档将会把股票行情XML文档转换为HTML表格。

示例5.8：third.xsl

```
<?xml version="1.0"?>
<xsl:stylesheet version="1.0"
                xmlns:xsl="http://www.w3.org/1999/XSL/Transform">
```

```
    <xsl:template match="/">
        <html>
            <head></head>
            <xsl:apply-templates />
        </html>
    </xsl:template>
    <xsl:template match="Stocks">
        <body>
            <table border="1">
                <xsl:apply-templates />
            </table>
        </body>
    </xsl:template>
    <xsl:template match="Stock">
        <tr>
            <td><xsl:value-of select="Symbol" /></td>
            <td><xsl:value-of select="Name" /></td>
            <td><xsl:value-of select="Last" /></td>
            <td><xsl:value-of select="Date" /></td>
        </tr>
    </xsl:template>
</xsl:stylesheet>
```

当将示例 5.8 中的样式表文档应用到股票行情 XML 文档时，XSLT 处理器将进行如下的处理（下面的叙述没有考虑由空白组成的节点在节点列表中所占据的位置，也不考虑内置的模板规则的匹配，关于内置的模板规则，请参见本节后续内容）：

(1) 将根节点与样式表中的所有模板规则进行比较，结果与第 1 个模板规则匹配，因此输出<html>和<head></head>标签，而<xsl:apply-templates/>元素则通知 XSLT 处理器对根节点的所有子节点进行处理。

(2) 将根节点的第 1 个子节点（xml-stylesheet 处理指令节点）与模板规则进行比较，没有找到匹配的模板规则，不产生任何的输出。

(3) 将根节点的第 2 个子节点（<Stocks>根元素节点）与模板规则进行比较，结果与第 2 个模板规则匹配，因此输出<body>和<table border="1">标签，而<xsl:apply-templates/>元素则通知 XSLT 处理器对 Stocks 节点的所有子节点进行处理。

(4) 将 Stocks 节点的第 1 个子节点（<Stocks>根元素的第一个子元素<Stock>）与模板规则进行比较，结果与第 3 个模板规则匹配，因此输出<tr>标签和<td>标签，然后由<xsl: value-of select="Symbol"/>元素取出<Stock>的子元素<Symbol>的内容，作为文本节点输出到结果树中，接着输出</td>标签。然后输出<td>标签，然后由<xsl:value-of select="Name"/>元素取出<Stock>的子元素<Name>的内容，作为文本节点输出到结果树中，接着输出</td>标签。然后输出<td>标签，然后由<xsl:value-of select="Last"/>元素取出<Stock>的子元素<Last>的内容，作为文本节点输出到结果树中，接着输出</td>标签。然后输出<td>标签，然后由<xsl:

value-of select="Date"/>元素取出<Stock>的子元素<Date>的内容，作为文本节点输出到结果树中，接着输出</td>标签。之后输出</tr>标签。

(5) 将 Stocks 节点的第 2 个和第 3 个子节点(<Stocks>根元素的第 2 个和第 3 个子元素<Stock>)与模板规则进行比较，结果与第 3 个模板规则匹配。重复执行步骤(4)。

(6) 输出</table>和</body>标签。输出</html>标签。整个转换处理完成。用该样式表文档对股票行情 XML 文档进行转换后的输出如下所示：

```
<html>
<head>
<META http-equiv="Content-Type" content="text/html; charset=UTF-8">
</head>
<body>
<table border="1">

<tr>
<td>SINA</td><td>Sina Corporation</td><td>59.92</td><td>1/13/2012</td>
</tr>

<tr>
<td>SOHU</td><td>Sohu.com Inc.</td><td>55.93</td><td>1/13/2012</td>
</tr>

<tr>
<td>NTES</td><td>NetEase.com</td><td>44.86</td><td>1/13/2012</td>
</tr>

</table>
</body>
</html>
```

在上述输出结果中，包含了 XML 源文档元素内容中的空白。利用 IE 浏览器查看，其显示结果如图 5.5 所示。

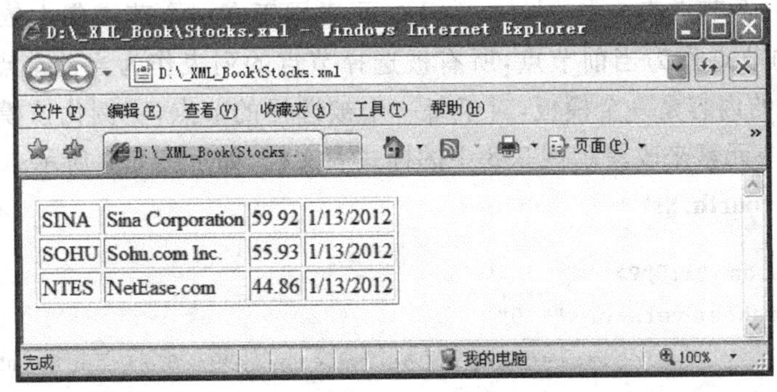

图 5.5 以表格形式显示股票行情 XML 文档

5.2.3 处理空白

在默认情况下，XSLT 处理器对 XML 源文档的元素内容中的空白是保留的，这在某情况下是有意义的。然而大多数情况下，这些空白对于计算机处理来说是没有意义的。为了在结果文档中保留或者去除 XML 源文档元素内容中的空白，可以使用<xsl:preserve-space>或者<xsl:strip-space>元素。

<xsl:preserve-space>和<xsl:strip-space>元素必须作为顶层元素使用。所谓顶层元素，是指该元素作为<xsl:stylesheet>根元素的子元素出现在样式表文档中。这两个元素都有一个必需的属性 elements，用于指定哪些元素内容中的空白应该被保留或去除，该属性的值是以空格分隔的元素名。

例如，要删除<Symbol>、<Name>、<Last>和<Date>元素中仅由空白组成的节点，可以在<xsl:strip-space>元素的 elements 属性中指定这几个元素的名字，如下所示：

```
<xsl:strip-space elements="Symbol Name Last Date" />
```

也可以使用通配符星号(*)来删除所有元素中仅由空白组成的节点，如下所示：

```
<xsl:strip-space elements="*" />
```

一般很少使用<xsl:preserve-space>元素，因为在默认情况下就是保留空白的。不过，在某些情况下，<xsl:preserve-space>元素也是有用的。例如，如果已经设置了<xsl:strip-space elements="*"/>用于删除空白，而为了保留<Last>和<Date>元素中的空白，则可以使用<xsl:preserve-space>元素，如下所示：

```
<xsl:preserve-space elements="Last Date" />
```

5.2.4 <xsl:for-each>元素

<xsl:for-each>元素有一个必需的属性 select，用于指定一个表达式，该表达式计算的结果必须是一个节点集。<xsl:for-each>元素用于在一个节点集中依次选取每一个节点，被选择的节点作为当前节点，所有被选择节点的列表作为当前节点列表。<xsl:for-each>元素的内容是一个模板，对于每一个被选择的节点，实例化该模板。下面使用<xsl:for-each>元素来改写示例 5.8 中的样式表文档，如示例 5.9 所示。

示例 5.9：fourth.xsl

```
<?xml version="1.0"?>
<xsl:stylesheet version="1.0"
                xmlns:xsl="http://www.w3.org/1999/XSL/Transform">
  <xsl:template match="/">
    <html>
```

```
            <head></head>
            <xsl:apply-templates/>
        </html>
    </xsl:template>
    <xsl:template match="Stocks">
        <body>
            <table border="1">
                <xsl:for-each select="Stock">
                    <tr>
                        <td><xsl:value-of select="Symbol"/></td>
                        <td><xsl:value-of select="Name"/></td>
                        <td><xsl:value-of select="Last"/></td>
                        <td><xsl:value-of select="Date"/></td>
                    </tr>
                </xsl:for-each>
            </table>
        </body>
    </xsl:template>
</xsl:stylesheet>
```

在示例 5.9 的样式表文档中，不再像示例 5.8 中使用匹配单个 Stock 节点的模板规则，而是改为使用<xsl:for-each>元素，对股票行情 XML 文档应用示例 5.9 中的样式表文档，在浏览器中的显示效果和应用如示例 5.8 中样式表文档的显示效果是一样的。

5.2.5 内置的模板规则

在对源文档树进行处理的过程中，如何定义正确的模板规则来匹配树中的节点是很重要的。在树状结构中，节点与节点之间具有父子关系、祖孙关系，所处的层次也不同。在对节点进行匹配时，如果匹配父节点的模板规则的模板中，没有指定处理其子节点，那么子节点将不会被处理。这样的话，有可能因为某个节点没有找到匹配的模板规则，而导致余下的处理中断。在编写样式表文档时，要理清节点之间的层次关系是一件不容易的事情，为了让树状结构中的节点在没有明确匹配规则的情况下，能够被递归地处理，XSLT 定义了几个内置的模板规则，可以把它们看成是样式表文档的默认模板规则。

内置的模板规则主要包括如下。

第一条模板规则应用于所有的元素节点和根节点，如下所示：

```
<xsl:template match="*|/">
    <xsl:apply-templates/>
</xsl:template>
```

这条模板规则的目的是为了确保根元素及其所有的后代元素，即使在没有明确的匹配规则的情况下，也能够递归地处理。有了这条内置的模板规则，在编写样式表文档时就可以不用对根节点进行匹配了，除非在匹配根节点时要做特殊的处理，如示例 5.9 所示。

如果不想应用内置的模板规则，只要显式地为某个元素定义模板规则即可，这样就覆盖了内置的模板规则。不过要注意的是，除非在匹配的模板规则的模板中调用了<xsl:apply-templates/>，否则对于该元素的所有子元素，默认的模板规则不再起作用。

第二条模板规则也是应用于所有的元素节点和根节点，不过是针对具有 mode 属性的<xsl:apply-templates>元素的，如下所示：

```
<xsl:template match="*|/" mode="m">
    <xsl:apply-templates mode="m" />
</xsl:template>
```

当在样式表文档中使用了具有 mode 属性的<xsl:apply-templates>元素，那么 XSLT 处理器就会自动加入这样一条模板规则：将<xsl:template>元素的 mode 属性的值设置为<xsl:apply-templates>元素的 mode 属性的值。例如，对于示例 5.7 中的如下调用：

```
<xsl:apply-templates select="Stocks/stock" mode="table" />
```

如果我们没有定义对应的模板规则，则 XSLT 处理器会加入下面的模板规则：

```
<xsl:template match="*|/" mode="table">
    <xsl:apply-templates mode="table" />
</xsl:template>
```

加入这样一条模板规则，是为了确保在没有明确的匹配规则的情况下，元素也能够被递归地处理。

第三条模板规则应用于文本和属性节点，在结果树中输出文本和属性节点的值，如下所示：

```
<xsl:template match="text()|@*">
    <xsl:value-of select="."/>
</xsl:template>
```

因为有了第一条和第三条内置模板规则，所以即使在样式表文档中没有编写的模板规则，仍然会有元素文本内容(作为文本节点)的输出。在示例 5.7 中的样式表文档中，下列代码：

```
<xsl:template match="Stock">
    <xsl:apply-templates select="Symbol"/>
</xsl:template>
```

会对 Stock/Symbol 元素应用模板规则，由于有第一条和第三条内置模板规则，因此在结果文档中仍然会输出 Symbol 元素的文本内容。

不过要注意的是，如有对属性节点应用<xsl:apply-templates>元素，那么这条内置的模板规则对属性是不起作用的。

第四条模板规则应用于处理指令和注释，如下所示：

```
<xsl:template match="processing-instruction()|comment()"/>
```

这条规则对处理指令和注释节点没有做任何的处理，意味着在结果树中不会输出源文档树中的处理指令和注释的任何信息。

在XSLT中，应用于命名空间节点的内置模板规则也是什么都不做。然而，没有任何的模式可以匹配命名空间节点，因此，内置的模板规则是唯一应用于命名空间节点的模板规则。在XSLT 1.0推荐标准中并没有给出该内置模板规则的形式，因此，由于“没有任何的模式可以匹配命名空间节点”，内置的模板规则也无法给出。

与所有其他的模板规则相比，内置的模板规则具有较低的导入优先级。因此，可以通过在样式表文档中包含一个显式的模板规则来覆盖内置的模板规则。

5.2.6 匹配结点

模板规则通过使用模式来匹配XML源文档树中的节点。模式指定一组条件，用于选择要处理的节点，凡是满足条件的节点则匹配模式，反之则不匹配模式。下面给出一些常用的模式匹配的用法。

- **匹配根节点**。例如，<xsl:template match="/">，表示匹配根节点。
- **匹配元素节点**。例如，<xsl:template match="Stocks">，表示匹配Stocks元素节点。
- **使用通配符**。和其他语言一样，XSLT中也可以使用星号(*)作为通配符，例如，<xsl:template match="*">，表示匹配任何元素。
- **使用@匹配属性**。用@加上属性名称，可以用于匹配属性节点。例如，<xsl:template match="@mode">，表示匹配mode属性节点。不过要注意的是，XSLT处理器在遍历节点的树状结构时，并不处理属性节点。如果要让XSLT处理器处理属性节点，必须显式地调用<xsl:apply-templates>元素，并使用select属性选择属性节点。例如，如果在源XML文档中Last元素有属性currency，其值为USD，则示例5.9的样式表文档应该改为示例5.10所示。

示例5.10：fifth.xsl

```
<?xml version="1.0"?>
<xsl:stylesheet version="1.0"
                xmlns:xsl="http://www.w3.org/1999/XSL/Transform">
    <xsl:template match="/">
        <html>
            <head></head>
            <xsl:apply-templates/>
        </html>
    </xsl:template>
    <xsl:template match="Stocks">
        <body>
            <table border="1">
```

```
                <xsl:for-each select="Stock">
                    <tr>
                        <td><xsl:value-of select="Symbol" /></td>
                        <td><xsl:value-of select="Name" /></td>
                        <td><xsl:value-of select="Last" /></td>
                        <td>
                <xsl:apply-templates select="./Last/@currency"/>
                        </td>
                        <td><xsl:value-of select="Date" /></td>
                    </tr>
                </xsl:for-each>
            </table>
        </body>
    </xsl:template>
    <xsl:template match="@currency">
        <xsl:value-of select="." />
    </xsl:template>
</xsl:stylesheet>
```

此时源 XML 文档在 IE 中的显示如图 5.6 所示，可以看出，把源 XML 文档中的属性转换为了 HTML 表格中的 1 列。

图 5.6 对源 XML 文档中属性处理后的运行结果

还可以将@与星号(＊)一起使用，例如，<xsl:template match="@＊">，表示匹配任意的属性节点。

- **使用斜杠(/)匹配子节点**。例如，<xsl:template match="Stocks/Stock">，表示匹配 Stocks 元素节点下的任意的 Stock 子节点。例如，<xsl:template match="Stocks/Stock/name">，表示匹配 Stock 元素节点(其父节点是 Stocks 元素节点)下的任意的 name 子节点。
- **使用双斜杠(//)匹配后代节点**。有时候，希望对某一类元素节点进行处理，而不管该节点在树状结构中所处的位置，就可以使用双斜杠(//)来匹配节点。例如，<xsl:template match="//name">，表示匹配根节点下任意的 name 元素节点，而不管该节点所处的位置。例如，<xsl:template match="Stocks//name">，表示匹配 Stocks 元素节点下任意的 name 元素节点。

- **使用或操作符(|)**。使用或操作符(|)可以匹配多个节点。例如，<xsl:template match="Symbol | Date">，表示匹配任意的 Symbol 或 Date 元素节点。例如，<xsl:template match="Stock/name|AnnRange/@range">，表示匹配 Stock 元素节点下的任意的 name 子节点，或 AnnRange 元素节点的 range 属性节点。
- **使用[]操作符**。可以在[]中指定布尔表达式，用于在节点集中更精确地匹配某一个节点。例如，股票行情文档中根元素 Stocks 有 3 个 Stock 子元素，如果只想匹配第一个 Stock 元素，可以这样写：

```
<xsl:template match="Stock[1]">
```

表示匹配第一个 Stock 子元素节点，这和下面的写法是等价的：

```
<xsl:template match="Stock[position()=1]">
```

position()是一个函数调用，返回节点在上下文中的当前位置，然后判断该位置是否等于 1。

- **使用 node()匹配节点**。node()表示匹配除属性节点和根节点之外的其他任何节点，例如，<xsl:template match="node()">。
- **使用 text()匹配文本节点**。text()表示匹配任意的文本节点，例如，<xsl:template match="text()">。
- **使用 processing-instruction()匹配处理指令**。processing-instruction()表示匹配任意的处理指令节点，例如，<xsl:template match="processing-instruction()">。processing-instruction()还可以带一个参数，用于指定处理指令目标的名称，这样，只有和这个名称相同的处理指令才会被匹配。
- **使用 comment()匹配注释**。comment()表示匹配任意的注释节点，例如，<xsl:template match="comment()">。
- **使用 id()进行匹配**。一个 ID 类型的属性值唯一标识了 XML 文档中的一个元素。有时候需要根据元素的 ID 类型的属性值来选择一个特定的元素，就可以使用 id()函数。该函数有一个参数，用于指定 ID 类型属性的值。例如，<xsl:template match="id('E-200402100001')">，表示匹配拥有 ID 类型属性且其值等于 E-200402100001 的元素。要注意的是，要让这种匹配方式能够工作，必须在源 XML 文档的 DTD 中声明 ID 类型的属性，可以是内部或外部 DTD。如果源文档没有 DTD，则 id()函数不能正常工作。这是因为如果没有在 DTD 中声明 ID 类型的属性，或者源文档没有 DTD，那么 XSLT 处理器就无法得知元素的哪一个属性是 ID 类型，当然也就无法进行正确的匹配了。

模式匹配的语法不仅可以在<xsl:template>元素的 match 属性中使用，还可以在<xsl:apply-templates>、<xsl:value-of>、<xsl:for-each>、<xsl:copy-of>、<xsl:sort>、<xsl:variable>、<xsl:param>等元素的 select 属性中使用。模式匹配中对于节点的选择遵循了 XPath 规范。

5.3 XPath

XPath 作为在 XSLT 中使用的一种表达式语言，主要用于识别、选择、匹配 XML 文档中的各个组成部分，包括元素、属性和文本内容等。在 XSLT 中，许多元素（如<xsl:value-of>、<xsl:apply-templates>）的 select 属性的值是 XPath 表达式，前面讲述的匹配节点的模式是 XPath 表达式的子集，也就是说，所有的匹配模式都是 XPath 表达式，但并不是所有的 XPath 表达式都是匹配模式。

XPath 表达式确定了 XML 文档中的一组节点，这组节点可以包含任意数量的节点（0 个或多个）。例如，对于股票行情 XML 文档，XPath 表达式"/Stocks"确定了一个单独的节点——Stocks 根元素节点，表达式"/Stocks/Stock"确定了所有的 Stock 元素节点。

5.3.1 XPath 上下文

在 XPath 中，上下文是一个非常重要的概念，表达式的计算都是相对于上下文的。在 XSLT 中使用的 XPath 表达式，上下文的确定由 XSLT 来指定。

上下文由下面 5 个部分组成：

- **上下文节点**(context node)。上下文节点是指正在被处理的节点。在大多数情况下，上下文节点就是当前节点。
- **一对非零的正整数**(上下文大小[context size]和上下文位置[context position])。上下文大小指的是上下文中所有节点的总数，上下文位置指的是上下文中结点的当前位置，它总是小于或等于上下文大小。
- **一组变量绑定**。变量绑定由变量的名字和变量的值之间的映射组成，变量的值是一个对象。
- **函数库**。函数库由函数名和函数之间的映射组成。每一个函数有 0 个或多个参数，返回一个单一的值。
- **表达式范围内的命名空间声明集**。命名空间声明由前缀和命名空间 URI 之间的映射组成。

在上下文中，最重要的是上下文节点。对于一个 XML 文档来说，XSLT 样式表中的模板规则可能被匹配多次，例如，对于股票行情 XML 文档，下面的模板规则被匹配了 3 次：

```
<xsl:template match="Stock">
    <tr>
        <td><xsl:value-of select="Symbol" /></td>
        <td><xsl:value-of select="Name" /></td>
        <td><xsl:value-of select="Last" /></td>
        <td><xsl:value-of select="Date" /></td>
    </tr>
</xsl:template>
```

第一次匹配时，上下文节点是第 1 个 Stock 元素(Symbol 为 SINA)，因此<xsl:value-of select="Symbol"/>的值就是 SINA。当模板规则第二次被匹配时，上下文节点就是第 2 个 Stock 元素(Symbol 为 SOHU)，因此<xsl:value-of select="Symbol" />的值就是 SOHU。如果在 select 属性中使用 Stock/Symbol 代替 Symbol，那么<xsl:value-of>元素将返回空值，因为在 Stock 节点下并没有 Stock 子节点。

在编写样式表文档时，一定要理解上下文节点。同样的表达式，由于上下文节点的不同，将会产生不同的结果。如果上下文节点是根节点，那么 Stocks/Stock 指的是股票行情 XML 文档中的 3 个 Stock 元素。如果上下文节点是 Stock，那么 Stocks/Stock 在该 XML 文档中就什么都不匹配。

5.3.2 位置路径

位置路径(Location Path)是 XPath 中应用最广泛的一种表达式类型。位置路径相对于上下文节点选择一组节点，它的计算结果是节点集，其中包含了由位置路径所选择的节点。

位置路径有两种类型：相对位置路径和绝对位置路径。

相对位置路径由斜杠(/)分隔的一个或多个定位步骤(Location Step)序列组成，例如：

```
child::Stocks/child::stock[position()=1]
```

这个位置路径由两个定位步骤组成：首先选择上下文节点的子节点 Stocks，然后 child::Stock[position()=1]选择 Stocks 节点下的第一个 Stock 子节点。最后的结果是选择了上下文节点的孙子节点 Stock，该节点是 Stocks 节点(其父节点是上下文节点)的第一个子节点。

绝对位置路径由斜杠(/)和后面可选的相对位置路径组成，其中 / 表示根节点，关于根节点请参见图 5.3。如果/后面跟着相对位置路径，那么这个位置路径的计算一定是相对于根节点的。例如：

```
/descendant::Stock
```

这个绝对位置路径表示选择根节点下所有的后代元素节点 Stock。要注意的是，如果使用了绝对位置路径，上下文节点是没有意义的，因为此时的路径总是从根节点开始计算。

5.3.3 表达式

位置路径是 XPath 表达式的一个子集。表达式不仅可以引用一组节点(位置路径)，还可以返回布尔值、数字或者字符串。

1. 布尔表达式

布尔表达式的值只能是true或false。在XPath中，允许将任何类型的数据转换为布尔值。在布尔表达式中，如果出现不是布尔值的数据，例如，数字、字符串或节点集，将会发生数据类型的转换，就好像调用了XPath的boolean()函数一样。对于数字、字符串或节点集数据将按照下面的规则转换为布尔值：

- 如果数字为0或者NaN(Not a Number，不是一个数字)，则转换为false，否则为true。
- 空字符串转换为false，否则为true。
- 空节点集合转换为false，非空节点集则为true。

在XPath中还定义了and和or操作符。当在属性中使用字面量(literal)字符串时，可以用双引号(")，也可以用单引号(')，如果属性用的是双引号，那么字面量字符串就用单引号。反之，如果属性用的是单引号，那么字面量字符串就用双引号。

在XPath中，还定义了下列的运算符：＝、！＝、＜、＜＝、＞、＞＝。在XPath中，这些运算符都是左结合的。需要注意的是，因为XSLT样式表文档本身也是XML文档，因此在使用＜或＜＝操作符的时候，要遵循XML 1.0规范，使用字符引用或预定义实体引用的方式，写为 <和 <＝的形式。例如Last＜50，在XSLT文档中必须写成Open <50。

2. 数字

XPath中的数字是64位的双精度浮点数，也就是说，即使是整数数值，例如3、47，也是以双精度浮点数的形式保存。XPath的数字包括了特殊的“非数字”(NaN)值、正无穷大和负无穷大、正零和负零。

XPath提供的数值运算符有＋(加)、－(减)、*(乘)、div(除)和mod(整除求余)。在运算过程中，数值运算符会将操作数转换成数字，就好像调用了number()函数一样。如果是字符串，首先去掉其首尾的空格，对于数字字符串，例如“34”转换为数字34，对于其他不能转换成数字的字符串，则转换成NaN。布尔值true转换为1，布尔值false转换为0。节点集合首先转换成字符串，就好像调用了string()函数一样，然后将字符串转换成数字。需要注意的是，在XPath中，/用于分隔定位步骤，因此XPath引入了div作为除法运算符。

3. 字符串

XPath字符串是由0个或多个在XML 1.0推荐标准中定义的字符的序列组成的。XPath的字符串在表达式中使用时，除了使用双引号(")或单引号(')外，还可以使用字符引用或实体引用的方式输入引号，例如：

```
<xsl:template match= "Last"[@currency=&quot;USD&quot;]">
```

XPath提供了非常有用的字符串处理函数。

5.3.4 核心函数库

XPath 定义了一组函数，称为核心函数库。在函数库中的每一个函数都使用一个函数原型，该原型给出返回类型、函数的名称，以及参数的类型。如果参数类型后跟随一个问号，那么该参数是可选的；否则，该参数是必需的。

在 XPath 中，函数被分成如下 4 类：

- 节点集函数。
- 字符串函数。
- 布尔函数。
- 数字函数。

这些函数可以在表达式中使用。上述函数的细节可参考 XPath 规范。

5.4 创建结果树

在转换 XML 文档时，经常需要在结果文档中输出元素、属性、注释和处理指令等。这一节将介绍如何利用 XSLT 中的元素在结果树中创建各种类型的节点。

5.4.1 创建元素和属性

在模板规则的模板中直接书写的元素和属性，只要不属于 XSLT 的命名空间，那么该元素和属性就会被输出到结果树中，作为结果文档的元素和属性。如果在元素上有命名空间，那么在结果树中创建的元素节点也将有命名空间节点的拷贝，除非该命名空间节点的字符串值是 XSLT 命名空间 URI(http://www.w3.org/1999/XSL/Transform)。但有些时候，需要根据源文档的元素和属性内容，甚至通过表达式的计算，来创建结果文档中的元素和属性。使用 XSLT 中的<xsl:element>和<xsl:attribute>元素可以很方便地在结果文档中创建元素和属性。在介绍这两个元素前，先介绍一下属性值模板的应用。

1. 属性值模板

属性值模板在结果文档中创建的属性，其属性值往往需要根据源文档的内容来动态设置。例如：在结果文档中要输出<img src="…">元素，src 属性需要根据源文档的内容动态生成，这可以通过属性值模板来完成。

在一对花括号({})中使用任意的 XPath 表达式，作为元素的属性值，这将被 XSLT 处理器解释为属性值模板。在转换时，表达式计算的结果将被转换为字符串，然后用结果字符串替换一对花括号及其中的表达式。

例如，在源文档中有如下的图片信息：

```
<photo>
    <uri>images/banner.gif</uri>
```

```
        <width>500</width>
        <height>60</height>
    </photo>
```

为了在结果文档中可以显示图片，我们根据源文档的图片信息输出<img>元素，如下所示：

```
<xsl:template match="photo">
    <img src="{uri}" width="{width}" height="{height}" />
</xsl:template>
```

这将在结果文档中创建<img>元素，其中源文档中<photo>元素的<uri>子元素的字符串值作为 src 属性的值，<width>子元素的字符串值作为 width 属性的值，<height>子元素的字符串值作为 height 属性的值。最后的转换结果如下：

```
<img src="images/banner.gif" width="500" height="60"/>
```

又如，<photo>元素中没有给出图片的 URI，只是给出了图片的名字，如下所示：

```
<photo>
    <name>banner</name>
    <width>500</width>
    <height>60</height>
</photo>
```

假设所有的图片都保存在 images 目录下，我们可以编写模板规则如下所示：

```
<xsl:template match="photo">
<img src="images/{name}.gif" width="{width}" height="{height}" />
</xsl:template>
```

在属性值中，除了花括号和其中的表达式外，其他的字符数据都会原样输出，本例的转换结果如下所示：

```
<img src="images/banner.gif" width="500" height="60"/>
```

需要注意的是，属性值模板不能作为 select 或 match 属性的值，不能作为顶层元素的属性值，不能作为引用命名的 XSLT 对象的属性值，另外，也不能作为 xmlns 属性的值。

2. 创建属性

在通常情况下，在模板规则的模板中书写的属性，将会直接输出到结果文档中。如果需要根据源文档的内容动态设置元素的属性，则可以使用 XSLT 的<xsl:attribute>元素来创建属性。

<xsl:attribute>元素的语法形式如下所示：

```
<xsl:attribute name={ qname }
               namespace={ uri-reference }>
    <!--Content: template -->
```

```
</xsl:attribute>
```

name 和 namespace 属性的值可以是属性值模板。其中 name 属性是必需的，用于指定要创建的属性的名字，可选的 namespace 属性用于指定命名空间的 URI。<xsl:attribute>元素的内容是要创建的属性的值。

在使用<xsl:attribute>元素时要注意：如果在<xsl:attribute>元素的内容中包含了换行字符，而输出文档的格式是 XML，那么在结果中将包含换行字符的字符引用
。

3. 创建元素

通常情况下，要在结果文档中输出元素，只需要在模板规则的模板中直接包含元素即可，如果需要根据源文档的内容来创建元素，则可以使用 XSLT 中的<xsl:element>元素，语法如下所示：

```
<xsl:element name={ qname }
             namespace={ uri-reference }
             use-attribute-sets=qnames>
   <!--Content: template -->
</xsl:element>
```

属性 name 和 namespace 的值可以是属性值模板。其中属性 name 是必需的，用于指定创建的元素的名字，可选的属性 namespace 用于指定命名空间的 URI。可选的属性 use-attribute-sets 用于指定使用的属性集的名字。<xsl:element>元素的内容作为要创建的元素的属性或内容。

5.4.2 创建文本

可以使用 XSLT 的<xsl:text>元素在结果文档中输出文本内容。<xsl:text>元素的语法如下所示：

```
<xsl:text disable-output-escaping="yes" | "no">
   <!--Content: #PCDATA -->
</xsl:text>
```

可选的属性 disable-output-escaping 指定是否禁止在输出中对 XML 中的特殊字符（例如<和 &）进行转义。为了确保输出是格式良好的 XML 文档，默认是对特殊字符进行转义，disable-output-escaping 属性的默认值是 no。<xsl:text>元素的内容是要输出的文本内容。通常情况下，不需要使用这个元素，简单地在模板中书写文本内容则更为方便。不过，在某情况下，使用<xsl:text>元素会带来额外的好处。

一种情况是为了用空白字符对输出的数据进行排版，可以使用<xsl:text>元素来完成。因为在<xsl:text>元素内容中的空白字符会原封不动地输出到结果文档中。例如，下面的例子（如例 5.12 所示）按行输出公司的名称。

示例 5.11：text.xsl

```
<?xml version="1.0"?>
<xsl:stylesheet version="1.0"
              xmlns:xsl="http://www.w3.org/1999/XSL/Transform">
  <xsl:template match="/">
      <xsl:apply-templates select="Stocks" />
  </xsl:template>
  <xsl:template match="Stocks">
      <xsl:apply-templates select="Stock" />
  </xsl:template>
  <xsl:template match="Stock">
      <xsl:text>
      </xsl:text>
      <xsl:value-of select="Name" />
  </xsl:template>
</xsl:stylesheet>
```

在示例 5.11 的样式表文档中，<xsl:text>元素开始标签和结束标签之间的所有空白(包括回车换行字符，以及相应的制表符)都会输出到结果文档中，转换后的结果如下所示：

```
Sina Corporation
Sohu.com Inc.
NetEase.com
```

由于在示例 5.11 的样式表文档中，xsl:text 元素的开始标签和结束标签之间有 1 个换行符和 2 个制表符，因此在转换的结果中的每一行的最前面都含有 2 个制表符。

5.4.3 创建处理指令

使用<xsl:processing-instruction>元素在结果文档中输出处理指令。该元素的语法如下所示：

```
<xsl:processing-instruction name={ pi-name }>
  <!--Content: template -->
</xsl:processing-instruction>
```

name 属性是必需的，它的值可以是属性值模板，用于指定处理指令的目标。元素的内容作为处理指令的内容。

下面的模板规则：

```
<xsl:template match="/">
  <xsl:processing-instruction name="xml-stylesheet">
    href="Stocks.css" type="text/css"
```

```
    </xsl:processing-instruction>
    <xsl:apply-templates/>
  </xsl:template>
```

在结果文档中输出一个处理指令，为结果文档关联 Stocks. css 层叠样式表。转换后的结果如下所示：

```
<?xml-stylesheet href="Stocks.css" type="text/css"?>
```

注意，在<xsl:processing-instruction>元素的内容中，不能包含字符串?>，因为这是处理指令的结束标志。如果在元素的内容中包含了字符串?>，将产生一个错误。不过，在具体实现时，XSLT 处理器可以通过在?和>之间插入一个空格，来修正这个错误。当然，在编写样式表时还是应该避免在<xsl:processing-instruction>元素的内容中使用字符串?>，而不要依赖于 XSLT 处理器的行为。

5.4.4 创建注释

使用<xsl:comment>元素可以在结果文档中输出注释。该元素的语法如下所示：

```
<xsl:comment>
   <!--Content: template -->
</xsl:comment>
```

该元素没有属性，元素的内容即为注释的内容，例如：

```
<xsl:comment>The Stocks Info</xsl:comment>
```

转换后将在结果文档中输出如下的注释：

```
<!--The Stocks Info-->
```

注意，在<xsl:comment>元素的内容中，不能包含字符串--，或者内容以-终止，因为这会导致注释提前终止或格式出错。如果在元素的内容中包含了字符串--，或者内容以-终止，将产生一个错误。不过，在具体实现时，XSLT 处理器可以通过在连续的两个连字符(--)之间或者在注释内容的结尾插入一个空格，来修正这个错误。当然，在编写样式表时，还是应该避免在<xsl:comment>元素的内容中使用字符串--，或者内容以-终止，而不要依赖于 XSLT 处理器的行为。

5.5 JAXP 中的 XSLT API

JAXP 中也提供了用于样式表转换的 API。本节将介绍如何使用转换 API 根据指定的样式表信息来转换 XML 文档。

5.5.1 TransformerFactory

与样式表转换相关的 API 在 javax. xml. transform 包及其子包中。转换器工厂类

TransformerFactory 在 javax. xml. transform 包中，用于创建 Transformer 和 Templates 对象。

要得到 TransformerFactory 类的实例，只需调用该类的静态方法 newInstance()。得到转换器工厂类的实例后，就可以调用 newTransformer()方法来得到转换器实例。在 TransformerFactory 类中，定义了两个重载的 newTransformer()方法，如下所示：

- public Transformer newTransformer()

  该方法创建一个新的 Transformer 对象，用于执行从源文档树到结果树的复制(不经过任何的转换，即恒等转换)。
- public Transformer newTransformer(Source source)

  该方法使用指定的 XSLT 文档(由参数 source 指定)创建一个 Transformer 对象，用于将源文档树转换为结果树。

5.5.2 Transformer

Transformer 类的对象用于将源文档树转换为结果树，这主要是由 transform()方法来完成的，该方法如下：

```
public void transform(Source xmlSource,Result outputTarget)
```

该方法将源文档树转换为结果树。参数 xmlSource 指定要转换的 XML 源文档，参数 outputTarget 指定保存转换结果的目标。

注意区分 Transformer 类的 transform()方法的参数 xmlSource 和 TransformerFactory 类的 newTransformer()方法的参数 source，前者指定要转换的 XML 源文档，后者指定用于转换的 XSLT 文档。

Source 和 Result 接口都是在 javax. xml. transform 包中定义的，用于表示输入源和输出结果。实际使用时很少直接用这两个接口，一般都使用它们的实现类。JAXP 在不同的包中，定义了实现这两个接口的类，可以很方便地构造不同类型的输入源和输出结果。这两个接口与其实现类的关系如图 5.7 所示。

关于这些类的详细内容，请参见 API 文档。

在 Transformer 类中，定义了设置、获取和清除顶层参数的方法，如下所示：

- public void setParameter(String name, Object value)

  该方法为此次转换设置顶层参数的值。
- public Object getParameter(String name)

  该方法返回由 setParameter()方法设置的参数的值。
- public void clearParameters()

  该方法清除所有由 setParameter()方法设置的参数。

在 Transformer 类中，还定义了设置和获取转换输出属性的方法，如下所示：

- public void setOutputProperty(String name, String value)
- public void setOutputProperties(Properties oformat)

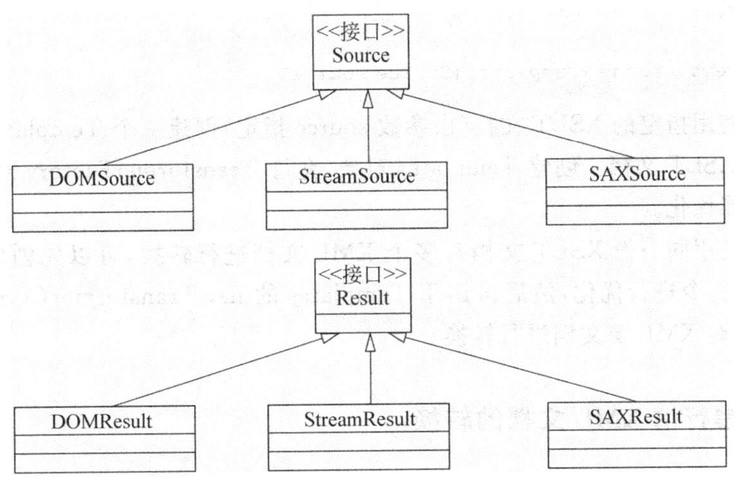

图 5.7 Source 和 Result 接口及其实现类的关系

这两种方法用于设置转换的输出属性。可以通过 setOutputProperty()方法设置单个的属性，也可以先创建一个 Properties 对象，设置好各属性的值，然后调用 setOutputProperties()方法来设置输出属性。设置的属性将覆盖样式表文档中由<xsl:output>元素所设置的输出属性。如果 setOutputProperties()方法的参数为 null，则会清除先前设置的任何属性，输出属性的值将还原为<xsl:output>元素所设置的值。为了方便设置输出属性的值，JAXP 在 javax.xml.transform 包中定义了 OutputKeys 类，这个类定义了 10 个静态的字符串常量，分别对应于<xsl:output>元素的 10 个属性。例如，要指定输出文档的格式为 xml，可以调用如下：

```
transformer.setOutputProperty(OutputKeys.METHOD, "xml");
```

下面两种方法用于获取转换的输出属性：

- public String getOutputProperty(String name)
- public Properties getOutputProperties()

要注意，Transformer 类的对象不是线程安全的，它不能在并发运行的多个线程中使用。创建 Transformer 对象的 TransformerFactory 类的对象可以在不同的线程中同时被使用。

Templates 接口在 javax.xml.transform 包中定义，实现该接口的对象是已处理过的转换指令的运行时表示。Templates 对象是线程安全的，支持并发的多线程操作。Templates 接口定义了两个方法，如下所示：

- Properties getOutputProperties()

  该方法用于获取样式表文档中<xsl:output>元素设置的输出属性。该方法返回的对象是内部值的克隆，因此对返回对象的改变不会影响内部的值。

- Transformer newTransformer()

  该方法为 Templates 对象创建一个新的转换对象。

可以调用 TransformerFactory 类的 newTemplates()方法来创建 Templates 对象，该

方法如下所示：

```
public Templates newTemplates(Source source)
```

该方法使用指定的 XSLT 文档(由参数 source 指定)创建一个 Templates 对象,它代表编译过的 XSLT 文档。创建 Templates 对象,允许 TransformerFactory 对转换指令进行详细的性能优化。

如果要使用同一份 XSLT 文档对多个 XML 文档进行转换,可以先创建 Templates 对象,对转换指令进行优化,然后再调用 Templates 的 newTransformer()方法创建转换器对象,然后对 XML 源文档进行转换。

5.5.3 股票行情 XML 文档的转换

使用 JAXP 中相关的类进行 XSLT 转换的应用程序如示例 5.12 所示。

示例 5.12

```
package chapter_05;
import javax.xml.transform.Transformer;
import javax.xml.transform.TransformerFactory;
import javax.xml.transform.stream.StreamResult;
import javax.xml.transform.stream.StreamSource;
public class TestTransformer {
    public static final String SOURCE_XML_FILE="D:\\Stocks.xml";
    public static final String XSL_FILE="D:\\fifth.xsl";
    public static final String OUT_FILE="D:\\Stocks.out.html";
    public static void main(String[] args){
        TransformerFactory factory=null;
        Transformer transformer=null;
        try {
            factory=TransformerFactory.newInstance();
            transformer=
                factory.newTransformer(new StreamSource(XSL_FILE));
            transformer.transform(new StreamSource(SOURCE_XML_FILE),
                                  new StreamResult(OUT_FILE));
        }
        catch(Exception e){
            System.err.println(e.getMessage());
            e.printStackTrace();
        }
    }
}
```

该程序产生的结果文件内容与使用示例 5.3 产生的结果文件内容完全一致,转换得到的 HTML 文档在浏览器中的显示效果如图 5.6 所示。

5.6 习题

1. XSL 有什么用途？为什么要使用 XSL？它主要由哪几部分组成？
2. XSLT 解析器的作用是什么？列出常见的 XSLT 解析器。
3. 简述 XSLT 的执行过程。
4. XSL 样式表必须有根模板吗？简要说明根模板的格式。
5. 简述 template 和 apply-templates 元素的用途以及二者之间的关系。
6. XPath 有什么作用？
7. 如何建立 XML 文档和 XSLT 的关联？
8. 请为下面的航班 XML 文档编写 XSLT 文档，将其转换为 HTML 格式，以表格的方式来显示数据。

```
<?xml version="1.0" encoding="GBK" ?>
<Airlines xmlns:msdata="urn:schemas-microsoft-com:xml-msdata"
        xmlns:diffgr="urn:schemas-microsoft-com:xml-diffgram-v1">
   <AirlinesTime diffgr:id="AirlinesTime1" msdata:rowOrder="0">
      <Company>中国国际航空股份有限公司</Company>
      <AirlineCode>CA1353</AirlineCode>
      <StartDrome>首都国际机场</StartDrome>
      <ArriveDrome>凤凰国际机场</ArriveDrome>
      <StartTime>07:00</StartTime>
      <ArriveTime>10:55</ArriveTime>
      <Mode>321</Mode>
      <AirlineStop>0</AirlineStop>
      <Week>12346 日</Week>
   </AirlinesTime>
   <AirlinesTime diffgr:id="AirlinesTime2" msdata:rowOrder="1">
      <Company>中国国际航空股份有限公司</Company>
      <AirlineCode>CA1369</AirlineCode>
      <StartDrome>首都国际机场</StartDrome>
      <ArriveDrome>凤凰国际机场</ArriveDrome>
      <StartTime>07:30</StartTime>
      <ArriveTime>11:25</ArriveTime>
      <Mode>JET</Mode>
      <AirlineStop>0</AirlineStop>
      <Week>123456 日</Week>
   </AirlinesTime>
   <AirlinesTime diffgr:id="AirlinesTime3" msdata:rowOrder="2">
      <Company>中国联合航空有限公司</Company>
      <AirlineCode>KN2277</AirlineCode>
```

```
        <StartDrome>南苑机场</StartDrome>
        <ArriveDrome>凤凰国际机场</ArriveDrome>
        <StartTime>08:00</StartTime>
        <ArriveTime>11:40</ArriveTime>
        <Mode>738</Mode>
        <AirlineStop>0</AirlineStop>
        <Week>123456 日</Week>
    </AirlinesTime>
</Airlines>
```

第 6 章 XML 的解析：DOM

XML 文件可以作为应用程序的数据来源，因此，从 XML 文件中提取所需要的数据就变得十分关键。另一方面，有些时候也需要把数据写到 XML 文件中，而这些操作也需要借助 XML 解析器来进行。XML 解析器是 XML 和应用程序之间的一个中介程序，其目的是为应用程序从 XML 文件中解析出所需要的数据。XML 解析器有两种类型：基于 DOM 的解析器和基于 SAX 的解析器。在前几章的示例程序中，曾多次用到了 DOM 解析器，本章就将详细地介绍基于 DOM 的解析器。

基于 DOM 的解析器称为 DOM 解析器。DOM 解析器解析 XML 文件的最大特点是把整个 XML 文件加载到内存中，在内存中形成一个与 XML 文件树状结构相对应的节点树，然后再依据节点的父子关系来访问数据。通过 DOM 解析器处理 XML 文件的速度较快，但也比较消耗系统的资源（主要是内存），比较适合结构复杂但内存占用量相对较小的 XML 文件。

6.1 DOM 简介

DOM 是文档对象模型（Document Object Model）的缩写，和 XML 一样，它也是 W3C 制定的一套规范。根据 DOM 规范（http://www. w3. org/DOM/），DOM 是一种与浏览器、平台、编程语言无关的接口。各种编程语言可以按照 DOM 规范去实现这些接口，并给出解析文件的解析器实现。DOM 规范中所指的文件相当广泛，其中包括了 XML 文件和 HTML 文件。

W3C 在 1998 年 8 月通过了 DOM 的第一个版本（Level 1），Level 1 包括了对 XML 1.0 和 HTML 的支持，每种 HTML 元素可以被表示为一个接口。Level 1 还包括了用于添加、编辑、移动和读取节点中包含的信息的方法等，但是，它没有包括对 XML 命名空间的支持。

2000 年 3 月，W3C 公布了 DOM 的第二个版本（Level 2），Level 2 包括了更广泛的 W3C 推荐技术，比如级联样式单（CSS）和 XML 命名空间。

本章使用的是 DOM 的第三个版本（Level 3），Level 3 包括了对创建 Document 对象的更好支持和增强的命名空间支持，以及用于处理文档加载、保存、验证、XPath 等的新模块。

本章主要介绍 DOM 解析器，该解析器是支持 Level 3 规范的解析器。在认识 DOM 解析器之前，首先要区分 DOM 解析器和另外两种解析器（JDOM 和 DOM4J）。

其中，DOM 是用与平台和编程语言无关的方式表示 XML 文档的官方 W3C 标准，而 JDOM 是 Java 特定文档模型，它简化了与 XML 的交互，并且其解析速度比 DOM 更快。

JDOM 与 DOM 主要有两方面不同，第一，JDOM 仅使用具体类而不使用接口，这在某些方面简化了 API，但是也限制了它的灵活性；第二，API 大量使用了 Java Collections 类，这更加方便了那些熟悉这些类的 Java 开发者的使用。JDOM 自身不包含解析器，它通常使用 SAX2 解析器来解析和验证输入的 XML 文档。另一种解析器 DOM4J 最初是 JDOM 的一种智能分支，它合并了许多超出基本 XML 文档表示的功能，包括继承的 XPath 支持、XML Schema 的支持以及用于大文档或文档流的基于事件的处理；它还提供了构建文档表示的选项，通过 DOM4J API 和标准 DOM 接口它还具有并行访问功能。DOM4J 大量使用了 Java API 中的 Collections 类，虽然为此 DOM4J 付出了更复杂的 API 的代价，但是它具有了比 JDOM 大得多的灵活性。

6.2 使用 DOM 解析器

JDK 1.6 中包含了 DOM 解析器解析 XML 文件所需要的 API(Java API For XML parsing, JAXP)，JAXP 实现了 DOM 规范的 Java 语言绑定。在 JAXP 中，DOM 解析器是一个 DocumentBuilder 类的实例，下面介绍一下如何创建一个 DOM 解析器，主要步骤包括：

(1) 创建一个解析工厂，利用这个工厂来获得一个具体的解析器对象，其代码如下：

```
DocumentBuilderFactory factory=null;
factory=DocumentBuilderFactory.newInstance();
```

使用 DocumentBuilderFactory 的目的是创建与具体解析器无关的程序，当 Document BuilderFactory 类的静态方法 newInstance()被调用时，解析工厂将根据系统变量的值来决定具体使用哪一种解析器。

(2) 通过 factory 对象调用它的静态方法 newDocumentBuilder()以获得一个 DocumentBuilder 对象，这个对象就是 DOM 解析器，代码如下：

```
DocumentBuilder builder=null;
builder=factory.newDocumentBuilder();
```

DocumentBuilderFactory 类和 DocumentBuilder 类都包含在 javax. xml. parsers 包中。当获得了一个 DocumentBuilder 类的对象(DOM 解析器)之后，就可以调用该对象的 public Document parse(File file)方法来解析文件。解析的内容以对象的形式返回，该对象是实现了 Document 接口的一个实例，称为 Document 实例对象，代码如下：

```
Document document=null;
document=builder.parse(new File(XML_FILE_PATH));
```

Document 接口在 org. w3c. dom 包中。如果想让创建的 DOM 解析器支持命名空间，则需要调用 factory 对象的 setNamespaceAware(boolean b)方法，代码如下：

```
factory.setNamespaceAware(true);
```

如果想要通过解析器检验XML文档是否符合相应的DTD定义，则需要调用factory对象的setValidation(boolean b)方法，代码如下：

```
factory.setValidation(true);
```

获得的Document实例对象以树状结构对应XML文件的各个标签，应用程序只需要分析内存中的Document对象就可以获得XML文件中的数据。

builder对象除了可以调用public Document parse(File file)方法进行解析文件外，还可以调用如下两个方法进行解析文件：

```
public Document parse(InputStream in);
public Document parse(String uri);
```

其中public Document parse(Filer file)方法可以接收一个可被解析的参数指定的XML文件，代码如下：

```
File xmlFile=new File("D:\\01.xml");
Document document=builder.parse(xmlFile);
```

而public Document parse(InputStream in)方法可以接受可被解析的XML文件输入流，代码如下：

```
FileInputStream in=new FileInputStream("D:\\01.xml");
Document document=builder.parse(in);
```

public Document parse(String URI)方法可以接受一个由URI参数指定了一个有效资源，代码如下：

```
String uri="D:\\01.xml";
Document document=builder.parse(uri);
```

6.3 DOM接口

6.3.1 Node接口

Node接口定义了一些基本的方法和属性，利用这些方法可以实现对XML文档的遍历，同时，通过属性还可以获得节点名称或节点类型等信息。DOM规范中很多接口都是从Node接口继承而来的，如Document、Element、Attr、CDATASection、Entity等。在DOM规范中，可以把XML文件的每一个标签、属性、注释、文本内容等都视为节点。一个Node对象代表了某种类型的节点，这些节点都是从Node继承而来的，Node接口定义了所有类型的节点都具有的属性和方法。

在DOM规范中，不同类型的节点采用不同的整数加以区分。为了保证在未来能够对节点类型进行扩充，W3C保留了1～200之间的整数，以作为不同节点类型的定义值，具体对应关系如表6.1所示。

表 6.1　XML 的节点类型

节点类型	对应的整数	表示常量
标签(元素)节点,Element	1	ELEMENT_NODE
属性节点,Attr	2	ATTRIBUTE_NODE
文本节点,Text	3	TEXT_NODE
CDATA 节点,CDATASection	4	CDATA_SECTION_NODE
实体引用节点,EntityReference	5	ENTITY_REFERENCE_NODE
实体节点,Entity	6	ENTITY_NODE
处理指令节点,ProcessingInstruction	7	PROCESSING_INSTRUCTION_NODE
Comment 节点	8	COMMENT_NODE
Document 节点	9	DOCUMENT_NODE
文档类型节点,DocumentType	10	DOCUMENT_TYPE_NODE
文档片段节点,DocumentFragment	11	DOCUMENT_FRAGMENT_NODE
Notation 节点	12	NOTATION_NODE

常用节点的父子关系如图 6.1 所示。

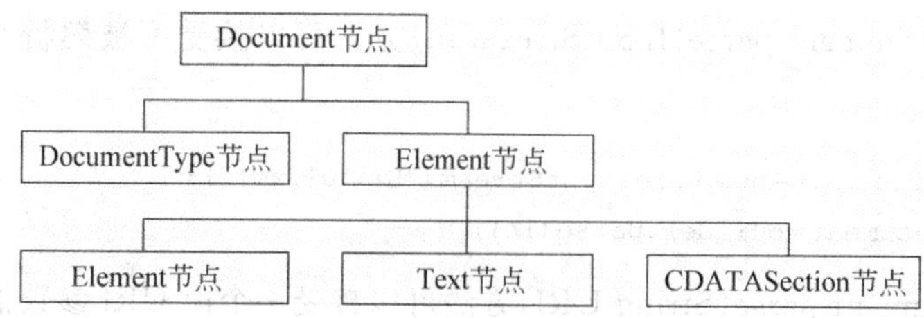

图 6.1　常用节点的父子关系

节点的类型可以通过下列方法来获取：

```
short getNodeType()
```

Node 接口中包含的常用方法如表 6.2 所示。

表 6.2　Node 接口中包含的方法

方　法	返回类型	功　能
getNodeName()	String	获取当前节点的名称
getNodeValue()	String	获取当前节点的值
setNodeValue(String)	void	设置当前节点的值
getNodeType()	short	获取当前节点的类型,参见表 6.1
getChildNodes()	NodeList	获取当前节点的所有子节点,返回 NodeList 对象
getFirstChild()	Node	获取当前节点的第一个子节点
getLastChild()	Node	获取当前节点的最后一个子节点
getPreviousSibling()	Node	获取当前节点的前一个兄弟节点

续表

方　法	返回类型	功　能
getNextSibling()	Node	获取当前节点的后一个兄弟节点
getParentNode()	Node	获取当前节点的父节点
getAttributes()	NamedNodeMap	获取当前节点的所有属性,返回 NamedNodeMap 对象
appendChild(Node)	Node	在当前节点的所有子节点之后添加参数指定的新节点
hasChildNodes()	boolean	判断当前节点是否有子节点
insertBefore(Node, Node)	Node	把参数2指定的节点插入到当前节点的子节点(参数1)之前
removeChild(Node)	Node	从当前节点的子节点中删除参数指定的节点
replaceChild(Node, Node)	Node	使用参数2指定的节点替换当前节点的子节点(参数1)
getNamespaceURI()	String	获取命名空间的 URI
hasAttributes()	boolean	判断当前节点是否有属性
getTextContent()	String	获取当前节点的文本内容
isSameNode(Node)	boolean	判断当前节点与参数指定的节点是否是同一个节点
isEqualNode(Node)	boolean	判断当前节点与参数指定的节点是否相等

6.3.2 NodeList 接口

NodeList 接口提供了对节点集合的抽象定义,用于表示有顺序的一组节点。NodeList 中的每一个节点都可以通过索引来访问,索引值0表示集合中的第一个节点。Node 接口的 getChildNodes()方法,其返回类型即为 NodeList。NodeList 接口有两个常用的方法,如表6.3所示。

表6.3　NodeList 接口常用的方法

方　法	返回类型	功　能
getLength()	int	返回 NodeList 集合中节点的个数
item(int)	Node	返回 NodeList 集合中参数指定的节点

6.3.3 NamedNodeMap 接口

NamedNodeMap 接口代表一个无序的节点列表。对于在 NamedNodeMap 中的节点,可以通过其名称进行访问。当对一个元素使用 attribute 属性时,将得到一个 NamedNodeMap 对象。NamedNodeMap 对象将会不断地进行自我更新。如果节点列表或 XML 文档中的一个元素被添加或删除,那么列表将自动更新。NamedNodeMap 对象中的 getNamedItem()方法可以用于获取一个指定名称的节点。NamedNodeMap 接口常用的方法如表 6.4 所示。

表 6.4 NamedNodeMap 接口常用的方法

方　法	返回类型	功　能
getLength()	int	返回 NamedNodeMap 中节点的个数
item(int)	Node	返回 NamedNodeMap 中的参数为下标的属性
getNamedItem(String)	Node	获得指定名称的节点
removeNamedItem(String)	Node	删除指定名称的节点
getNamedItemNS(String, String)	Node	获取第一个参数指定的命名空间、第二个参数指定的界面名称的节点
setNamedItemNS(String, String)	Node	覆盖指定命名空间和指定名称的节点，如果该节点不存在，就添加一个新节点

6.4 节点类型

如前所述，DOM 解析器的 parse 方法将整个被解析的 XML 文件封装成一个 Document 节点返回，如图 6.1 所示，应用程序可以从该节点的子孙节点中获取整个 XML 文件中数据的细节。Document 节点的各个子节点具有不同的节点类型，当然也包括 Document 节点自身，本节对 DOM 中各种类型的节点进行介绍。

6.4.1 Document 节点

Document 节点代表了整个 XML 文件，XML 文件的所有内容都被封装在一个 Document 节点中。Document 对象提供了对文档中的数据进行访问的入口，应用程序可以从该节点的子孙节点中获得整个 XML 文件的数据。

Document 类型节点的两个子节点的类型分别是 DocumentType 和 Element。DocumentType 类型节点对于 XML 文件所关联的 DTD 文件，通过 DocumentType 节点的子孙关系可以分析并获得 XML 文件所关联的 DTD 文件中的数据。Element 类型节点对应 XML 文件的标签(元素)节点，通过 Element 节点的子孙关系可以获得 XML 文件中的数据，Document 节点常用的方法如表 6.5 所示。

表 6.5 Document 节点常用的方法

方　法	返回类型	功　能
getDocumentElement()	Element	返回当前节点的 Element 子节点，即文档根元素
getDoctype()	DocumentType	返回当前节点的 DocumentType 子节点
getElementsByTagname(String)	NodeList	返回一个 NodeList 对象，该对象由参数指定的节点的 Element 类型子孙节点组成

续表

方　　法	返回类型	功　　能
getElementsByTagNameNS(String, String)	NodeList	返回一个 NodeList 对象，该对象由参数 2 指定的节点的 Element 类型子孙节点组成，该节点的命名空间由参数 1 指定
getElementById(String)	Element	返回一个 Element 对象，该对象具有参数指定的 ID 值的节点的 Element 类型的子孙节点组成
getXmlEncoding()	String	返回 XML 文件使用的编码
getInputEncoding()	String	返回解析时所使用的编码
getXmlStandalone()	boolean	返回 XML 文件声明中的 standalone 属性的值
getXmlVersion()	String	返回 XML 文件声明中的 version 属性的值
setDocumentURI(String)	void	设置 DocumentURI
setXmlVersion(String)	void	设置 XML 的版本
createElement(String)	Element	创建一个 Element 节点，节点名称由参数指定
createAttribute(String)	Attr	创建一个 Attr 节点，节点名称由参数指定，然后调用 setAttributeNode()方法来设置其属性
createCDATASection(String)	CDATASection	创建一个 CDATASection 节点
createTextNode(String)	Text	创建一个具有指定内容的文本节点

下面通过一个具体的示例程序 6.1 来说明 Document 节点的部分用法。

示例 6.1：TestDocument.java

```
package chapter_06;
import javax.xml.parsers.DocumentBuilder;
import javax.xml.parsers.DocumentBuilderFactory;
import org.w3c.dom.Document;
import org.w3c.dom.Element;
import org.w3c.dom.Node;
import org.w3c.dom.NodeList;
public class TestDocument {
    public static final String XML_FILE="C:\\_XML_Book\\stocks.xml";
    public static void main(String[] args){
        DocumentBuilderFactory factory=null;
        DocumentBuilder builder=null;
        Document document=null;
        Element root=null;
        String version=null;
        String encoding=null;
        boolean isStandalone=false;
        NodeList stocks=null;
        Node node=null;
```

```
        try {
            factory=DocumentBuilderFactory.newInstance();
            builder=factory.newDocumentBuilder();
            document=builder.parse(XML_FILE);
            version=document.getXmlVersion();
            encoding=document.getXmlEncoding();
            isStandalone=document.getXmlStandalone();
            root=document.getDocumentElement();
            System.out.println("该文件的版本为 " +version);
            System.out.println("该文件的编码为 " +encoding);
            System.out.println("该文件的是否独立为 " +isStandalone);
            System.out.println("文档根元素为 " +root.getNodeName());
            stocks=root.getElementsByTagName("Stock");
            for(int i=0; i <=stocks.getLength()-1; i++){
                node=stocks.item(i);
                NodeList list=node.getChildNodes();
                System.out.println("Stock " + (i+1)+":");
                for(int j=0; j <=list.getLength()-1; j++){
                    if(list.item(j).getNodeType()==Node.TEXT_NODE)
                        continue;
                    System.out.print("\t"+list.item(j).getNodeName()+":"+
                    list.item(j).getTextContent());
                }
            }
        }
        catch(Exception e){
            System.err.println(e);
            e.printStackTrace();
        }
    }
}
```

该程序运行的结果如图 6.2 所示。

6.4.2 Element 节点

Element 节点是 Document 节点的最重要的子节点，因为被解析的 XML 文件的标签（即元素）对应着这种类型的节点。表示 Element 节点的常量为 Node.ELEMENT_NODE。一个节点使用

```
short getNodeType()
```

方法返回的值等于 Node.ELEMENT_NODE，那么该节点就是 Element 节点。

Element 节点常用的方法如表 6.6 所示。

```
<terminated> TestDocument [Java Application] C:\Program Files\Java\jdk1.6\bin\javaw.exe (2012-2-1 下午02:59:56)
该文件的版本为 1.0
该文件的编码为 GBK
该文件的是否独立为 true
该文件的文档根元素为 Stocks

Stock 1:
        Symbol:SINA       Last:59.92
        Date:1/13/2012    Time:4:00pm       Change:-0.20
        Open:59.16        High:60.95        Low:58.41
        Volume:3991991    PreviousClose:60.12       AnnRange:46.86 - 147.12
        Name:Sina Corporation
Stock 2:
        Symbol:SOHU       Last:55.93
        Date:1/13/2012    Time:4:00pm       Change:+1.39
        Open:53.91        High:56.02        Low:53.28
        Volume:1421358    PreviousClose:54.54       AnnRange:45.40 - 109.37
        Name:Sohu.com Inc.
Stock 3:
        Symbol:NTES       Last:44.86
        Date:1/13/2012    Time:4:00pm       Change:+0.24
        Open:44.53        High:44.99        Low:44.25
        Volume:422740     PreviousClose:44.62       AnnRange:35.74 - 55.00
        Name:NetEase.com
```

图 6.2 Document 示例程序运行结果

表 6.6 Element 节点常用的方法

方　　法	返回类型	功　　能
getTagName()	String	获取 Element 节点的标签名称
getAttribute(String)	String	获取 Element 节点的参数指定的属性名称的属性值
setAttribute(String, String)	void	使用参数 2，设置 Element 节点中参数 1 指定的属性名称的属性值
removeAttribute(String)	void	删除 Element 节点中参数指定的属性名称的属性
getAttributeNode(String)	Attr	获取 Element 节点中参数指定的属性名称的 Attr 节点
setAttributeNode(Attr)	Attr	使用参数设置 Element 节点中的属性
removeAttributeNode(Attr)	Attr	删除 Element 节点中参数指定的属性
getElementsByTagName(String)	NodeList	获取 Element 节点中参数指定的标签名称的 Element 集合
getAttributeNS(String, String)	String	获取参数 1 指定的命名空间、参数 2 指定的属性名称的属性值
setAttributeNS(String, String, String)	void	使用参数 3 设置参数 1 指定的命名空间、参数 2 指定的属性名称的属性值
removeAttributeNS(String, String)	void	删除参数 1 指定的命名空间、参数 2 指定的属性名称的属性

续表

方　　法	返回类型	功　　能
getAttributeNodeNS(String, String)	Attr	返回参数 1 指定的命名空间、参数 2 指定的属性名称的 Attr 节点
setAttributeNodeNS(Attr)	Attr	使用参数设置 Element 节点中的参数
getElementsByTagNameNS(String,String)	NodeList	获取 Element 节点中参数 1 指定的命名空间、参数 2 指定的标签名称的 Element 集合
hasAttribute(String)	boolean	判断当前 Element 节点是否具有参数指定的属性
hasAttributeNS(String, String)	boolean	判断当前 Element 节点是否具有参数 1 指定的命名空间、参数 2 指定的属性名称的属性

下面通过一个具体的示例程序 6.2 来说明 Element 节点的部分用法。

示例 6.2：TestElement.java

```
package chapter_06;
import javax.xml.parsers.DocumentBuilder;
import javax.xml.parsers.DocumentBuilderFactory;
import org.w3c.dom.Document;
import org.w3c.dom.Element;
import org.w3c.dom.Node;
import org.w3c.dom.NodeList;
public class TestElement {
    public static final String XML_FILE="D:\\_XML_Book\\stocks.xml";
    public static void main(String[] args){
        DocumentBuilderFactory factory=null;
        DocumentBuilder builder=null;
        Document document=null;
        Element root=null;
        NodeList stocks=null;
        Node node=null;
        Element element=null;
        try {
            factory=DocumentBuilderFactory.newInstance();
            builder=factory.newDocumentBuilder();
            document=builder.parse(XML_FILE);
            root=document.getDocumentElement();
            stocks=root.getElementsByTagName("Stock");
            for(int i=0;i <=stocks.getLength()-1;i++){
                node=stocks.item(i);
                NodeList list=node.getChildNodes();
                System.out.println("\nStock " + (i+1)+":");
                for(int j=0;j<=list.getLength()-1;j++){
                    node=list.item(j);
                    if(node.getNodeType()==Node.ELEMENT_NODE){
```

```
                        element= (Element)node;
                        System.out.print("\t" +element.getTagName()+":"+
                        element.getTextContent());
                        if(j%3 ==0)System.out.println();
                    }
                }
            }
        }
        catch(Exception e){
            System.err.println(e);
        }
    }
}
```

上述示例程序中，判断 node 类型的代码

```
if(node.getNodeType()==Node.ELEMENT_NODE){
```

也可以写成如下形式：

```
if(node instanceof Element){
```

代码

```
element= (Element)node;
```

的目的是进行下溯造型，因为接口 Element 是接口 Node 的子接口。在进行下溯造型之前，需要进行类型的判断。判断时，既可以通过 node 的 getNodeType()方法的返回值，也可以通过 Java 语言用于类型判断的关键字 instanceof。示例程序 6.2 的运行结果如图 6.3 所示。

```
Stock 1:
        Symbol:SINA      Last:59.92
        Date:1/13/2012   Time:4:00pm      Change:-0.20
        Open:59.16       High:60.95       Low:58.41
        Volume:3991991   PreviousClose:60.12      AnnRange:46.86 - 147.12
        Name:Sina Corporation
Stock 2:
        Symbol:SOHU      Last:55.93
        Date:1/13/2012   Time:4:00pm      Change:+1.39
        Open:53.91       High:56.02       Low:53.28
        Volume:1421358   PreviousClose:54.54      AnnRange:45.40 - 109.37
        Name:Sohu.com Inc.
Stock 3:
        Symbol:NTES      Last:44.86
        Date:1/13/2012   Time:4:00pm      Change:+0.24
        Open:44.53       High:44.99       Low:44.25
        Volume:422740    PreviousClose:44.62      AnnRange:35.74 - 55.00
        Name:NetEase.com
```

图 6.3 Element 示例程序运行结果

6.4.3 Text 节点

我们已经知道,格式良好的 XML 文件的非空标签可以包含子标签和文本内容。在 DOM 规范中,解析器使用 Element 节点封装标签,使用 Text 节点封装标签的文本内容,即 Element 节点可以有 Element 子节点和 Text 节点。例如,对于示例 6.3,

示例 6.3:Stock.xml

```
<?xml version="1.0" ?>
<Stock><Symbol>SINA</Symbol><Last>59.92</Last><Date>1/13/2012</Date>
<Time>4:00pm</Time></Stock>
```

其树状结构如图 6.4 所示。

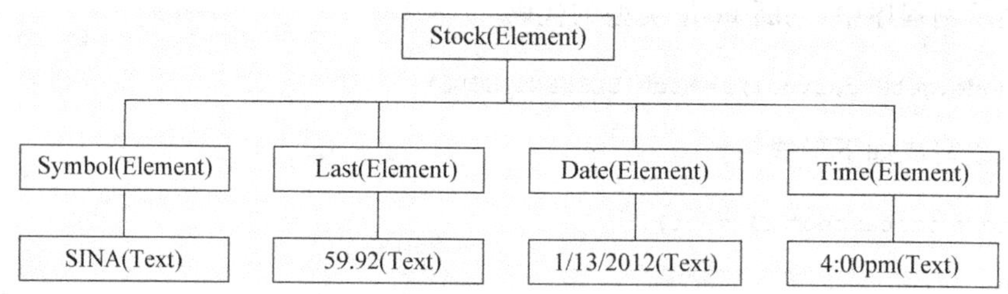

图 6.4 示例 6.3 的 XML 文档树状结构示意图

可以看出,Stock 标签对应的 Element 节点共有 4 个直接子节点,这 4 个直接子节点又各自有一个 Text 类型的直接子节点,因此 Stock 标签对应的 Element 节点共有 8 个子节点(包括直接子节点和间接子节点)。

需要注意的是,示例 6.3 中的 XML 文档从文档根元素 Stock 开始,没有包含用于美观的空白,包括换行和制表符,此时该 XML 文档的树状结构如图 6.4 所示。如果包含了这些空白字符,那么该 XML 文档的树状结构中就会包含这些空白字符,这些空白字符和 Symbol 等 4 个 Element 一样,是文档根元素 Stock 的直接子节点,具体内容请参见本章后续内容“处理空白”。

表示 Text 节点类型的常量是 Node.TEXT_NODE。对一个节点调用其 short getNodeType()方法如果其返回值为 Node.TEXT_NODE,那么该节点就是 Text 节点。对于 Text 节点,调用其 String getNodeName()方法返回值为“#text”。示例 6.4 为处理示例 6.3 中 XML 文档的 Java 程序,其中展示了 Text 节点的部分方法。

示例 6.4:TestText.java

```
package chapter_06;
import javax.xml.parsers.DocumentBuilder;
import javax.xml.parsers.DocumentBuilderFactory;
import org.w3c.dom.Document;
import org.w3c.dom.Element;
import org.w3c.dom.Node;
```

```
import org.w3c.dom.NodeList;
import org.w3c.dom.Text;
public class TestText {
    public static final String XML_FILE="D:\\_XML_Book\\Stock.xml";
    public static void main(String[] args){
        DocumentBuilderFactory factory=null;
        DocumentBuilder builder=null;
        Document document=null;
        Element stock=null;
        NodeList items=null;
        Node node=null;
        Element element=null;
        Text text=null;
        NodeList list=null;
        try{
            factory=DocumentBuilderFactory.newInstance();
            builder=factory.newDocumentBuilder();
            document=builder.parse(XML_FILE);
            //代表文档根元素 Stock
            stock=document.getDocumentElement();
            items=stock.getChildNodes();
            System.out.printf("\nElement Stock 共有%d 个子节点",items.getLength());
            for(int i=0; i <=items.getLength()-1; i++){
                node=items.item(i);
                System.out.printf("\n 第%d 个直接子节点,",(i+1));
                if(node.getNodeType()==Node.ELEMENT_NODE){
                    element=(Element)node;
                    System.out.printf(" Element 节点,标签名称为%s,\t",
                        element.getTagName());
                    list=element.getChildNodes();
                    for(int j=0; j <=list.getLength()-1; j++){
                        if(list.item(j).getNodeType()==Node.TEXT_NODE){
                            text=(Text)list.item(j);
                            System.out.printf("包含的文本内容为%s",
                                    text.getWholeText());
                        }
                    }
                }
                else if(node.getNodeType()==Node.TEXT_NODE){
                    text=(Text)node;
                    System.out.printf("Text 节点,长度为%d,内容为%s",
                                    text.getTextContent().length(),
                                    text.getTextContent());
                }
```

```
                }
            }
            catch(Exception e){
                System.err.println(e);
            }
        }
    }
```

其运行结果如图 6.5 所示。

```
<terminated> TestText [Java Application] C:\Program Files\Java\jdk1.6\bin\javaw.exe (2012-2-2 上午09:01:14)

Element Stock 共有 4 个子节点
第 1 个直接子节点， Element节点，标签名称为 Symbol，  包含的文本内容为 SINA
第 2 个直接子节点， Element节点，标签名称为 Last，    包含的文本内容为 59.92
第 3 个直接子节点， Element节点，标签名称为 Date，    包含的文本内容为 1/13/2012
第 4 个直接子节点， Element节点，标签名称为 Time，    包含的文本内容为 4:00pm
```

图 6.5　TestText 程序运行结果

对于应用程序而言，Text 节点是比较重要的节点，因为 Text 节点中封装着 XML 标签中的文本数据，这也是应用程序通过 XML 解析器需要获取的主要内容。

6.4.4　CDATASection 节点

在 XML 文件中，标签内容中的文本数据不能含有<、>、&、'、"这些特殊字符，如果想使用这些字符，方法之一是使用实体引用，如果需要许多这样的字符，文本数据中就会出现很多实体引用，导致文本数据的可读性较差。使用 CDATA 段可以解决这一问题，关于 CDATA 的详细内容请参考第 2 章。CDATA 段使用“<![CDATA[”作为段的开始，使用“]]>”作为段的结束，段开始和段结束之间称为 CDATA 段的内容，XML 解析器对 CDATA 段的内存不进行任何分析处理，因此，CDATA 段中的内容可以包含任意的字符。

在 DOM 规范中，解析器使用 CDATASection 节点封装 CDATA 段，CDATASection 节点可以是 Element 节点的子节点。接口 CDATASection 从接口 Text 继承而来，没有增加任何成员变量和方法。

示例 6.5 展示了如何在 XML 文档中包含 CDATA 段。

示例 6.5：CDATA.xml

```
<?xml version="1.0" ?>
<description>对 HTML 中的常用标签进行简单介绍<![CDATA[<br>标签的作用是换行]]>下
面说一下如何设置标题<![CDATA[使用<title>标签即可设置页面的标题]]></description>
```

示例 6.6 为处理示例 6.5 中 XML 文档的应用程序，其中展示了 CDATASection 节点的部分方法，运行结果如图 6.6 所示。

```
<terminated> TestCDATASection [Java Application] C:\Program Files\Java\jdk1.6\bin\javaw.exe (2012-2-2 上午10:17:39)

Element description 共有 4 个子节点
子节点 1: 类型为 #text             , 内容为:           对HTML中的常用标签进行简单介绍
子节点 2: 类型为 #cdata-section, 内容为:           <br>标签的作用是换行
子节点 3: 类型为 #text             , 内容为:           下面说一下如何设置标题
子节点 4: 类型为 #cdata-section, 内容为:           使用<title>标签即可设置页面的标题
```

图 6.6　CDATASection 示例程序运行结果

示例 6.6：TestCDATASection.java

```
package chapter_06;
import javax.xml.parsers.DocumentBuilder;
import javax.xml.parsers.DocumentBuilderFactory;
import org.w3c.dom.CDATASection;
import org.w3c.dom.Document;
import org.w3c.dom.Element;
import org.w3c.dom.Node;
import org.w3c.dom.NodeList;
import org.w3c.dom.Text;
public class TestCDATASection {
    public static final String XML_FILE="D:\\_XML_Book\\CDATA.xml";
    public static void main(String[] args){
        DocumentBuilderFactory factory=null;
        DocumentBuilder builder=null;
        Document document=null;
        Element description=null;
        NodeList items=null;
        Node node=null;
        Text text=null;
        CDATASection cdata=null;
        try {
            factory=DocumentBuilderFactory.newInstance();
            builder=factory.newDocumentBuilder();
            document=builder.parse(XML_FILE);
            //代表文档根元素 description
            description=document.getDocumentElement();
            items=description.getChildNodes();
            System.out.printf("\nElement description 共有%d 个子节点",
                              items.getLength());
            for(int i=0; i <=items.getLength()-1; i++){
                node=items.item(i);
                System.out.printf("\n 子节点%d: ",(i +1));
```

```
                if(node.getNodeType()==Node.CDATA_SECTION_NODE){
                cdata=(CDATASection)node;
                System.out.printf("类型为%-14s,内容为: \t%s",cdata.getNodeName(),
                                  cdata.getTextContent());
                }
                else if(node.getNodeType()==Node.TEXT_NODE){
                    text=(Text)node;
                    System.out.printf("类型为%-14s,内容为: \t% s",
                        text.getNodeName(),text.getTextContent());
                }
            }
        }
        catch(Exception e){
            System.err.println(e);
        }
    }
}
```

通过图 6.6 可以看出,示例 6.5 中的 XML 文件的文档根元素 description,共有 4 个子节点,第 1、3 个子节点为 Text 节点,第 2、4 个子节点为 CDATASection 节点,其在内存中形成的树状结构如图 6.7 所示。在理解 DOM 规范时,非常重要的一点就是搞清楚特定的 XML 文档所形成的树状结构。

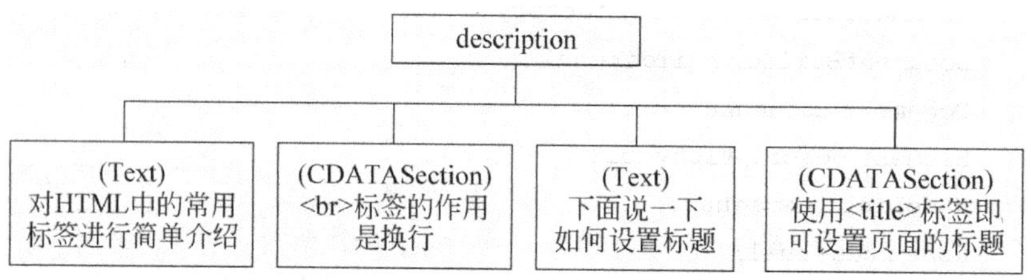

图 6.7 示例 6.5 中的 XML 文件形成的树状结构

6.4.5 Attr 节点

在 XML 文件中,属性并不是标签的子标签,因此,在 DOM 规范中,Attr 节点也不是 Element 节点的子节点。如果想获取 XML 文件中标签的属性,可以通过属性所属的 Element 节点的方法

```
NamedNodeMap getAttributes()
```

来获取该 Element 节点的所有属性。该方法返回的 NamedNodeMap 对象是一个 Node 的集合,可以把该集合中的元素造型为 Attr 节点类型。Attr 接口继承自 Node 接口,其常用方法如表 6.7 所示。

表 6.7 Attr 节点常用的方法

方　法	返回类型	功　能
getName()	String	获取属性的名称
getSpecified()	boolean	判断该属性是否明确指定了值(属性可以取默认值而不明确指定)
getValue()	String	获取属性的值
setValue(String)	void	使用参数来设置属性的值
getOwnerElement()	Element	获取该属性所属的 Element 节点
getSchemaTypeInfo()	TypeInfo	获取 Schema 类型信息
isId()	boolean	判断该属性是否是 Id 类型的属性,属性的值类型请见第 3 章

包含属性的 XML 文档如示例 6.7 所示。

示例 6.7：Stock_attributes.xml

```
<?xml version="1.0" encoding="GBK" standalone="yes" ?>
<Stock Symbol='SINA' Last='59.92' Date='1/13/2012' Time='4:00pm'
    Change='-0.20' Open='59.16' High='60.95' Low='58.41'
    Volume='3991991' PreviousClose='60.12' AnnRange='46.86-147.12'
    Name='Sina Corporation'>
</Stock>
```

处理示例 6.7 中 XML 文档的应用程序如示例 6.8 所示,其中展示了 Attr 节点的部分方法,其运行结果如图 6.8 所示。

```
<terminated> TestAttr [Java Application] C:\Program Files\Java\jdk1.6\bin\javaw.exe (2012-2-2 上午10:57:44)

属性名称AnnRange       , 属性值为: 46.86 - 147.12
属性名称Change         , 属性值为: -0.20
属性名称Date           , 属性值为: 1/13/2012
属性名称High           , 属性值为: 60.95
属性名称Last           , 属性值为: 59.92
属性名称Low            , 属性值为: 58.41
属性名称Name           , 属性值为: Sina Corporation
属性名称Open           , 属性值为: 59.16
属性名称PreviousClose  , 属性值为: 60.12
属性名称Symbol         , 属性值为: SINA
属性名称Time           , 属性值为: 4:00pm
属性名称Volume         , 属性值为: 3991991

当前价格为59.92
```

图 6.8　Attr 示例程序运行结果

示例 6.8：TestAttr.java

```
package chapter_06;
import javax.xml.parsers.DocumentBuilder;
import javax.xml.parsers.DocumentBuilderFactory;
import org.w3c.dom.Attr;
import org.w3c.dom.Document;
```

```
import org.w3c.dom.Element;
import org.w3c.dom.NamedNodeMap;
public class TestAttr {
    public static final String XML_FILE="D:\\Stock_attributes.xml";
    public static void main(String[] args){
        DocumentBuilderFactory factory=null;
        DocumentBuilder builder=null;
        Document document=null;
        Element stock=null;
        Attr attr=null;
        NamedNodeMap map=null;
        String lastPrice=null;
        try {
            factory=DocumentBuilderFactory.newInstance();
            builder=factory.newDocumentBuilder();
            document=builder.parse(XML_FILE);
            stock=document.getDocumentElement();
            map=stock.getAttributes();
            for(int i=0; i <=map.getLength()-1; i++){
                attr=(Attr)map.item(i);
                System.out.printf("\n属性名称%-14s,属性值为:%s",attr.getName(),
                                  attr.getValue());
            }
            lastPrice=map.getNamedItem("Last").getTextContent();
            System.out.printf("\n\n当前价格为%s",lastPrice);
        }
        catch(Exception e){
            System.err.println(e);
        }
    }
}
```

从图 6.8 可以看出，NamedNodeMap 包含了相应 Element 节点的所有属性，但并不是按照 XML 文档中属性的先后顺序，此处是按属性名称的字母顺序。从 NamedNodeMap 中获取属性有两种方法，第一种方法是采用遍历，调用 NamedNodeMap 的 item(int)方法即可，这一点与 NodeList 的 item(int)方法完全相同；第二种方法是获取指定名称的属性，示例程序中获取股票的当前价格即为这种方法。

6.4.6 DocumentType 节点

DocumentType 节点是 Document 节点的一个子节点。我们已经知道，解析器的 parse 方法将整个被解析的 XML 文件封装到一个 Document 节点后返回，该节点的两个子节点的类型分别为 DocumentType 和 Element，其中前者对应着 XML 文件所关联的

DTD文件，可以通过该节点来进一步获取其子节点进而分析DTD文件中的数据。通过调用Document节点的getDoctype()方法可以返回该Document节点的DocumentType子节点。

一个XML文件可以关联一个外部DTD或一个内部DTD，也可二者都有。如果XML关联了一个内部DTD，那么对DocumentType节点调用getInternalSubset()方法即可返回内部DTD的内容。

关于使用DOM规范中的DocumentType节点来获取DTD内容的示例程序，请参见第3章中的示例程序3.5(TestValidateDTD.java)。

DTD文件中可以定义实体，然后与该DTD文件相关联的XML文件可以通过实体引用来使用该实体。实体又分为内部实体和外部实体，所谓内部实体就是实体的内容已经包含在DTD文件本身之中；而外部实体是指实体的内容在DTD文件以外的其他文件中。

解析器将实体封装为Entity节点，通过DocumentType节点调用

```
NamedNodeMap getEntities()
```

方法就可以得到全部的实体。该方法返回的NamedNodeMap对象是一个Node的集合，可以把该集合中的元素造型为Entity节点类型。Entity接口继承自Node接口。Entity节点可以通过调用getTextContent()方法来获取实体，如果实体是一个外部文件，Entity节点可以通过调用getInputEncoding()方法返回解析该实体所使用的编码集；如果是内部实体，该方法返回null。

6.5 处理空白

在XML文件中经常使用空白来使XML文件看起来更加美观，例如换行、制表符和空格。但解析器并不知道这一点，因此解析器仍然认为这些空白是有用的文本数据。示例程序6.4对示例文档6.3的处理结果如图6.5所示，但是如果在示例6.3的XML文档中加上空白，如示例6.9所示。

示例6.9：Stock_WS.xml(WS代表空白White Space)

```
<?xml version="1.0" ?>
<Stock>
    <Symbol>SINA</Symbol>
    <Last>59.92</Last>
    <Date>1/13/2012</Date>
    <Time>4:00pm</Time>
</Stock>
```

示例程序6.4对示例文档6.9的运行结果如图6.9所示。

在文档根元素Stock的9个子节点中，有5个为Text节点，其中又有4个Text节点长度为2，1个Text节点长度为1，长度为2的Text节点其内容为换行符加上制表符，最

```
<terminated> TestText [Java Application] C:\Program Files\Java\jdk1.6\bin\javaw.exe (2012-2-2 下午01:30:36)
Element Stock 共有 9 个子节点
第 1 个直接子节点, Text节点, 长度为 2, 内容为

第 2 个直接子节点, Element节点, 标签名称为 Symbol,    包含的文本内容为 SINA
第 3 个直接子节点, Text节点, 长度为 2, 内容为

第 4 个直接子节点, Element节点, 标签名称为 Last,      包含的文本内容为 59.92
第 5 个直接子节点, Text节点, 长度为 2, 内容为

第 6 个直接子节点, Element节点, 标签名称为 Date,      包含的文本内容为 1/13/2012
第 7 个直接子节点, Text节点, 长度为 2, 内容为

第 8 个直接子节点, Element节点, 标签名称为 Time,      包含的文本内容为 4:00pm
第 9 个直接子节点, Text节点, 长度为 1, 内容为
```

图 6.9 应用程序对示例 6.9 文档的处理结果

后一个 Text 节点只包含换行符,不包含制表符。

人们习惯说标签之间的缩进是可忽略空白,这实际上不是很准确,因为 XML 文件的标签可以包含文本和子标签(混合内容),在这种情况下,标签之间的区域中就可能包含非空白的字符内容。如果不允许标签有混合内容,即标签要么只包含子标签,要么只包含文本,在这种情况下,称标签之间的缩进区域为可忽略空白就比较恰当,这些空白的确使 XML 文件看起来更加美观,这也是这些空白存在的唯一目的。

如果想让 DOM 解析器忽略缩进空白,即这些缩进空白不在 Document 中形成 Text 节点,那么 XML 文件必须是有效的,而且所关联的 DTD 文件必须规定 XML 文件的标签不能有混合内容,示例 6.9 的 XML 文档所使用的 DTD 如示例 6.10 所示,其中 Stock 元素只能包含 Symbol、Last、Date、Time 等 4 个子元素,不能包含文本内容。

示例 6.10: Stock_WS.dtd

```
<!ELEMENT Date(#PCDATA)>
<!ELEMENT Last(#PCDATA)>
<!ELEMENT Stock(Symbol,Last,Date,Time)>
<!ELEMENT Symbol(#PCDATA)>
<!ELEMENT Time(#PCDATA)>
```

引用了示例 6.10 中的 DTD 的 XML 文件如示例 6.11 所示。

示例 6.11: Stock_WS.xml

```
<?xml version="1.0"?>
<!DOCTYPE Stock SYSTEM "Stock_WS.dtd">
<Stock>
    <Symbol>SINA</Symbol>
    <Last>59.92</Last>
    <Date>1/13/2012</Date>
    <Time>4:00pm</Time>
</Stock>
```

除了上述要求之外，在处理 XML 文档的应用程序中，在使用 DocumentBuilderFactory 的对象 factory 获得 DOM 解析器之前，必须调用

```
factory.setIgnoringElementContentWhitespace(true);
```

来设置 DOM 解析器忽略元素内容中的空白。需要注意的是，上述代码一定要放在代码

```
builder=factory.newDocumentBuilder();
```

之前。添加了上述忽略缩进空白的设置之后，对示例 6.11 中包含了缩进空白的 XML 文档，应用程序的处理结果如图 6.10 所示。可以看出，缩进空白被忽略了，Stock 元素只有 4 个 Element 类型的子节点，与图 6.9 相比，少了只包含缩进空白的 5 个 Text 节点。

```
Element Stock 共有 4 个子节点
第 1 个直接子节点， Element节点，标签名称为 Symbol，   包含的文本内容为 SINA
第 2 个直接子节点， Element节点，标签名称为 Last，     包含的文本内容为 59.92
第 3 个直接子节点， Element节点，标签名称为 Date，     包含的文本内容为 1/13/2012
第 4 个直接子节点， Element节点，标签名称为 Time，     包含的文本内容为 4:00pm
```

图 6.10 忽略空白之后应用程序对示例 6.11 文档的处理结果

6.6 验证格式良好与有效性

DOM 解析器在解析 XML 文档时会检查该文档是否是格式良好的。但是，JAXP 提供的解析器默认只检查 XML 文件是否是格式良好的，并不检查 XML 文件是否是有效的，也就是说，通过 DOM 解析器调用 parse()方法时，如果 XML 文件是格式良好的，则 parse()方法就返回一个实现了 Document 接口的对象，否则将显示 XML 文件中不符合格式良好的错误信息。

即使 XML 文件已经关联了一个 DTD，解析器也并不检查 XML 文件是否是有效的，即不检查 XML 文件是否遵守了该 DTD 规定的约束条件。如果想要检查一个 XML 是否符合所关联的 DTD，则需要通过 DocumentBuilderFactory 类的对象 factory 设置是否检查 XML 文件的有效性，代码如下：

```
factory.setValidating(true);
```

关于验证是否符合 DTD 的约束条件，请参见第 3 章的示例程序 3.5(TestValidateDTD.java)。

如果 XML 文件使用 XML Schema 来定义其有效性约束，则可以使用 JAXP 中 javax.xml.validation 包中的 Schema、SchemaFactory 等类来进行有效性的验证，请参见第 4 章的示例程序 4.4(TestValidateSchema.java)。

6.7 使用 DOM 修改 XML

解析器通过在内存中建立和 XML 结构相对应的树状结构数据，使得应用程序可以方便地获取 XML 文件中的数据。JAXP 也提供了使用内存中的树状结构建立一个 XML 文件的 API，换言之，使用解析器得到的 Document 对象来建立一个新的 XML 文件。

DOM 解析器的 parse()方法将整个被解析的 XML 文件封装成一个 Document 节点返回，我们可以对该节点进行修改，然后使用 Transformer 类的对象将这个 Document 对象变换为一个 XML 文件。

另外，即使解析器不调用 parse()方法，也可以得到一个 Document 对象。解析器通过调用 builder 的 newDocument()方法得到一个 Document 节点，例如：

```
Document document=null;
Document=builder.newDocument();
```

应用程序可通过该 document 对象进行各种操作，包括添加 Element 节点、Attr 节点、Text 节点等，然后使用 Transformer 类的对象将这个 document 对象变换为一个 XML 文件。

使用 Transformer 类的对象将一个 Document 节点变换为一个 XML 文件，主要包括如下步骤：

(1) 得到 javax. xml. transform 包中 TransformerFactory 类的一个对象：

```
TransformerFactory transformerFactory=null;
transformerFactory=TransformerFactory.newInstance();
```

(2) 对(1)中得到的 transformerFactory 对象调用 newTransformer()方法，得到一个 Transformer 对象，该类在 javax. xml. transform 包中：

```
Transformer transformer=null;
transformer=transformerFactory.newTransformer();
```

(3) 将存储了要写入 XML 文件中的 Document 对象封装到一个 DOMSource 对象中：

```
DOMSource domSource=null;
domSource=new DOMSource(document);
```

(4) 把要生成的 XML 文件对象封装到一个 StreamResult 对象中，该类在 javax. xml. transform. stream 包中：

```
File xmlFile=null;
FileOutputStream output=null;
StreamResult xmlResult=null;
xmlFile=new File(XML_FILE_PATH);
output=new FileOutputStream(xmlFile);
```

```
xmlResult=new StreamResult(output);
```

(5) 最后，调用 transformer 对象的 transform 方法实施变换：

```
transformer.transform(domSource,xmlResult);
```

使用 DOM 进行文件的写操作，可以更新已有的 XML 文件，也可以从头建立一个新的 XML 文件，下面分别讲述。

6.7.1 更新 XML 文件

在 DOM 规范中，许多接口和节点类型都提供了进行修改、增加和删除节点以及属性等的方法，可参见本章关于接口和节点类型的部分。

Node 接口是 Document 的父接口，主要有下列方法可以进行写操作：

- Node appendChild(Node newChild)
  节点调用该方法可以在当前节点中增加一个新的子节点，并返回这个新的子节点。
- Node removeChild(Node oldChild)
  节点调用该方法可以删除参数指定的子节点，并返回被删除的子节点。
- Node replaceChild(Node newChild, Node oldChild)
  节点调用该方法可以替换子节点，并返回被替换的子节点。

Element 接口除了从 Node 接口继承的方法外，也提供了进行增加属性的方法：

- Attr removeAttribute(Attr oldAttr)
  删除 Element 节点中参数指定的属性，并返回被删除的属性。
- void setAttribute(String name, String value)
  为 Element 节点增加新的属性并给该属性赋值，如果该属性已经存在，则新的属性将替换旧的属性。

Text 接口除了从 Node 接口继承的方法外，也提供了用来修改节点内容的方法：

- Text replaceWholeText(String content)
  替换当前 Text 节点的文本内容。
- void appendData(String data)
  向当前 Text 节点追加参数指定的文本内容。
- void insertData(int offset, String data)
  向当前 Text 节点插入文本内容，插入的位置由参数 1 指定，即第 offset 个字符的后继位置。
- void deleteData(int offset, int count)
  删除当前节点文本内容的一部分，被删除的范围由参数指定，即从第 offset 个字符后续的 count 个字符。
- void replaceData(int offset, int count, String data)
  将当前 Text 节点文本内容的一部分替换为参数 data 指定的内容，被替换的范围由参数 offset 和 count 指定，即从第 offset 个字符后续的 count 个字符。

想把示例 6.12 的 XML 文档中元素 Name 的值由 Sina Corporation 改为 Sina Corporation，China，编写的应用程序如示例 6.13 所示，其中没有使用 Text 节点，直接调用了 Element 节点的 setTextContent(String)方法。

示例 6.12：Stock.xml

```
<?xml version="1.0" encoding="UTF-8" standalone="yes"?>
<Stock>
    <Symbol>SINA</Symbol>
    <Last>59.92</Last>
    <Date>1/13/2012</Date>
    <Time>4:00pm</Time>
    <Change>-0.20</Change>
    <Open>59.16</Open>
    <High>60.95</High>
    <Low>58.41</Low>
    <Volume>3991991</Volume>
    <PreviousClose>60.12</PreviousClose>
    <AnnRange>46.86-147.12</AnnRange>
    <Name>Sina Corporation</Name>
</Stock>
```

示例 6.13：TestModifyXml.java

```
package chapter_06;
import java.io.File;
import java.io.FileOutputStream;
import javax.xml.parsers.DocumentBuilder;
import javax.xml.parsers.DocumentBuilderFactory;
import javax.xml.transform.Transformer;
import javax.xml.transform.TransformerFactory;
import javax.xml.transform.dom.DOMSource;
import javax.xml.transform.stream.StreamResult;
import org.w3c.dom.Document;
import org.w3c.dom.Element;
import org.w3c.dom.NodeList;
//把 <Name>Sina Corporation</Name>
//修改为 <Name>Sina Corporation,China</Name>
public class TestModifyXml {
    public static final String XML_FILE_PATH="D:\\_XML_Book\\Stock.xml";
    public static void main(String[] args){
        TransformerFactory transformerFactory=null;
        Transformer transformer=null;
```

```
        DOMSource domSource=null;
        DocumentBuilderFactory factory=null;
        DocumentBuilder builder=null;
        Document document=null;
        Element root=null;
        NodeList list=null;
        Element name=null;
        String newValue="Sina Corporation,China";
        File xmlFile=null;
        FileOutputStream output=null;
        StreamResult xmlResult=null;
        try {
            transformerFactory=TransformerFactory.newInstance();
            transformer=transformerFactory.newTransformer();
            xmlFile=new File(XML_FILE_PATH);
            factory=DocumentBuilderFactory.newInstance();
            builder=factory.newDocumentBuilder();
            document=builder.parse(xmlFile);
            root=document.getDocumentElement();
            list=root.getElementsByTagName("Name");
            if(list.getLength()==0){
                System.err.println("不存在名称为 Name 的元素!");
                return;
            }
            name=(Element)(list.item(0));
            name.setTextContent(newValue);
            domSource=new DOMSource(document);
            output=new FileOutputStream(xmlFile);
            xmlResult=new StreamResult(output);
            transformer.transform(domSource,xmlResult);
        } catch(Exception e){
            e.printStackTrace();
        }
    }
}
```

6.7.2 新建 XML 文件

示例 6.13 中的 DOM 解析器利用已有的 XML 文件产生一个 Document 对象，然后对内存中的 Document 对象修改后，再保存到 XML 文件中。如果要从头新建一个 XML 文件，其内容如示例 6.14 所示，完成该功能的应用程序如示例 6.15 所示。

示例 6.14：newBook.xml

```
<?xml version="1.0" encoding="UTF-8" ?>
<book isbn="9787302138334">
    <title>面向服务的计算—原理和应用</title>
    <authors>
        <author>喻坚</author>
        <author>韩燕波</author>
    </authors>
    <press>清华大学出版社</press>
</book>
```

示例 6.15：TestNewXml.java

```
package chapter_06;
import java.io.File;
import java.io.FileOutputStream;
import javax.xml.parsers.DocumentBuilder;
import javax.xml.parsers.DocumentBuilderFactory;
import javax.xml.transform.Transformer;
import javax.xml.transform.TransformerFactory;
import javax.xml.transform.dom.DOMSource;
import javax.xml.transform.stream.StreamResult;
import org.w3c.dom.Document;
import org.w3c.dom.Element;
public class TestNewXml {
    public static final String XML_FILE_PATH="D:\\newBook.xml";
    public static void main(String[] args){
        TransformerFactory transformerFactory=null;
        Transformer transformer=null;
        DOMSource domSource=null;
        DocumentBuilderFactory factory=null;
        DocumentBuilder builder=null;
        Document document=null;
        Element book=null;
        Element title=null;
        Element authors=null;
        Element firstAuthor,secondAuthor=null;
        Element press=null;
        File xmlFile=null;
        FileOutputStream output=null;
        StreamResult xmlResult=null;
        try {
            transformerFactory=TransformerFactory.newInstance();
```

```
            transformer=transformerFactory.newTransformer();
            //设置 transfomer 的输出性质,包括版本、缩进及编码方式
            transformer.setOutputProperty(OutputKeys.VERSION,"1.0");
            transformer.setOutputProperty(OutputKeys.INDENT,"yes");
            transformer.setOutputProperty(OutputKeys.ENCODING,"UTF-8");
            factory=DocumentBuilderFactory.newInstance();
            builder=factory.newDocumentBuilder();
            //新建一个 Document 类型的对象
            document=builder.newDocument();
            document.setXmlVersion("1.0");
            document.setXmlStandalone(true);
            //新建元素
            book=document.createElement("book");
            title=document.createElement("title");
            authors=document.createElement("authors");
            firstAuthor=document.createElement("author");
            secondAuthor=document.createElement("author");
            press=document.createElement("press");
            //设置各元素的文本内容
            title.setTextContent("面向服务的计算—原理和应用");
            firstAuthor.setTextContent("喻坚");
            secondAuthor.setTextContent("韩燕波");
            press.setTextContent("清华大学出版社");
            book.setAttribute("isbn","9787302138334");
            //设置各元素之间的关系
            authors.appendChild(firstAuthor);
            authors.appendChild(secondAuthor);
            //把 book 的子节点添加到 book 中
            book.appendChild(title);
            book.appendChild(authors);
            book.appendChild(press);
            //把 book 添加到 document 中,book 即为文档根元素
            document.appendChild(book);
            //写入文件
            xmlFile=new File(XML_FILE_PATH);
            domSource=new DOMSource(document);
            output=new FileOutputStream(xmlFile);
            xmlResult=new StreamResult(output);
            transformer.transform(domSource,xmlResult);
        }catch(Exception e){
            e.printStackTrace();
        }
    }
}
```

在示例程序 6.15 中，在得到 transformer 的对象之后，需要设置该对象的输出性质，包括版本、是否支持缩进、编码方式、所关联的 DTD 等。如果没有进行设置，transformer 对象默认支持的 version 为 1.0、编码方式为 UTF-8、不包含任何空白，因此默认新建的 XML 文件中没有换行符，所有文本都在一行。

6.8 浏览器对 DOM 的支持

由于 DOM 已经成为一种应用非常广泛的 XML 解析 API，因此各种主流浏览器都内置了 DOM 解析器用于解析 XML 文档。

在浏览器中可通过 JavaScript 语言来解析 XML 文档，该语言是运行于浏览器之内的脚本语言，本身并没有解析 XML 文档的能力，必须借助于浏览器内置的 DOM 支持才能解析 XML 文档。不同的浏览器有不同的 DOM 解析器实现，Microsoft Internet Explorer 的 DOM 解析器通过 ActiveX 控件实现。

下面的程序说明了如何在 Internet Explorer 中加载并解析 XML 文档。在 Internet Explorer 中获取 DOM 解析器的代码如下：

```
//创建 DOM 解析器
xmlDoc=new ActiveXObject("Microsoft.XMLDOM");
//设置关闭异步方式
xmlDoc.async=false;
//加载指定的 XML 文档,并将其转换为 DOM Document 对象
xmlDoc.load("Stock.xml");
对于 Firefox 等浏览器,可使用如下代码来获取 DOM 解析器:
//创建 DOM 解析器实例
xmlDoc=document.implementation.createDocument("","",null);
```

设置关闭异步方式及加载指定 XML 文档的代码与在 IE 中完全相同。DOM 解析器一旦完成了对 XML 文档的加载，就可以面向对象的方式来访问 XML 文档的每个节点，接下来的解析方法与前面的 DOM 解析没有太大的不同。读取示例 6.3 中 XML 文档的数据并以表格形式在浏览器中显示的 HTML 页面如示例 6.16 所示。

示例 6.16：DOM_JS.html

```
<!DOCTYPE HTML PUBLIC "-//W3C//DTD HTML 4.01 Transitional//EN" "http://www.w3.
org/TR/html4/loose.dtd">
<html>
    <head>
        <title>使用 JavaScript 解析 XML 文档 </title>
        <script language="javascript">
            var flag="ie";
            var xmlDoc;
            var prefix="<b><font color='red'>";
            var suffix="</font></b>";
```

```
function init()
{
    try
    {
        xmlDoc=new ActiveXObject("Microsoft.XMLDOM");
    }
    catch(e)
    {
        try
        {
            flag="other";
            xmlDoc = document.implementation.createDocument ("","",
                     null);
        }
        catch(e)
        {
            window.alert(e.message);
        }
    }
    xmlDoc.async=false;
    xmlDoc.load("Stock.xml");
}
function parse()
{
    init();
    var symbol,last,date,time;
    if(flag =="ie")
    {
        symbol=xmlDoc.getElementsByTagName("Symbol")[0]
                .childNodes[0].text;
        last=xmlDoc.getElementsByTagName("Last")[0]
              .childNodes[0].text;
        date=xmlDoc.getElementsByTagName("Date")[0]
              .childNodes[0].text;
        time=xmlDoc.getElementsByTagName("Time")[0]
              .childNodes[0].text;
    }
    else
    {
        symbol=xmlDoc.getElementsByTagName("Symbol")[0]
                .childNodes[0].nodeValue;
        last=xmlDoc.getElementsByTagName("Last")[0]
              .childNodes[0].nodeValue;
```

```
                date=xmlDoc.getElementsByTagName("Date")[0]
                    .childNodes[0].nodeValue;
                time=xmlDoc.getElementsByTagName("Time")[0]
                    .childNodes[0].nodeValue;
            }
            document.getElementById("symbol").innerHTML=prefix+symbol+
                suffix;
            document.getElementById("last").innerHTML=prefix+last+suffix;
            document.getElementById("date").innerHTML=prefix+date+suffix;
            document.getElementById("time").innerHTML=prefix+time+suffix;
        }
    </script>
  </head>
  <body onload="parse();"><br>
  <table border="3">
      <tr>
          <th align="center" width="150">指标</th>
          <th align="center" width="150">值</th>
      </tr>
      <tr>
          <td align="center">Symbol</td>
          <td align="center"><div id="symbol" name="symbol" /></td>
      </tr>
      <tr>
          <td align="center">LastPrice</td>
          <td align="center"><div id="last" name="last"/></td>
      </tr>
      <tr>
          <td align="center">Date</td>
          <td align="center"><div id="date" name="date" /></td>
      </tr>
      <tr>
          <td align="center">Time</td>
          <td align="center"><div id="time" name="time" /></td>
      </tr>
  </table>
  </body>
</html>
```

该页面在 IE 7.0 中的运行结果如图 6.11 所示。

该页面在 Firefox 10.0.1 中的运行结果如图 6.12 所示。

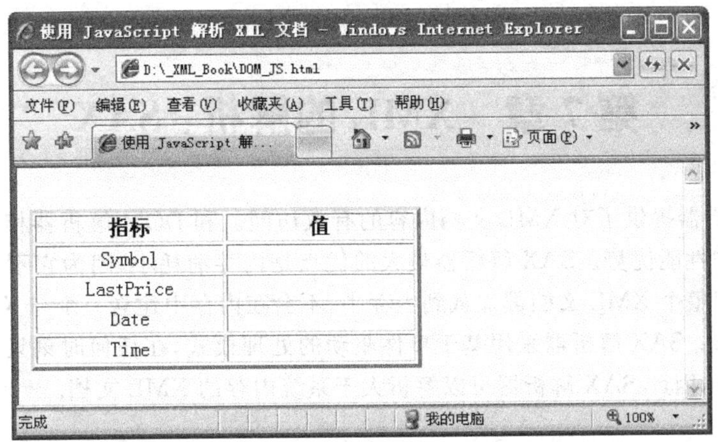

图 6.11 在 IE 中解析 XML 文档的运行结果

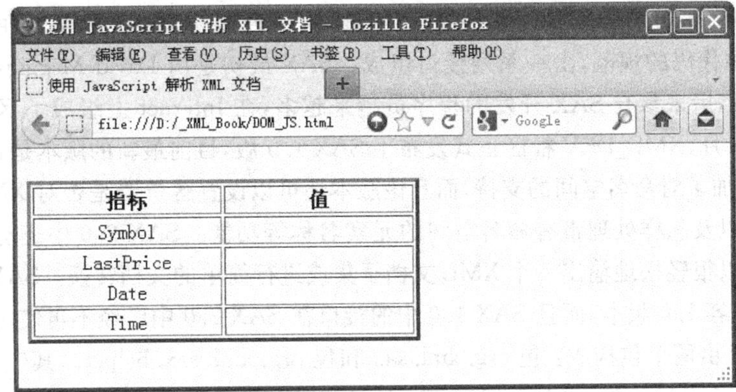

图 6.12 在 Firefox 中解析 XML 文档的运行结果

6.9 习题

1. DOM 接口中的 Document 节点有哪两个子节点？它们分别代表什么？

2. Node 接口的下面两个方法有什么区别？

```
getElementsByTagName(String name)
getChildNodes()
```

3. Attr 节点是 Element 节点的子节点吗？

4. 简要说明采用 DOM 解析器时 XML 文档中的空白处理情况。

5. 画出示例 6.11 中 XML 文档的树状结构图。

6. 画出示例 6.12 中 XML 文档的树状结构图。

7. 编写程序，修改示例 6.12 中的 XML 文档，给元素 Last 增加一个属性 currency，其值为"USD"。

第7章 XML的解析：SAX

SAX解析器提供了对XML文档内容的有效访问。和DOM解析器相比，SAX解析器具有更好的性能优势。SAX解析器最大的优点是内存消耗小，因为它不像DOM解析器那样一次把整个XML文档都加载到内存中，不会在内存中建立一个与XML文件相对应的树状结构。SAX解析器采用基于事件驱动的处理模式，在任何时刻只分析XML文件的某一部分，因此SAX解析器可以解析大于系统内存的XML文档。

7.1 SAX简介

SAX(Simple API for XML)也是解析XML的一种规范，它不是W3C的推荐标准。SAX是开放源代码的规范，由一系列接口组成。SAX最初是由David Megginson采用Java语言开发而成，后来参与SAX开发的程序员越来越多，在Internet上组成了XML_DEV社区。1998年5月，XML_DEV社区正式发布了SAX 1.0版，目前最新的版本是2.0。在SAX 2.0版本中增加了对命名空间的支持，而且该版本还可以设置解析器是否对XML文档进行有效性验证，以及怎样处理带有命名空间的元素名称等功能。SAX 2.0中还有一个内置的过滤机制，可以很轻松地输出一个XML文档子集或进行简单的文档转换。SAX 2.0版本在许多地方不兼容1.0版本，而且SAX 1.0中的接口在SAX 2.0中已经不再使用。

SAX API由两个包构成：包org.xml.sax和包org.xml.sax.helper。其中org.xml.sax包主要定义了SAX的一些基础接口，如XMLReader、ContentHandler、ErrorHandler、DTDHandler、EntityResolver等；org.xml.sax.helper包提供了一些方便开发人员使用的辅助类，如缺省实现了所有事件处理接口的辅助类DefaultHandler、方便开发人员创建XMLReader的工厂类XMLReaderFactory等。

本章主要介绍如何使用SAX 2.0进行XML文档处理，JDK 1.6中提供了SAX的API，其中SAX解析器是Java语言版本。

SAX解析器是一种基于事件的解析器，其核心是事件处理模式。基于事件的处理模式主要是围绕着事件源以及事件处理器来工作的。一个可以产生事件的对象称为事件源，针对事件进行处理的对象称为事件处理器。在事件源中，事件和事件处理器是通过注册事件处理器的方法进行关联的。当事件源产生事件后，会调用事件处理器相应的方法，该事件就可以得到处理。在事件源调用事件处理器中相应的方法时，会传递给事件处理器相应事件的相关状态信息，这样，事件处理器就能根据接收到的事件状态信息来进行处理。

利用SAX解析器处理XML文件，主要包括下列步骤：

首先，实例化一个XMLReader类型的对象，该对象就是SAX解析器，代码如下：

```
XMLReader xmlReader=null;
xmlReader=XMLReaderFactory.createXMLReader();
```

上述代码中，调用 XMLReaderFactory 类的静态方法 createXMLReader()得到了 SAX 解析器。XMLReaderFactory 类还有另外一个静态方法：

```
public static XMLReader createXMLReader(String className)
                                        throws SAXException
```

这个方法可以指定要创建的 SAX 解析器的类的全名，例如：org. apache. xerces. parsers. SAXParser，Xerces 是由 Apache 组织所推动的一项 XML 文档解析开源项目，目前有多种语言版本，除 Java 外还包括 C++、Perl 等语言。如果调用的是无参数的 createXMLReader()方法，则默认创建的 SAX 解析器其类型为 com. sun. org. apache. xerces. internal. parsers. SAXParser，该类在 JDK 1.6 安装之后的 rt. jar 中。

然后，创建事件处理器对象，并把该对象与 xmlReader 对象相关联：

```
StockXmlHandler handler=null;
handler=new StockXmlHandler();
xmlReader.setContentHandler(handler);
xmlReader.setDTDHandler(handler);
xmlReader.setErrorHandler(handler);
```

在上述代码中，类 StockXmlHandler 是自定义的类，其父类是 DefaultHandler。类 DefaultHandler 属于 org. xml. sax. helper 包，该类或其子类的对象就是 SAX 解析器的事件处理器。

最后，通过 XMLReader 类型的对象 xmlReader 调用 parse 方法即可解析 XML 文件，代码如下：

```
xmlReader.parse(File xmlFile);
```

一旦调用了 parse 方法，SAX 解析器就开始解析指定的 XML 文件。SAX 解析器在解析 XML 文件时，将所有产生的事件报告给已经指定的事件处理器，该事件处理器就会对这个事件进行相应的处理。事件处理器处理事件是逐个进行处理的，SAX 解析器必须等待事件处理器处理完成当前事件之后才能继续解析 XML 文件，并报告下一个事件。因此当事件处理器正在处理事件时，SAX 解析器处于阻塞状态。已经处理完的事件不需要继续存储在内存中，其占用的资源会得以释放，因此，SAX 解析器占用的资源较少，可以用来处理较大的 XML 文件。这一点是 SAX 解析器优于 DOM 解析器的一个方面，也是 SAX 解析器最大的优点。

7.2 事件处理器

DefaultHandler 类或其子类的对象称为 SAX 解析器的事件处理器。事件处理器可以接受 SAX 解析器报告的所有事件，并处理相应的事件。DefaultHandler 类实现了 ContentHandler、DTDHandler、EntityHandler 接口。下面对事件处理器的各个接口进行详细介绍。

1. ContentHandler 接口

ContentHandler 接口位于 org. xml. sax 包中。该接口封装了一些事件处理的方法，当 SAX 解析器开始解析 XML 文档时，会遇到某些特殊事件，比如 XML 文档的开头和结束、元素开头和结束、元素中的字符数据等事件。当遇到这些事件时，SAX 解析器会调用 ContentHandler 接口中相应的方法来处理该事件。ContentHandler 接口中定义常用的方法如表 7.1 所示。

表 7.1 ContentHandler 接口的方法

方　法	功　能
setDocumentLocator(Locator)	设置 XML 文档的定位器
startDocument()	当 SAX 解析器开始解析 XML 文件时调用该方法，可以在其中进行一些初始化操作
endDocument()	当 SAX 解析器完成解析 XML 文件时调用该方法
startPrefixMapping(String,String)	当 SAX 解析器遇到命名空间时调用此方法，需要设置 SAX 解析器支持命名空间
endPrefixMapping(String)	当一个命名空间的作用域结束时 SAX 解析器调用该方法
startElement (String, String, String, Attributes)	当 SAX 解析器遇到元素的开始标签时调用此方法，参数 1 表示命名空间，参数 2 表示标签名称，参数 3 表示命名空间的前缀，参数 4 表示该元素的所有属性
endElement(String,String,String)	当 SAX 解析器遇到元素的结束标签时调用此方法，参数 1 表示命名空间，参数 2 表示标签名称，参数 3 表示命名空间的前缀
characters(char[],int,int)	当 SAX 解析器遇到文本内容时调用该方法，参数 1 表示遇到的字符串，参数 2 表示字符串的起始位置，参数 3 表示长度
ignorableWhitespace(char[],int,int)	该方法用于处理 XML 文件中的空白
processingInstruction(String,String)	当 SAX 解析器遇到处理指令时调用该方法，参数 1 表示指令的名称，参数 2 表示指令的数据内容
skippedEntity(String)	该方法用于处理跳过的实体

2. DTDHandler 接口

DTDHandler 接口定义了一些不常用的方法。通常在处理 DTD 时，DTDHandler 接口用于识别和作为一个未解析的实体声明，该接口位于 ora. xml. sax 包中。事件处理器必须在 startDocument()事件之后、第一个 startElement()事件之前处理所有的 DTD 事件。DTDHandler 接口定义的方法如表 7.2 所示。

3. EntityResolver 接口

EntityResolver 接口是用于解析实体的接口，位于 org. xml. sax 包中，该接口只有如下一个方法：

```
public InputSource resolveEntity(String publicId,String systemId)
```

表 7.2 DTDHandler 接口的方法

方　法	功　能
notationDecl(String, String, String)	当 SAX 解析器遇到符号命令时调用该方法,参数 1 表示符号名称,参数 2 表示公用标识符,参数 3 表示系统标识符
unparsedEntityDecl(String, String, String, String)	当 SAX 解析器遇到不能解析的实体时调用该方法,参数 1 表示符号名称,参数 2 表示公用标识符,参数 3 表示系统标识符,参数 4 表示实体名称

解析器在打开外部实体前调用此方法。此类实体包括在 DTD 内引用的外部 DTD 子集、外部参数实体和在 XML 示例文档中引用的外部实体等。如果 SAX 应用程序需要实现自定义处理器外部实体,则必须实现此接口。

4. ErrorHandler 接口

ErrorHandler 接口是用于 SAX 错误处理程序的基本接口,用于处理 XML 文件中所出现的各种错误事件。ErrorHandler 接口提供了 3 个层次的错误处理：警告(warning)、错误(error)和致命错误(fatal error)。ErrorHandler 接口定义了 3 个方法,用来分别处理这 3 个层次的错误。ErrorHandler 接口定义的方法如表 7.3 所示。

表 7.3 ErrorHandler 接口的方法

方　法	功　能
warning(SAXParseException)	处理警告层次的错误
error(SAXParseException)	处理一般错误
fatalError(SAXParseException)	处理致命错误

实际上,实现上述任意一个接口的类的对象,都是事件处理器对象。但是,实现一个接口就必须实现接口中的所有方法,即使是不想实现的方法也必须实现,这就增加了程序开发的工作量。为了解决这一问题,类 DefaultHandler 实现了上述 4 个接口,并实现了这 4 个接口中的所有方法,只是这些方法都是空实现,也就是说方法体中没有任何语句。因此在编写事件处理程序时,可以不用直接实现这 4 个接口,而是直接从类 DefaultHandler 来继承,然后重写相应的方法即可。

7.3 使用 SAX 解析 XML

在 org.xml.sax 包的 HandlerBase 类中,定义了 SAX 解析器解析 XML 文件时所产生的事件类型,常用的事件类型如表 7.4 所示。

由于 DefaultHandler 类中定义的处理事件的方法没有任何具体的处理语句,因此在编写事件处理程序时,需要按照实际需要重写处理方法。对于不需要处理的事件,则不需要重写对应的处理方法,事件处理器会按照默认的方法进行处理。例如,要解析的 XML 代码参见示例 7.1。

表 7.4　SAX 事件类型

事　件	含　义	事　件	含　义
startDocument	表示文档的开始	ignoreableWhitespace	表示空白事件
endDocument	表示文档的结束	warning	表示警告事件
startElement	表示元素的开始标签	error	表示错误事件
endElement	表示元素的结束标签	fatalError	表示致命错误事件
characters	文本内容事件		

示例 7.1：Stock1.xml

```
<?xml version="1.0" encoding="UTF-8" standalone="yes"?>
<?xml-stylesheet type="text/xsl" href="Stock.xsl"?>
<Stock>
    <Symbol>SINA</Symbol>
    <Last>59.92</Last>
    <Date>1/13/2012</Date>
    <Time>4:00pm</Time>
    <Change>-0.20</Change>
    <Open>59.16</Open>
    <High>60.95</High>
    <Low>58.41</Low>
    <Volume>3991991</Volume>
    <PreviousClose>60.12</PreviousClose>
    <AnnRange>46.86-147.12</AnnRange>
    <Name>Sina Corporation,China</Name>
</Stock>
```

对该 XML 文档使用 SAX 进行解析的 Java 源代码如示例 7.2 所示。

示例 7.2：TestSaxParseStock.java

```
package chapter_07;
import org.xml.sax.Attributes;
import org.xml.sax.SAXException;
import org.xml.sax.SAXParseException;
import org.xml.sax.XMLReader;
import org.xml.sax.helpers.DefaultHandler;
import org.xml.sax.helpers.XMLReaderFactory;
public class TestSaxParseStock {
    public static final String XML_FILE="D:\\_XML_Book\\Stock.xml";
    public static void main(String[] args){
        XMLReader xmlReader=null;
        StockXmlHandler handler=null;
        StockBean stock=null;
        try {
            handler=new StockXmlHandler();
```

```
            xmlReader=XMLReaderFactory.createXMLReader();
            xmlReader.setFeature(
                    "http://xml.org/sax/features/namespaces",true);
            xmlReader.setFeature(
                    "http://xml.org/sax/features/validation",true);
            System.out.println(xmlReader.getClass().getName());
            xmlReader.setContentHandler(handler);
            xmlReader.setDTDHandler(handler);
            xmlReader.setErrorHandler(handler);
            xmlReader.parse(XML_FILE);
            stock=handler.getStockBean();
            stock.print();
        }
        catch(Exception e){
        }
    }
}
class StockXmlHandler extends DefaultHandler {
    private StockBean stockBean;
    private boolean hasFinished;
    private String currentTextContent;
    public StockXmlHandler(){
        super();
        this.hasFinished=false;
        this.stockBean=new StockBean();
    }
    public StockBean getStockBean(){
        if(this.hasFinished){
            return this.stockBean;
        }
        else {
            return null;
        }
    }
    @Override
    public void characters(char[] ch,int start,int length)
                            throws SAXException {
        String content=new String(ch,start,length).trim();
        if(content.length()!=0){
            this.currentTextContent=content;
        }
    }
    @Override
    public void endDocument()throws SAXException {
```

```
        System.err.println("************XML 文档结束!************");
        this.hasFinished=true;
    }
    @Override
    public void endElement(String uri,String localName,String qName)
                throws SAXException {
        if(localName.equals("Symbol")){
            this.stockBean.setSymbol(this.currentTextContent);
        }
        else if(localName.equals("Last")){
            this.stockBean.setLastPrice(this.currentTextContent);
        }
        else if(localName.equals("Date")){
            this.stockBean.setDate(this.currentTextContent);
        }
        else if(localName.equals("Time")){
            this.stockBean.setTime(this.currentTextContent);
        }
        else if(localName.equals("Change")){
            this.stockBean.setChange(this.currentTextContent);
        }
        else if(localName.equals("Open")){
            this.stockBean.setOpenPrice(this.currentTextContent);
        }
        else if(localName.equals("High")){
            this.stockBean.setHighPrice(this.currentTextContent);
        }
        else if(localName.equals("Low")){
            this.stockBean.setLowPrice(this.currentTextContent);
        }
        else if(localName.equals("Volume")){
            this.stockBean.setVolume(this.currentTextContent);
        }
        else if(localName.equals("PreviousClose")){
            this.stockBean.setPreviousClosePrice(this.currentTextContent);
        }
        else if(localName.equals("AnnRange")){
            this.stockBean.setAnnRange(this.currentTextContent);
        }
        else if(localName.equals("Name")){
            this.stockBean.setCoporationName(this.currentTextContent);
        }
    }
    @Override
```

```
        public void error(SAXParseException e)throws SAXException {
        }
        @Override
        public void fatalError(SAXParseException e)throws SAXException {
        }
        @Override
        public void ignorableWhitespace(char[] ch,int start,int length)
                                        throws SAXException {
        }
        @Override
        public void processingInstruction(String target,String data)
                                          throws SAXException {
        System.out.println("处理指令,target为" +target +",data为" +data);
        }
        @Override
        public void startDocument()throws SAXException {
            System.err.println("***********XML文档开始!***********");
        }
        @Override
        public void startElement(String uri,String localName,String qName,
                                 Attributes attributes)throws SAXException {
            System.err.println("元素开始,元素名称为 " +localName);
        }
        @Override
        public void warning(SAXParseException e)throws SAXException {
        }
    }
```

在示例7.2的应用程序中，定义了用于事件处理的类StockXmlHandler，该类从DefaultHandler类继承，重写了相应处理事件的方法，并把XML文档中的内容以实体类StockBean的对象形式返回给main方法，该实体类StockBean的定义如示例7.3所示。

示例7.3：StockBean.java

```
package chapter_07;
public class StockBean {
    private String symbol;
    private String lastPrice;
    private String date;
    private String time;
    private String change;
    private String openPrice;
    private String highPrice;
    private String lowPrice;
    private String volume;
```

```
    private String previousClosePrice;
    private String percentageChange;
    private String annRange;
    private String coporationName;
    public String getSymbol(){
        return symbol;
    }
    public void setSymbol(String symbol){
        this.symbol=symbol;
    }
    public String getLastPrice(){
        return lastPrice;
    }
    public void setLastPrice(String lastPrice){
        this.lastPrice=lastPrice;
    }
    public String getDate(){
        return date;
    }
    public void setDate(String date){
        this.date=date;
    }
    public String getTime(){
        return time;
    }
    public void setTime(String time){
        this.time=time;
    }
    public String getChange(){
        return change;
    }
    public void setChange(String change){
        this.change=change;
    }
    public String getOpenPrice(){
        return openPrice;
    }
    public void setOpenPrice(String openPrice){
        this.openPrice=openPrice;
    }
    public String getHighPrice(){
        return highPrice;
    }
    public void setHighPrice(String highPrice){
```

```
        this.highPrice=highPrice;
    }
    public String getLowPrice(){
        return lowPrice;
    }
    public void setLowPrice(String lowPrice){
        this.lowPrice=lowPrice;
    }
    public String getVolume(){
        return volume;
    }
    public void setVolume(String volume){
        this.volume=volume;
    }
    public String getPreviousClosePrice(){
        return previousClosePrice;
    }
    public void setPreviousClosePrice(String priviousClosePrice){
        this.previousClosePrice=priviousClosePrice;
    }
    public String getPercentageChange(){
        return percentageChange;
    }
    public void setPercentageChange(String percentageChange){
        this.percentageChange=percentageChange;
    }
    public String getAnnRange(){
        return annRange;
    }
    public void setAnnRange(String annRange){
        this.annRange=annRange;
    }
    public String getCoporationName(){
        return coporationName;
    }
    public void setCoporationName(String coporationName){
        this.coporationName=coporationName;
    }
    public void print(){
        System.out.println("股票代码: "+this.getSymbol());
        System.out.println("最新价格: "+this.getLastPrice());
        System.out.println("价格时间: "+this.getDate()+" "+this.getTime());
        System.out.println("公司名称: "+this.getCoporationName());
        System.out.println("价格变化: "+this.getChange());
```

```
            System.out.println("开盘价格：" +this.getOpenPrice());
            System.out.println("最高价格：" +this.getHighPrice());
            System.out.println("最低价格：" +this.getLowPrice());
            System.out.println("交易数量：" +this.getVolume());
            System.out.println("上次收盘：" +this.getPreviousClosePrice());
            System.out.println("年度价格范围：" +this.getAnnRange());
        }
    }
```

可以看出，在示例 7.2 的解析 XML 文档的 Java 应用程序中，只导入了 SAX 包中的类，未导入其他任何类。当然，在实际开发时可以根据需要使用特定的 SAX 解析器的项目，例如 Apache Xerces 等。示例 7.2 中的应用程序其运行结果如图 7.1 所示。

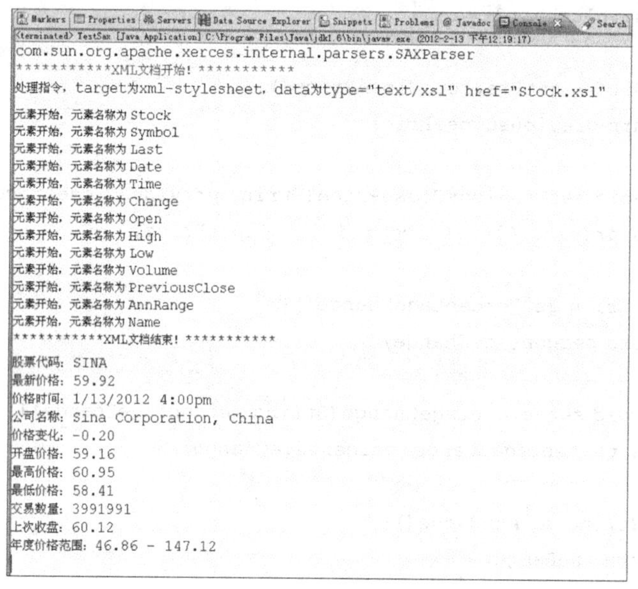

```
com.sun.org.apache.xerces.internal.parsers.SAXParser
***********XML文档开始! ***********
处理指令，target为xml-stylesheet，data为type="text/xsl" href="Stock.xsl"
元素开始，元素名称为 Stock
元素开始，元素名称为 Symbol
元素开始，元素名称为 Last
元素开始，元素名称为 Date
元素开始，元素名称为 Time
元素开始，元素名称为 Change
元素开始，元素名称为 Open
元素开始，元素名称为 High
元素开始，元素名称为 Low
元素开始，元素名称为 Volume
元素开始，元素名称为 PreviousClose
元素开始，元素名称为 AnnRange
元素开始，元素名称为 Name
***********XML文档结束! ***********
股票代码：SINA
最新价格：59.92
价格时间：1/13/2012 4:00pm
公司名称：Sina Corporation, China
价格变化：-0.20
开盘价格：59.16
最高价格：60.95
最低价格：58.41
交易数量：3991991
上次收盘：60.12
年度价格范围：46.86 - 147.12
```

图 7.1　解析示例 7.1 中 XML 文档的运行结果

7.4　SAX 事件

在上一节解析 XML 文档的应用程序中，对 SAX 解析器在解析 XML 文档时遇到的一些事件进行了相应的处理，本节就对 SAX 解析器解析过程中产生的各种事件进行介绍。

7.4.1　文件事件

一个 XML 文件只能有一个开始和一个结束，因此，SAX 解析器在解析 XML 文件时，只向事件处理器报告一次文件开始事件和一次文件结束事件。SAX 解析器在解析 XML 文件时，首先报告文件的开始(startDocument)事件，事件处理器就会调用处理该事件的方法。事件处理器处理完成开始事件后，SAX 解析器再依次报告其他事件，如

startElement 事件、endElement 事件等，最后报告文件结束(endDocument)事件，事件处理器调用 endDocument()方法处理文件结束事件，处理完成文件结束事件即表示 XML 文件解析的结束。

在编写应用程序时，可以在 startDocument()方法和 endDocument()方法内，按照应用程序的具体需要来添加相应的处理代码。如果不想做任何处理，则不用重写相应的方法，事件处理器会继承父类(一般为 DefaultHandler 类)的相应方法，即方法内没有任何处理语句。

从图 7.1 所示的运行结果可以看出，startDocument()方法和 endDocument()方法都只被调用了一次，分别标志着解析的开始和解析的结束。

7.4.2 处理指令

XML 的处理指令是指 XML 文件中使用"<?"和"?>"括起来的部分，它不属于 XML 的标记，例如：

```
<?xml version="1.0" encoding="UTF-8" standalone="no"?>
<?xml-stylesheet type="text/xsl" href="Stock.xsl"?>
```

除了 XML 声明语句外，其他的处理语句可以在文件的任何一个地方，处理指令可以作为某些信息的提示。SAX 的事件处理器处理指令事件的方法如下：

```
void processingInstruction(String target,String data)
```

该方法具有两个参数 target 和 data，对于上面的指令参数，target 的值分别为 XML 和 xml-stylesheet；参数 data 的值分别为 version="1.0" encoding="UTF-8" standalone="no"和 type="text/xsl" href="Stock.xsl"。但是，SAX 解析器并不向事件处理器报告 XML 的声明事件，也就是说，下面这行处理指令：

```
<?xml version="1.0" encoding="UTF-8" standalone="no"?>
```

SAX 解析器不会提交给事件处理器，因而也不会调用 processingInstruction 方法。从图 7.1 中的运行结果也可以看出，在输出中只有一条处理指令：

```
处理指令,target为xml-stylesheet,data为type="text/xsl" href="Stock.xsl"
```

7.4.3 开始标签与结束标签

XML 中的非空元素包括开始标签和结束标签。当 SAX 解析器遇到开始标签时，会报告给事件处理器一个元素的开始事件，事件处理器就会调用如下方法：

```
public void startElement(String uri, String localName, String qName, Attributes
attributes)
```

如果 SAX 解析器对象 xmlReader 设置了对命名空间的支持，代码如下：

```
xmlReader.setFeature("http://xml.org/sax/features/namespaces", true);
```

此时,方法 startElement()中各参数代表的意义如下:

- uri:表示元素的命名空间,如果没有命名空间,则 uri 为空串。
- localName:表示元素的名称。
- qName:如果有命名空间前缀,qName 表示带有前缀的元素名称;如果没有命名空间前缀,qName 则表示元素的名称。
- attributes,表示元素的全部属性列表。

如果 SAX 解析器对象 xmlReader 设置了不支持命名空间,代码如下:

```
xmlReader.setFeature("http://xml.org/sax/features/namespaces", false);
```

则方法 startElement()中参数代表的意义如下:

- uri:为空串。
- localName:为空串。
- qName:如果有命名空间前缀,qName 表示带有前缀的元素名称;如果没有命名空间前缀,qName 则表示元素的名称。
- attributes:表示元素的全部属性列表。

当 SAX 解析器遇到结束标签时,会报告给事件处理器一个标签结束事件,事件处理器就会调用标签结束事件的处理方法,如下所示:

```
public void endElement(String uri,String localName,String qName)
```

该方法参数代表的含义与 startElement 方法中的参数相同,对于 XML 文件中的空元素,SAX 解析器也会报告标签的开始事件和结束事件。

在示例 7.2 的应用程序中,在事件处理器 StockXmlHandler 类中声明了一个成员变量 currentTextContent,类型为字符串,用于表示当前的文本内容,然后在 characters 方法中使用参数构建 String 类的对象并赋值给成员变量 currentTextContent,最后在标签结束的 endElement 方法中根据成员参数 localName 的值来把成员变量 currentTextContent 的值赋值给实体类对象 stockBean 的相应常用变量。由此可以看出,在读取 XML 文档中的内容时,上述方法是非常常用的,也很有效。

需要特别注意的是,尽管示例 7.1 中的 XML 文档没有使用命名空间,在示例 7.2 的应用程序中也要使用代码

```
xmlReader.setFeature("http://xml.org/sax/features/namespaces", true);
```

来设置对命名空间的支持,否则在 endElement 方法中参数 localName 的值是空串。当然,如果 xmlReader 对象设置了不支持命名空间,此时在 endElement 方法中可以通过参数 qName 来获取当前元素的名称。一般来说,前面这种方法使用更为普遍。

7.4.4 文本数据

XML 文件中元素的内容可以是子元素,也可以是文本内容。当 SAX 解析器遇到

XML 文件中的文本内容时，就会报告给事件处理器一个 characters 事件，事件处理器就会调用如下方法来处理该事件：

```
public void characters(char[] ch,int start,int length)
```

其中参数 ch 是一个字符数组，用于存放文本数据；参数 start 表示数组存放字符的起始位置；length 表示字符的个数。使用这 3 个参数即可构建一个 String 类的对象。

对于那些为了美观而使用的换行符和代码缩进使用的空白，解析器都会视为 characters 事件报告给事件处理器处理。因此，在示例 7.2 的应用程序中，覆盖了父类的 characters 方法，代码如下：

```
@Override
public void characters(char[] ch,int start,int length)
                        throws SAXException {
    System.out.println("遇到文本内容,其值为"+new String(ch,start,length));
    String content=new String(ch,start,length).trim();
    if(content.length()!=0){
        this.currentTextContent=content;
    }
}
```

在使用 characters 方法的 3 个参数构建了 String 类的对象后调用了 trim 方法，此方法可以去掉文本内容中的空白，然后如果得到的字符串 content 不是空串，就把 content 的值赋值给成员变量 currentTextContent。在上述代码的 characters 方法中，增加了空白的输出语句：

```
System.out.print("遇到文本内容,其值为"+new String(ch,start,length)+"。");
```

在添加该语句后，示例 7.2 的应用程序其运行结果如图 7.2 所示。

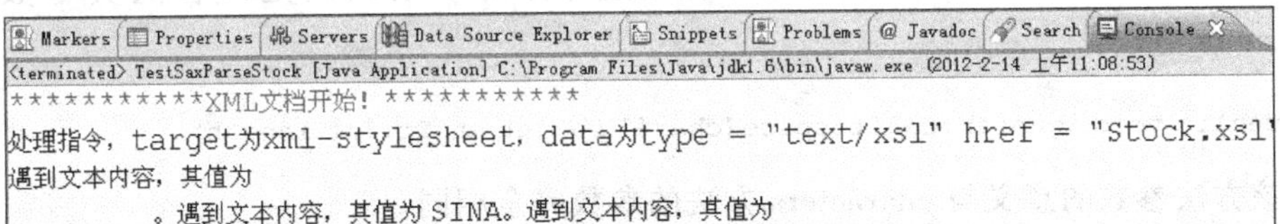

```
Markers | Properties | Servers | Data Source Explorer | Snippets | Problems | @ Javadoc | Search | Console
<terminated> TestSaxParseStock [Java Application] C:\Program Files\Java\jdk1.6\bin\javaw.exe (2012-2-14 上午11:08:53)
***********XML文档开始! ***********
处理指令, target为xml-stylesheet, data为type = "text/xsl" href = "Stock.xsl'
遇到文本内容, 其值为
            。遇到文本内容, 其值为 SINA。遇到文本内容, 其值为
            。遇到文本内容, 其值为 59.92。遇到文本内容, 其值为
            。遇到文本内容, 其值为 1/13/2012。遇到文本内容, 其值为
            。遇到文本内容, 其值为 4:00pm。遇到文本内容, 其值为
            。遇到文本内容, 其值为 -0.20。遇到文本内容, 其值为
            。遇到文本内容, 其值为 59.16。遇到文本内容, 其值为
            。遇到文本内容, 其值为 60.95。遇到文本内容, 其值为
            。遇到文本内容, 其值为 58.41。遇到文本内容, 其值为
            。遇到文本内容, 其值为 3991991。遇到文本内容, 其值为
            。遇到文本内容, 其值为 60.12。遇到文本内容, 其值为
            。遇到文本内容, 其值为 46.86 - 147.12。遇到文本内容, 其值为
            。遇到文本内容, 其值为 Sina Corporation, China。遇到文本内容, 其值为
。***********XML文档结束! ***********
```

图 7.2　添加文本内容输出语句后的运行结果

在示例 7.1 的 XML 文档中，文档根元素 Stock 有 12 个子元素，每个子元素含有相应的文本内容。从图 7.2 可以看出，SAX 解析器在解析该 XML 文档时，一共报告了 25 次文本内容事件，其中 12 次是需要读取的有效数据，另外 13 次是空白。在这 13 个空白数据中，前 12 个是一个换行符加上一个制表符，最后 1 个空白数据只有换行符。可以看出，在处理示例 7.1 的 XML 文档时，如果没有对空白数据进行判断，会导致程序的运行结果不正确。在 characters 方法中如果不调用 trim 方法去除空白后再判断，而是直接使用参数构建 String 类的对象后赋值给成员变量 currentTextContent，则会导致部分数据读取错误。关于如何处理 XML 文档中的空白，请参见下一节内容。

7.4.5 空白

空白区域是为了使 XML 文件变得美观和易于阅读而添加的，对于程序员来说，空白区域一般是可以忽略的，它是没有任何价值的数据。但对于 SAX 解析器来说，它并不能判断空白的价值，因此 SAX 解析器仍然会把这些空白作为普通的文本数据报告给事件处理器。这一点在上一节中已经进行了详细说明。

在 DOM 解析器中，通过下列代码：

```
DocumentBuilderFactory factory=null;
factory=DocumentBuilderFactory.newInstance();
factory.setIgnoringElementContentWhitespace(true);
```

即可设置 DOM 解析器在解析 XML 文档时忽略缩进空白，但上述方法有一个前提，那就是 XML 文件必须是有效的。这是因为，只有有效的 XML 文件才能确定空白是否是有意义。上述前提对于 SAX 解析器对于空白的识别和处理依然是有效的。

SAX 解析器在遇到这类无价值的空白时，就会向事件处理器报告 ignoreableWhitespace 事件，事件处理器则调用如下方法来处理空白，而不是调用处理普通文本数据的 characters 方法：

```
public void ignorableWhitespace(char[] ch,int start,int length)
```

该方法参数的意义与 characters 方法的参数完全相同。

由于示例 7.1 中的 XML 文档既没有使用 DTD，也没有使用 XML Schema，因此无法验证该 XML 文档的有效性。SAX 解析器在处理这类 XML 文档时，不能判断空白的价值，因此 SAX 解析器仍然会把这些空白作为普通的文本数据报告给事件处理器。因此在此处使用指定了 DTD 的 XML 文档，DTD 定义如示例 7.4 所示，使用该 DTD 的 XML 文档如示例 7.5 所示。

示例 7.4：Stock2.dtd

```
<!ELEMENT Stock(Symbol,Last,Date,Time,Change,Open,High,Low,Volume,
                PreviousClose,AnnRange,Name)>
<!ELEMENT Symbol(#PCDATA)>
<!ELEMENT Last(#PCDATA)>
```

```
<!ELEMENT Date (#PCDATA)>
<!ELEMENT Time (#PCDATA)>
<!ELEMENT Change (#PCDATA)>
<!ELEMENT Open (#PCDATA)>
<!ELEMENT High (#PCDATA)>
<!ELEMENT Low (#PCDATA)>
<!ELEMENT Volume (#PCDATA)>
<!ELEMENT PreviousClose (#PCDATA)>
<!ELEMENT AnnRange (#PCDATA)>
<!ELEMENT Name (#PCDATA)>
```

示例 7.5：Stock2.xml

```
<?xml version="1.0" encoding="UTF-8" standalone="no"?>
<?xml-stylesheet type="text/xsl" href="Stock.xsl"?>
<!DOCTYPE Stock PUBLIC "-//Beginning XML//DTD Stock Example//EN" "Stock2.dtd">
<Stock>
    <Symbol>SINA</Symbol>
    <Last>59.92</Last>
    <Date>1/13/2012</Date>
    <Time>4:00pm</Time>
    <Change>-0.20</Change>
    <Open>59.16</Open>
    <High>60.95</High>
    <Low>58.41</Low>
    <Volume>3991991</Volume>
    <PreviousClose>60.12</PreviousClose>
    <AnnRange>46.86-147.12</AnnRange>
    <Name>Sina Corporation</Name>
</Stock>
```

如果要处理空白，只需在类 DefaultHandler 的子类中重写 ignoreableWhitespace 方法即可，把示例 7.2 中的该方法修改如下：

```
@Override
public void ignorableWhitespace(char[] ch,int start,int length)
                                        throws SAXException {
System.out.println("遇到空白,其长度为 " +length);
}
```

则该应用程序的运行结果如图 7.3 所示。可以看出，由于处理的 XML 文档是有效的，SAX 解析器在遇到可忽略的空白时，会向事件处理器报告 ignoreableWhitespace 事件而不是 characters 事件，此时在 characters 方法中也就不再需要对空白进行判断和处理了。另外，关于空白内容的长度已在上一节中进行了解释，此处不再赘述。

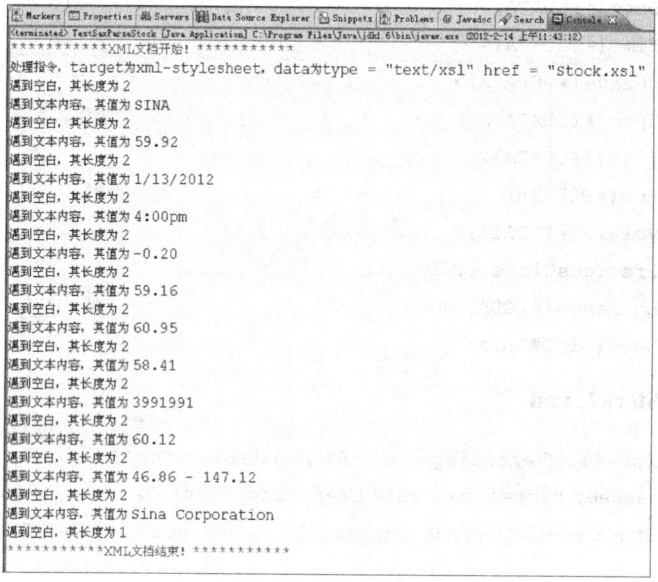

```
Markers  Properties  Servers  Data Source Explorer  Snippets  Problems  @ Javadoc  Search  Console
<terminated> TestSaxParseStock [Java Application] C:\Program Files\Java\jdk1.6\bin\javaw.exe (2012-2-14 上午11:43:12)
************XML文档开始! ************
处理指令，target为xml-stylesheet，data为type = "text/xsl" href = "Stock.xsl"
遇到空白，其长度为 2
遇到文本内容，其值为 SINA
遇到空白，其长度为 2
遇到文本内容，其值为 59.92
遇到空白，其长度为 2
遇到文本内容，其值为 1/13/2012
遇到空白，其长度为 2
遇到文本内容，其值为 4:00pm
遇到空白，其长度为 2
遇到文本内容，其值为 -0.20
遇到空白，其长度为 2
遇到文本内容，其值为 59.16
遇到空白，其长度为 2
遇到文本内容，其值为 60.95
遇到空白，其长度为 2
遇到文本内容，其值为 58.41
遇到空白，其长度为 2
遇到文本内容，其值为 3991991
遇到空白，其长度为 2
遇到文本内容，其值为 60.12
遇到空白，其长度为 2
遇到文本内容，其值为 46.86 - 147.12
遇到空白，其长度为 2
遇到文本内容，其值为 Sina Corporation
遇到空白，其长度为 1
************XML文档结束! ************
```

图 7.3　对有效的 XML 文档解析的运行结果

7.4.6　命名空间

XML 中的命名空间是为了区分相同名称的元素而引入的。命名空间是通过在元素的开始标签中声明命名空间来建立的，它分为有前缀的命名空间和没有前缀的命名空间，具体内容请参见第 2 章。

使用了命名空间的 XML 文档如示例 7.6 所示，关于该 XML 文档的命名空间的细节请参见第 4 章命名空间部分。

示例 7.6：NotesNS_schema.xml

```
<?xml version="1.0" encoding="GB2312" ?>
<notes xmlns:xsi="http://www.w3.org/2001/XMLSchema-instance"
      xsi:noNamespaceSchemaLocation="notes.xsd"
      xsi:schemaLocation="http://www.peter.cn/reading readingBook.xsd
                          http://www.peter.cn/travel travelBook.xsd">
   <reading:book xmlns:reading="http://www.peter.cn/reading">
      <reading:title>面向服务的计算—原理和应用</reading:title>
      <reading:authors>
         <reading:author>喻坚</reading:author>
         <reading:author>韩燕波</reading:author>
      </reading:authors>
      <reading:press>清华大学出版社</reading:press>
   </reading:book>
   <travel:book xmlns:travel="http://www.peter.cn/travel">
      <travel:hotel>北京盘古七星大酒店</travel:hotel>
```

```
        <travel:address>北京市朝阳区北四环中路27号</travel:address>
        <travel:telephone>010-59067777</travel:telephone>
        <travel:date>2012-01-23</travel:date>
    </travel:book>
</notes>
```

在前面的开始标签与结束标签事件中，对方法 startElement 与 endElement 中参数的含义进行了说明。例如对于示例 7.6 的 XML 文档，SAX 解析器如果遇到了 reading：book 元素的开始标签，则方法 startElement（String uri，String localName，String qName，Attributes attributes）中，参数 uri 的值为 reading 前缀所对应的命名空间 http://www.peter.cn/reading，参数 localName 的值为元素的名称 book，qName 的值为前缀加上元素的名称 reading：book。可以看出，该方法对于命名空间有很好的支持。表示结束标签事件的方法 endElement 其参数与方法 startElement 的参数类似。因此，在这两个方法中通过参数的值即可对元素的命名空间进行处理。

SAX 解析器在遇到命名空间时，会向事件处理器报告命名空间的开始事件，事件处理器会调用如下方法来处理命名空间的开始事件。

```
void startPrefixMapping(String prefix, String uri)
```

其中，参数 prefix 表示命名空间的前缀，如果没有前缀，则 prefix 的内容为空串，uri 表示命名空间的名称。

在命名空间的作用域结束之后，SAX 解析器会向事件处理器报告命名空间的结束事件，事件处理器会调用如下方法来处理命名空间的结束事件：

```
void endPrefixMapping(String prefix)
```

处理示例 7.6 中 XML 文档的 Java 应用程序如示例 7.7 所示。

示例 7.7：TestSaxParseNotesNS.java

```
package chapter_07;
import org.xml.sax.Attributes;
import org.xml.sax.SAXException;
import org.xml.sax.SAXParseException;
import org.xml.sax.XMLReader;
import org.xml.sax.helpers.DefaultHandler;
import org.xml.sax.helpers.XMLReaderFactory;
public class TestSaxParseNotesNS {
    public static final String XML_FILE="D:\\NotesNS_schema.xml";
    public static void main(String[] args){
        XMLReader xmlReader=null;
        NotesNSXmlHandler handler=null;
        ReadingBook readingBook;
        TravelBook travelBook;
        try {
```

```
                handler=new NotesNSXmlHandler();
                xmlReader=XMLReaderFactory.createXMLReader();
                xmlReader.setFeature(
                        "http://xml.org/sax/features/namespaces",true);
                xmlReader.setFeature(
                        "http://xml.org/sax/features/validation",true);
                xmlReader.setContentHandler(handler);
                xmlReader.setErrorHandler(handler);
                xmlReader.parse(XML_FILE);
                readingBook=handler.getReadingBook();
                travelBook=handler.getTravelBook();
                System.out.println(readingBook);
                System.out.println(travelBook);
            }
            catch(Exception e){
            }
        }
    }
    class NotesNSXmlHandler extends DefaultHandler {
        public static final String READING_NS_URI="http://www.peter.cn/reading";
        public static final String TRAVEL_NS_URI="http://www.peter.cn/travel";
        private ReadingBook readingBook;
        private TravelBook travelBook;
        private boolean hasReadingFinished;
        private boolean hasTravelFinished;
        private String currentTextContent;
        public NotesNSXmlHandler(){
        }
        public ReadingBook getReadingBook(){
            if(this.hasReadingFinished){
                return this.readingBook;
            }
            else {
                return null;
            }
        }
        public TravelBook getTravelBook(){
            if(this.hasTravelFinished){
                return this.travelBook;
            }
            else {
                return null;
            }
```

```
}
@Override
public void endPrefixMapping(String prefix)throws SAXException {
    System.err.println("命名空间结束,前缀为"+prefix);
    if(prefix.equals("reading")){
        this.hasReadingFinished=true;
    }
    else if(prefix.equals("travel")){
        this.hasTravelFinished=true;
    }
}
@Override
public void startPrefixMapping(String prefix,String uri)
                                throws SAXException {
    System.err.println("命名空间开始,前缀为"+prefix+",uri 为 "+uri);
}
@Override
public void characters(char[] ch,int start,int length)
                        throws SAXException {
    String content=new String(ch,start,length).trim();
    if(content.length()!=0){
        System.out.println("遇到文本内容,其值为 "+content);
        this.currentTextContent=content;
    }
}
@Override
public void endDocument()throws SAXException {
    System.err.println("***********XML 文档结束!***********");
}
@Override
public void endElement(String uri,String localName,String qName)
                        throws SAXException {
    if(uri.equals(READING_NS_URI)){
        if(localName.equals("title")){
            this.readingBook.setTitle(this.currentTextContent);
        }
        else if(localName.equals("author")){
            this.readingBook.addAuthor(this.currentTextContent);
        }
        else if(localName.equals("press")){
            this.readingBook.setPress(this.currentTextContent);
        }
    }
```

```
        else if(uri.endsWith(TRAVEL_NS_URI)){
            if(localName.equals("hotel")){
                this.travelBook.setHotel(currentTextContent);
            }
            else if(localName.equals("address")){
                this.travelBook.setAddress(currentTextContent);
            }
            else if(localName.equals("telephone")){
                this.travelBook.setTelephone(currentTextContent);
            }
            else if(localName.equals("date")){
                this.travelBook.setDate(currentTextContent);
            }
        }
    }
    @Override
    public void error(SAXParseException e)throws SAXException {
    }
    @Override
    public void fatalError(SAXParseException e)throws SAXException {
    }
    @Override
    public void ignorableWhitespace(char[] ch,int start,int length)
        throws SAXException {
        System.out.println("遇到空白,其长度为 "+length);
    }
    @Override
    public void processingInstruction(String target,String data)
        throws SAXException {
        System.out.println("处理指令,target 为"+target+",data 为"+data);
    }
    @Override
    public void startDocument()throws SAXException {
        System.err.println("************XML 文档开始!************");
        this.hasReadingFinished=false;
        this.hasTravelFinished=false;
        this.readingBook=new ReadingBook();
        this.travelBook =new TravelBook();
    }
    @Override
    public void startElement(String uri,String localName,String qName,
                            Attributes attributes)throws SAXException {
        System.err.println("元素开始,uri 为 "+uri+",元素名称为 "+localName);
```

```
    }
    @Override
    public void warning(SAXParseException e)throws SAXException {
    }
}
```

在上述应用程序中，定义了两个实体类 ReadingBook 和 TravelBook，分别表示书籍和酒店预订信息，两个类均从 Object 继承并覆盖了 toString()方法，如示例 7.8 与示例 7.9 所示。

示例 7.8：ReadingBook.java

```
package chapter_07;
import java.util.ArrayList;
import java.util.List;
public class ReadingBook {
    public ReadingBook(){
        this.authors=new ArrayList<String>();
    }
    public String getTitle(){
        return title;
    }
    public void setTitle(String title){
        this.title=title;
    }
    public void addAuthor(String author){
        this.authors.add(author);
    }
    public String getPress(){
        return press;
    }
    public void setPress(String press){
        this.press=press;
    }
    public String toString(){
        StringBuffer content=new StringBuffer();
        content.append("一本书,名称为 ")
                .append(this.title)
                .append(",作者为 ");
        for(int i=0;i<=this.authors.size()-2;i++){
            content.append(this.authors.get(i))
                    .append(",");
        }
        content.append(this.authors.get(authors.size()-1));
        content.append(",出版社为"+this.press);
```

```
        return content.toString();
    }
    private String title;
    private List<String>authors;
    private String press;
}
```

示例 7.9：TravelBook.java

```
package chapter_07;
public class TravelBook {
    public String getHotel(){
        return hotel;
    }
    public void setHotel(String hotel){
        this.hotel=hotel;
    }
    public String getAddress(){
        return address;
    }
    public void setAddress(String address){
        this.address=address;
    }
    public String getTelephone(){
        return telephone;
    }
    public void setTelephone(String telephone){
        this.telephone=telephone;
    }
    public String getDate(){
        return date;
    }
    public void setDate(String date){
        this.date=date;
    }
    public String toString(){
        StringBuffer content=new StringBuffer();
        content.append("酒店预订,酒店为 ")
                .append(this.hotel)
                .append(",地址为 ")
                .append(this.address)
                .append(",电话为 ")
                .append(this.telephone)
                .append(",时间为 ")
                .append(this.date);
        return content.toString();
```

```
    }
    private String hotel;
    private String address;
    private String telephone;
    private String date;
}
```

示例 7.7 中的应用程序其运行结果如图 7.4 所示。

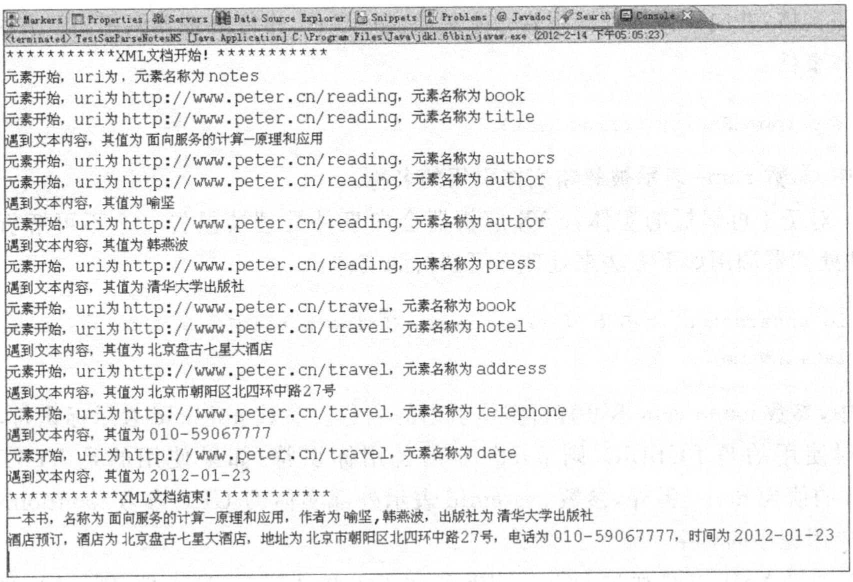

```
***********XML文档开始! ***********
元素开始, uri为, 元素名称为 notes
元素开始, uri为 http://www.peter.cn/reading, 元素名称为 book
元素开始, uri为 http://www.peter.cn/reading, 元素名称为 title
遇到文本内容, 其值为 面向服务的计算—原理和应用
元素开始, uri为 http://www.peter.cn/reading, 元素名称为 authors
元素开始, uri为 http://www.peter.cn/reading, 元素名称为 author
遇到文本内容, 其值为 喻坚
元素开始, uri为 http://www.peter.cn/reading, 元素名称为 author
遇到文本内容, 其值为 韩燕波
元素开始, uri为 http://www.peter.cn/reading, 元素名称为 press
遇到文本内容, 其值为 清华大学出版社
元素开始, uri为 http://www.peter.cn/travel, 元素名称为 book
元素开始, uri为 http://www.peter.cn/travel, 元素名称为 hotel
遇到文本内容, 其值为 北京盘古七星大酒店
元素开始, uri为 http://www.peter.cn/travel, 元素名称为 address
遇到文本内容, 其值为 北京市朝阳区北四环中路27号
元素开始, uri为 http://www.peter.cn/travel, 元素名称为 telephone
遇到文本内容, 其值为 010-59067777
元素开始, uri为 http://www.peter.cn/travel, 元素名称为 date
遇到文本内容, 其值为 2012-01-23
***********XML文档结束! ***********
一本书, 名称为 面向服务的计算—原理和应用, 作者为 喻坚,韩燕波, 出版社为 清华大学出版社
酒店预订, 酒店为 北京盘古七星大酒店, 地址为 北京市朝阳区北四环中路27号, 电话为 010-59067777, 时间为 2012-01-23
```

图 7.4 对含有命名空间 XML 文档的解析结果

7.4.7 实体

对于在 DTD 中定义的实体，XML 文件可以通过实体引用来使用这些实体。实体可以分为内部实体和外部实体，内部实体是指实体的内容包含在 DTD 文件内部的实体；外部实体是指实体的内容是 DTD 文件以外的其他文件。

SAX 解析器在解析实体时，对于不同类型的实体向事件处理器报告的事件会有一些区别。

(1) 当 SAX 解析器遇到一般内部实体时，首先将实体引用替换为实体内容，然后再以文本数据事件报告给事件处理器，事件处理器会调用如下方法来处理数据：

```
void characters(char ch[],int start,int length)
```

(2) 当 SAX 解析器遇到一般外部实体时，首先将实体引用替换为实体的内容，然后先向事件处理器报告一个实体事件，再报告一个文本数据事件，即事件处理器先调用如下方法来处理实体事件：

```
InputSource resolveEntity(String publicId,String systemId)
```

然后再调用如下方法来处理文本数据事件：

```
void characters(char ch[],int start,int length)
```

方法 InputSource resolveEntity(String publicId, String systemId)中的参数 publicId 表示标识符，如果声明实体时使用的是 PUBLIC，则 publicId 是公用标识符；如果声明实体时使用的是 SYSTEM，则 publicId 是 null。另外，参数 systemId 表示外部实体的 URI。

(3) 如果在 XML 文件中引用的实体在 DTD 中没有相关的定义，则 SAX 解析器不会解析该实体，并向事件处理器报告一个忽略实体事件，事件处理器调用如下方法来处理忽略实体事件：

```
void skippedEntity(String name)
```

其中，参数 name 表示被忽略实体引用的名称。

(4) 对于不可解析的实体，SAX 解析器会向事件处理器报告一个不可解析实体事件，事件处理器调用如下方法来处理不可解析的实体：

```
void unparsedEntityDecl (String name, String publicId, String systemId, String natationName)
```

其中，参数 name 表示不可解析实体引用的名称。参数 publicId 表示标识符，如果声明实体时使用的是 PUBLIC，则 publicId 是公用标识符；如果使用的是 SYSTEM，则 publicId 的值为 null。另外，参数 systemId 表示外部实体的 URI；参数 natationName 表示外部应用程序的名字。

(5) 如果 XML 文件通过 DOCTYPE 声明了关联外部 DTD 文件，则 SAX 解析器在报告完文件开始事件之后，会再将 DOCTYPE 声明作为实体事件报告给事件处理器。

7.5 SAX 错误信息

SAX 解析器默认只检查 XML 文件的格式良好，如想要 XML 解析器也检查 XML 文件的有效性，则需要调用下面的代码进行该特征的设置：

```
xmlReader.setFeature("http://xml.org/sax/features/validation", true);
```

如果 SAX 解析器在解析过程中发现该 XML 文件中存在错误，就会向事件处理器报告一个错误事件，该事件是一个 SAXParseException 对象。然后，事件处理器会根据不同的错误类型调用相应的处理方法。

SAX 中的错误类型包括如下。

1. 警告(warning)

在 XML 1.0 推荐标准中，SAX 中的警告不属于规范性的错误。SAX 解析器只有在认为有必要报告警告时，才会向事件处理器报告一个警告事件。事件处理器会调用如下方法来处理警告事件：

```
void warning(SAXParseException e)
```

警告不属于一般错误或致命错误，它不会阻止解析器继续解析XML文件，因此，对于警告可以不进行任何处理，也不必抛出SAXException异常。

2. 一般错误(error)

当XML的内容(而不是格式或结构)出现了某些意想不到的问题时(例如，不满足DTD文件中的某个约束)，SAX解析器就会向事件处理器报告一个一般错误。发生一般错误，就表示被解析的XML文件中的数据可能发生丢失、篡改或错误等问题。事件处理器在接收到一般错误事件后会调用如下方法来进行处理：

```
void error(SAXParseException e)
```

一般错误不会影响SAX解析器继续解析，因此，处理一般错误时一般也不会抛出SAXException异常。

3. 致命错误(fatal error)

致命错误是指绝对会干扰和阻止SAX解析器继续进行解析的错误。例如，如果XML文件不是格式良好的，或者不是有效的，都会报告致命错误。事件处理器会调用如下方法来处理致命错误：

```
void fatalError(SAXParseException e)
```

由于致命错误将导致SAX解析器无法继续解析，因此，处理致命错误时应当抛出SAXException异常，并停止解析。如果不抛出SAXException异常，当SAX解析器无法继续解析时，就会强制抛出SAXException异常，并停止解析。

从上述可知，在处理以上3个层次错误的3个方法中都含有一个参数SAXParseException e，它包含了错误的详细信息。类SAXParseException定义了一些方法，通过这些方法可以获得错误的相关信息，主要包括：

- String getMessage()，返回错误信息。
- int getLineNumber()，返回错误结尾所在的行号。
- int getColumnNumber()，返回错误结尾所在的列号。
- void printStackTrace()，输出错误信息。

在事件处理器处理错误的方法中，如果不抛出SAXException异常，则SAX解析器将会继续执行parse方法来解析XML文件。如果抛出了SAXException异常，则此异常会传递给当前使用SAX解析器的应用程序，该应用程序再根据异常进行相应的处理。

下面通过具体的例子来说明错误的处理。在示例7.1的XML文档中，把元素Symbol的结束标签修改为</symbol>，修改之后该XML文档就不再是格式良好的，同时把类StockXmlHandler处理错误信息的方法定义如下：

```
@Override
public void warning(SAXParseException e)throws SAXException {
    System.err.println("警告信息," +e.getMessage());
}
```

```
@Override
public void error(SAXParseException e)throws SAXException {
    System.err.printf("\n 一般错误信息,第%d 行,第%d 列",
    e.getLineNumber(),e.getColumnNumber());
    System.err.println("错误内容: "+e.getMessage());
}
@Override
public void fatalError(SAXParseException e)throws SAXException {
    System.err.printf("\n 致命错误信息,第%d 行,第%d 列",
    e.getLineNumber(),e.getColumnNumber());
    System.err.println("错误内容: " +e.getMessage());
    throw e;
}
```

修改后应用程序的运行结果如图 7.5 所示。

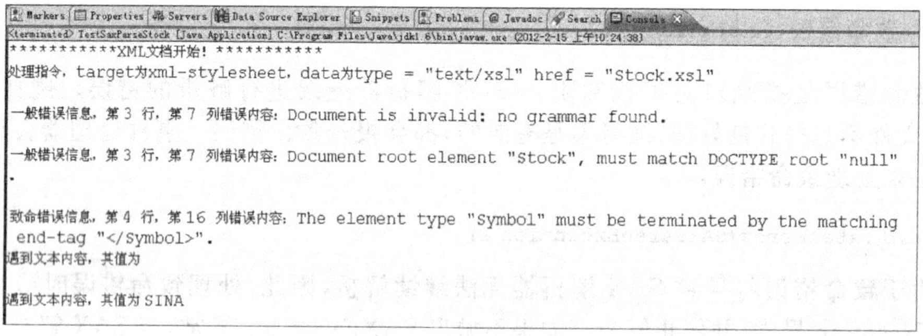

```
Markers | Properties | Servers | Data Source Explorer | Snippets | Problems | @ Javadoc | Search | Console
<terminated> TestSaxParseStock [Java Application] C:\Program Files\Java\jdk1.6\bin\javaw.exe (2012-2-15 上午10:24:38)
***********XML文档开始! ***********
处理指令, target为xml-stylesheet, data为type = "text/xsl" href = "Stock.xsl"

一般错误信息, 第 3 行, 第 7 列错误内容: Document is invalid: no grammar found.

一般错误信息, 第 3 行, 第 7 列错误内容: Document root element "Stock", must match DOCTYPE root "null"
.

致命错误信息, 第 4 行, 第 16 列错误内容: The element type "Symbol" must be terminated by the matching
 end-tag "</Symbol>".
遇到文本内容, 其值为

遇到文本内容, 其值为 SINA
```

图 7.5　XML 文档违反格式良好规则时产生的错误信息

可以看出,SAX 解析器在解析修改后的 XML 文档时,产生了两条一般错误信息和一条致命错误信息。产生的一般错误信息是由于该 XML 文档未使用 DTD,而在应用程序中设置了进行有效性的检查,因此产生了这两条一般错误。对于示例 7.1 中没有采用 DTD 的 XML 文件,如果应用程序没有通过下列代码设置检查有效性,则不会产生上述一般错误:

```
xmlReader.setFeature("http://xml.org/sax/features/validation", true);
```

产生的致命错误则是由于在 XML 文档中元素类型 Symbol 没有使用正确的结束标签</Symbol>。由于发现该 XML 文档不是格式良好的,因此在方法 fatalError 中继续抛出了 SAXParseException 异常对象 e,从而应用程序停止了对该 XML 文件的解析。

如果把示例 7.5 中的 XML 文档里的元素 AnnRange 和 Name 交换位置,应用程序的运行结果如图 7.6 所示。

在交换了两个元素的位置之后,该 XML 文档就不再是有效的。在这种情况下,SAX 解析器产生的是一般错误,并给出了具体的错误内容。此时具体如何进一步处理取决于应用程序的需要,该应用程序继续解析并读取了 XML 文档中的数据后输出。

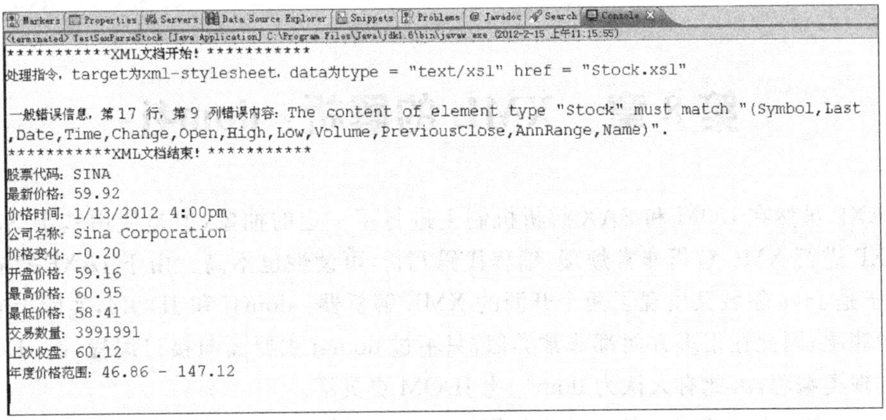

```
Markers  Properties  Servers  Data Source Explorer  Snippets  Problems  @ Javadoc  Search  Console
<terminated> TestSaxParseStock [Java Application] C:\Program Files\Java\jdk1.6\bin\javaw.exe (2012-2-15 上午11:15:55)
***********XML文档开始! ***********
处理指令，target为xml-stylesheet，data为type = "text/xsl" href = "Stock.xsl"

一般错误信息，第 17 行，第 9 列错误内容: The content of element type "Stock" must match "(Symbol,Last
,Date,Time,Change,Open,High,Low,Volume,PreviousClose,AnnRange,Name)".
***********XML文档结束! ***********
股票代码: SINA
最新价格: 59.92
价格时间: 1/13/2012 4:00pm
公司名称: Sina Corporation
价格变化: -0.20
开盘价格: 59.16
最高价格: 60.95
最低价格: 58.41
交易数量: 3991991
上次收盘: 60.12
年度价格范围: 46.86 - 147.12
```

图 7.6　XML 文档违反有效性规则时产生的错误信息

7.6　习题

1. 简要说明 SAX 解析器和 DOM 解析器的区别。
2. SAX 解析器在解析 XML 文档时向事件处理器最先和最后报告的是什么事件?
3. 对于下面的 XML 文档，写出 SAX 解析器报告事件的顺序和内容。

```
<?xml version="1.0" encoding="UTF-8" standalone="yes"?>
<?xml-stylesheet type="text/xsl" href="Stock.xsl"?>
<Stock>
    <Symbol>SINA</Symbol>
    <Last currency="USD">59.92</Last>
    <Date>1/13/2012</Date>
    <Time>4:00pm</Time>
    <Change>-0.20</Change>
</Stock>
```

4. 编写程序，解析习题 3 中的 XML 文档，输出得到的股票行情信息。

第 8 章　XML 的解析：dom4j

JAXP 虽然在 DOM 和 SAX 解析机制上进行了一定的抽象，但是使用基于 Xerces-J 的 JAXP 进行 XML 解析非常烦琐，编程代码冗长，可读性也不高。由于 JAXP 存在许多缺陷，于是 Java 领域又出现了两个开源的 XML 解析器：dom4j 和 JDOM，实际上它们有很深的渊源，因此在很多方面都非常类似，只不过 dom4j 主要面向接口编程，而 JDOM 则面向实现类编程，因此有人认为 dom4j 比 JDOM 更灵活。

dom4j 的开发者宣称：如果希望使用 dom4j 来解析 XML 文档，那么无需参考任何图书，甚至不需要翻阅烦琐的用户指南，只要有基本的 DOM 概念，那么对着 dom4j 的 API 文档即可使用 dom4j 解析。事实上，本章所介绍的 dom4j 确实非常简单，使用 dom4j 不管是解析 XML 文档还是创建 XML 文档都非常简单。目前很多 Java 开源框架，如 Hibernate，都是采用 dom4j 解析器来解析 XML 文档的。

8.1　dom4j 简介

dom4j 是一套开源的 XML 解析工具，完全支持 DOM 和 SAX。与传统的 Xerces-J 相比，dom4j 更为简单易用，因此实际项目中往往选择 dom4j 作为 XML 解析器。与 Xerces 不同的是，dom4j 没有提供其他语言版本，只提供了 Java 语言版本，因此 dom4j 主要在 Java 应用中作为 XML 解析工具。

dom4j 在很大程度上简化了 XML 的处理方式。从表面上看，dom4j 有点类似于 DOM 解析机制，也将 XML 文档转换为一棵结构化树（后面把这棵树称为 dom4j 树），但 dom4j 的处理方式比 DOM 树更简单。

使用 Xerces-J 的 DOM 实现来解析 XML 文档时，对于如下的 XML 文档片段：

```
<Stock>
    <Symbol>SINA</Symbol>
    <Last>59.92</Last>
    <Date>1/13/2012</Date>
    <Time>4:00pm</Time>
</Stock>
```

在获取了 Stock 元素之后，如果希望获取它所包含的 3 个子元素中的数据，需要使用如下代码：

```
//获取 Stock 元素的所有子节点
NodeList children=stock.getChildNodes();
//遍历每个子节点
for(int i=0;i <=children.getLength()-1;i++){
```

```
    String content=children.item(i).getTextContent().trim();
}
```

这种处理方式总是让人感觉很难理解：Stock元素的getChildNodes()方法返回该元素的所有子节点，而不是所有子元素（注意此处节点和元素的区别），这使得应用程序在使用这种方法来解析时非常烦琐。

如果使用dom4j来处理上面的XML文档，情况就不同了。dom4j的处理方式更接近平常的自然思维，dom4j对上面的XML文档的处理代码如下：

```
//获取 Stock 元素的所有子元素
List itemList=stock.elements();
//遍历每个子元素
for(int i=0;i <=itemList.size()-1;i++){
    Element element=(Element)itemList.get(i);
    String content=element.getText();
}
```

可以看出，虽然dom4j和DOM解析的思想基本相似，但dom4j的处理方式更简单。相对于传统的Xerces-J的实现而言，dom4j最大的特点就是简单，除此之外，dom4j还有如下两个优势。

1. 面向接口编程

dom4j采用面向接口编程的方式来处理XML文档解析，应用程序主要面向Document、Element和ProcessingInstruction等接口编程，至于这些接口的底层实现，程序员无需关心。由于dom4j采用了面向接口方式编程，因此程序在处理XML解析时更加灵活。而且由于dom4j实质上是以其他XML解析器为基础的，采用面向接口编程的方式将允许dom4j的底层在不同的解析机制之间自由切换。

2. 支持多种解析机制

dom4j对底层原始的XML解析器进行了高度封装，正是这种封装简化了XML处理。在dom4j的org.dom4j.io包下提供了如下几个类：

- DOMReader：它负责根据W3C的DOM树创建dom4j树。
- SAXReader：它基于SAX解析机制来解析XML文档，并将其转换为dom4j树。
- XPP3Reader：其底层需要依赖于XML Pull Parser 3.x来解析XML文档，并将其转换为dom4j树。
- XPPReader：它是基于XML Pull Parser 2.x的解析器，目前不支持注释、CDATA和处理指令。

由于dom4j如此优秀，因此很多优秀的开源Java项目都采用dom4j作为XML解析器，例如著名的Hibernate框架。在实际项目开发中，笔者也往往会优先考虑使用dom4j来处理XML文档。与dom4j对应的还有另外一个简单易用的XML解析器，名称为JDOM，但在网络上的一些公开评测中，dom4j的性能要优于JDOM。

可以到 dom4j 的官方站点 http://www.dom4j.org/或 http://dom4j.sourceforge.net/上下载 dom4j，本章中使用的版本为 1.6.1。在 Eclipse 中，只要在项目中把该 jar 包添加到 Build Path 即可。

8.2 dom4j 常用 API

dom4j 采用面向接口的方式来解析 XML 文档，开发过程中所使用的 API 通常都是接口。dom4j 树中各种节点的类图如图 8.1 所示。

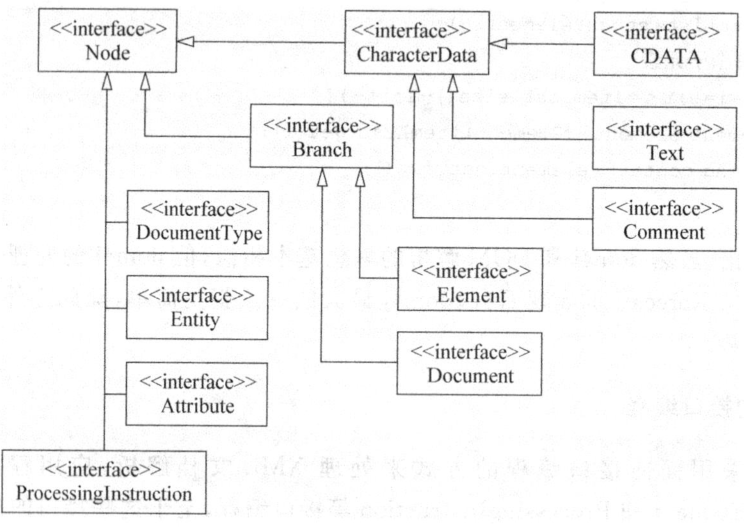

图 8.1 dom4j 常用 API 接口

关于 dom4j 中各接口的说明如表 8.1 所示。

表 8.1 dom4j 中常用接口的说明

接　口	说　明
Node	是 dom4j 树中所有节点的父接口
Branch	表示能包含子节点的节点，有两个直接子接口：Element 和 Document
Element	表示 XML 文档中的元素
Document	表示 XML 中的文档根元素
Attribute	表示 XML 文档中元素的属性
DocumentType	表示 XML 文档中的文档类型信息
ProcessingInstruction	表示 XML 文档中的处理指令
CharacterData	是所有文本数据的父接口，有三个子接口：CDATA、Text 和 Comment
CDATA	表示 XML 文档中的 CDATA 段
Text	表示 XML 文档中的文本内容
Comment	表示 XML 文档中的注释内容

除此之外，dom4j 为解析 XML 文档还提供了 DOMReader、SAXReader、XPPReader 和 XPP3Reader 等 4 个解析器，负责将不同形式的 XML 文档转换为 dom4j 树。相应地，

dom4j 也提供了如下几个 Writer：

- DOMWriter：该输出工具负责将 dom4j 树转换为 W3C 的 DOM 树。
- SAXWriter：该输出工具负责将 dom4j 树输出给 SAX 的 ContentHandler 处理。
- XMLWriter：该工具类将 dom4j 树转换成相应的 XML 文档，并可输出到指定的输出流中。

另外，如果程序需要创建一个新的 Document 对象，dom4j 还提供了如下两个工具类：

- DocumentFactory：该工具类提供了一个 createDocument()方法用于创建 Document 对象。
- DocumentHelper：该工具类提供了大量的静态方法，用于创建 XML 文档的各个组成部分。

掌握了上述 dom4j 的常用 API 之后，就可以使用 dom4j 来对 XML 文档进行处理了。

8.3 使用 dom4j 处理 XML

8.3.1 解析 XML

使用 dom4j 进行 XML 文档的解析是非常简单的，它的处理方式与 W3C 的 DOM 处理很接近，而且更简单易用。在将 XML 文档转换成 dom4j 树之后，程序就可使用一致的编程模型来处理 XML 文档了。

例如，示例 8.1 所示的 XML 文档存储了股票行情信息。

示例 8.1：Stock.xml

```
<?xml version="1.0" encoding="UTF-8" standalone="yes"?>
<Stock>
    <Symbol>SINA</Symbol>
    <Last currency="USD">59.92</Last>
    <Date>1/13/2012</Date>
    <Time>4:00pm</Time>
    <Change>-0.20</Change>
    <Open>59.16</Open>
    <High>60.95</High>
    <Low>58.41</Low>
    <Volume>3991991</Volume>
    <PreviousClose>60.12</PreviousClose>
    <AnnRange>46.86-147.12</AnnRange>
    <Name>Sina Corporation,China</Name>
</Stock>
```

解析上述 XML 文档的应用程序如示例 8.2 所示。

示例 8.2：TestParseDom4j.java

```
package chapter_08;
import java.io.File;
import java.util.List;
import org.dom4j.Attribute;
import org.dom4j.Document;
import org.dom4j.Element;
import org.dom4j.io.SAXReader;
public class TestParseDom4j {
    public static final String XML_FILE="C:\\_XML_Book\\Stock.xml";
    @SuppressWarnings("rawtypes")
    public static void main(String[] args){
        SAXReader reader=null;
        Document document=null;
        Element stock=null;
        Element element=null;
        List elements=null;
        Attribute attribute=null;
        try {
            reader=new SAXReader();
            document=reader.read(new File(XML_FILE));
            stock=document.getRootElement();
            elements=stock.elements();
            for(int i=0;i <=elements.size()-1;i++){
                element=(Element)elements.get(i);
                System.out.printf("\n%15s:% s", element.getName(),
                element.getTextTrim());
                List attributes=element.attributes();
                if(attributes.size()>=1){
                    for(int j=0;j <=attributes.size()-1;j++){
                        attribute=(Attribute)attributes.get(j);
                        System.out.printf(",属性%s=% s",
                        attribute.getName(),attribute.getText());
                    }
                }
            }
        }
        catch(Exception e){
            e.printStackTrace();
        }
    }
}
```

在上述程序中，对文档根元素 Stock 的子元素和属性进行了处理。该程序使用了

SAXReader 作为解析器来解析 XML 文档，还可以使用 XPPReader 或 XPP3Reader，此时需要将相应的 jar 文件添加到系统类加载路径中。该程序的运行结果如图 8.2 所示。

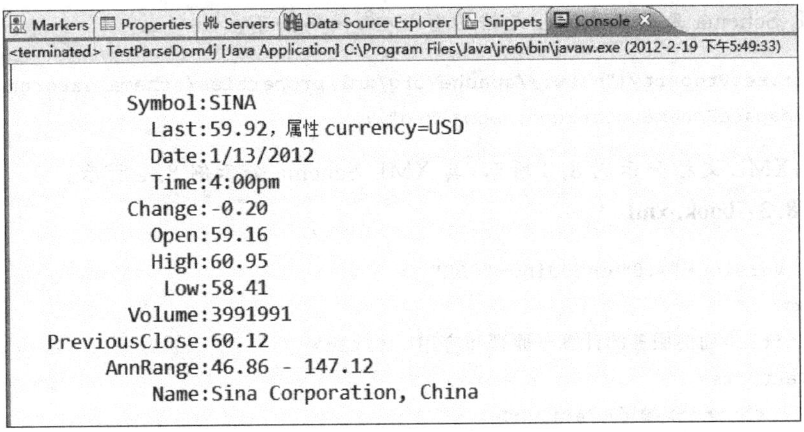

```
Markers | Properties | Servers | Data Source Explorer | Snippets | Console
<terminated> TestParseDom4j [Java Application] C:\Program Files\Java\jre6\bin\javaw.exe (2012-2-19 下午5:49:33)
        Symbol:SINA
          Last:59.92, 属性 currency=USD
          Date:1/13/2012
          Time:4:00pm
        Change:-0.20
          Open:59.16
          High:60.95
           Low:58.41
        Volume:3991991
 PreviousClose:60.12
      AnnRange:46.86 - 147.12
          Name:Sina Corporation, China
```

图 8.2　解析 XML 文档的运行结果

8.3.2　验证 XML

使用 dom4j 也可以验证 XML 文档的有效性，包括使用 DTD 和使用 XML Schema 来进行验证。

如果需要使用 DTD 来验证 XML 文档，则只需调用 SAXReader 类的如下方法：

```
void setValidation(boolean validation);
```

该方法的参数为 true 即可使用 DTD 来验证 XML 文档的有效性。另外，在创建 SAXReader 类的对象时如果调用如下的构造方法：

```
public SAXReader(boolean validating){
    this.validating=validating;
}
```

那么得到的 SAXReader 类的对象默认就已经打开了 DTD 的验证功能。关于验证 DTD 情况下的 XML 文档有效性，也可参考第 3 章的示例程序 3.5。

上述方法仅能用于验证 DTD 约束情况下的有效性，不能用于验证 XML Schema 约束情况下的有效性。dom4j 也支持使用 XML Schema 来验证 XML 文档的有效性。dom4j 的 SAXReader 解析器提供了如下方法来启用 XML Schema 验证功能：

```
reader.setValidation(true);
reader.setFeature(
        "http://apache.org/xml/features/validation/schema", true);
```

注意：即使采用 XML Schema 来验证 XML 文档的有效性，仍然需要使用代码来启用 SAXReader 解析器的验证功能：

```
reader.setValidation(true);
```

如果 XML 文档中没有指定 XML Schema,则可以告诉 SAXReader 解析器应该使用哪个 XML Schema 来验证 XML 文档的有效性,代码如下:

```
reader.setProperty("http://apache.org/xml/properties/schema/external-noNamespaceSchemaLocation","book.xsd");
```

例如,XML 文档如示例 8.3 所示,其 XML Schema 如示例 8.4 所示。

示例 8.3: book.xml

```
<?xml version="1.0" encoding="GBK" ?>
<book>
    <title>面向服务的计算—原理和应用</title>
    <authors>
        <author>喻坚</author>
        <author>韩燕波</author>
    </authors>
    <press>清华大学出版社</press>
</book>
```

示例 8.4: book.xsd

```
<?xml version="1.0"?>
<xsd:schema xmlns:xsd="http://www.w3.org/2001/XMLSchema">
    <xsd:element name="book">
        <xsd:complexType>
            <xsd:sequence>
                <xsd:element name="title" type="xsd:string" />
                <xsd:element name="authors">
                    <xsd:complexType>
                        <xsd:sequence>
                            <xsd:element name="author"
                                         type="xsd:string"
                                         minOccurs="1"
                                         maxOccurs="unbounded" />
                        </xsd:sequence>
                    </xsd:complexType>
                </xsd:element>
                <xsd:element name="press" type="xsd:string" />
            </xsd:sequence>
        </xsd:complexType>
    </xsd:element>
</xsd:schema>
```

进行 XML 文档有效性验证的应用程序如示例 8.5 所示。

示例8.5：TestValidateSchemaDom4j.java

```
package chapter_08;
import java.io.File;
import java.util.List;
import org.dom4j.Attribute;
import org.dom4j.Document;
import org.dom4j.Element;
import org.dom4j.io.SAXReader;
import org.xml.sax.SAXException;
import org.xml.sax.SAXParseException;
import org.xml.sax.helpers.DefaultHandler;
public class TestValidateSchemaDom4j {
    public static final String XML_FILE="C:\\_XML_Book\\book.xml";
    @SuppressWarnings("rawtypes")
    public static void main(String[] args){
        SAXReader reader=null;
        Document document=null;
        Element stock=null;
        Element element=null;
        List elements=null;
        try {
            reader=new SAXReader();
            reader.setValidation(true);
            reader.setFeature(
            "http://apache.org/xml/features/validation/schema",true);reader.
            setProperty("http://apache.org/xml/properties/schema/external-
            noNamespaceSchemaLocation","book.xsd");
            reader.setErrorHandler(new DefaultHandler(){
                @Override
                public void error(SAXParseException e)
                                  throws SAXException {
                System.err.printf("\n产生错误:%s,第%d行第%d列",
                e.getMessage(),e.getLineNumber(),e.getColumnNumber());
                }
            });
            document=reader.read(new File(XML_FILE));
            stock=document.getRootElement();
            elements=stock.elements();
            for(int i=0;i<=elements.size()-1;i++){
                element=(Element)elements.get(i);
                System.out.printf("\n%15s:%s", element.getName(),
                                                element.getTextTrim());
                if(element.getName().equals("authors")){
```

```
                        List authors=element.elements();
                        for(int j=0;j <=authors.size()-2;j++){
                            Element author= (Element)authors.get(j);
                            System.out.print(author.getTextTrim()+",");
                        }
                        Element author= (Element)
                                      authors.get(authors.size()-1);
                        System.out.print(author.getTextTrim());
                    }
                }
            }
        catch(Exception e){
            e.printStackTrace();
        }
    }
}
```

该应用程序的运行结果如图 8.3 所示。

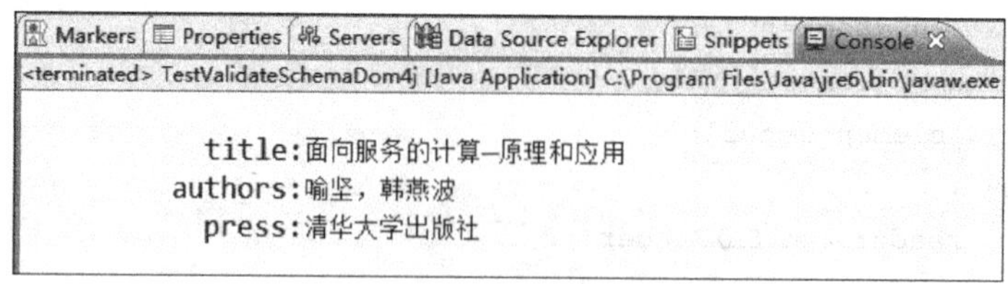

图 8.3　示例 8.5 应用程序的运行结果

如果在示例 8.3 的 XML 文档中把元素 press 修改为 Press，则验证有效性的应用程序其运行结果如图 8.4 所示。错误信息说明，没有找到元素 Press，应该使用 press。

```
<terminated> TestValidateSchemaDom4j [Java Application] C:\Program Files\Java\jre6\bin\javaw.exe (2012-2-19 下午8:31:02)

产生错误：cvc-complex-type.2.4.a: Invalid content was found starting with element 'Press'.
 One of '{press}' is expected.，第 9 行第 9 列
          title:面向服务的计算—原理和应用
        authors:喻坚，韩燕波
          Press:清华大学出版社
```

图 8.4　当 XML 文档违背 XML Schema 约束时应用程序的运行结果

8.3.3　创建 XML

使用 dom4j 来创建 XML 文档也非常方便，dom4j 提供了工具类 DocumentFactory 用于创建一个新的 Document 对象。在得到新的 Document 对象之后，可按如下步骤来创建所需的 XML 文档：

(1) 以 Document 对象为根，添加元素节点；

(2) 为需要增加的属性节点添加合适的属性,并设置属性的值;
(3) 不断重复上述 2 个步骤,即可得到内存中的 dom4j 树;
(4) 使用 XMLWriter 类将 dom4j 树输出到指定的 XML 文件中。

示例 8.6 的应用程序演示了如何使用 dom4j 来创建 XML 文档。

示例 8.6：TestNewXml.java

```
package chapter_08;
import java.io.FileWriter;
import org.dom4j.Document;
import org.dom4j.DocumentFactory;
import org.dom4j.Element;
import org.dom4j.io.OutputFormat;
import org.dom4j.io.XMLWriter;
public class TestNewXml {
    public static void main(String[] args){
        DocumentFactory factory=null;
        Document document=null;
        Element book=null;
        OutputFormat format=null;
        FileWriter fw=null;
        XMLWriter writer=null;
        try {
            factory=DocumentFactory.getInstance();
            document=factory.createDocument();
            book=document.addElement("book");
            Element title=book.addElement("title");
            title.setText("面向服务的计算—原理和应用");
            Element authors=book.addElement("authors");
            Element author1=authors.addElement("author");
            author1.setText("喻坚");
            Element author2=authors.addElement("author");
            author2.setText("韩燕波");
            Element press=book.addElement("press");
            press.setText("清华大学出版社");
            format=new OutputFormat("\t",true,"GBK");
            fw=new FileWriter("D:\\_XML_Book\\newBookDom4j.xml");
            writer=new XMLWriter(fw,format);
            writer.write(document);
            writer.close();
        }
        catch(Exception e){
        }
    }
}
```

在创建 OutputFormat 类的对象时，调用了其如下构造方法：

```
OutputFormat(String indent, boolean newlines, String encoding)
```

该方法的第一个参数用于设置元素和子元素之间的缩进值，第二个参数用于设置一个新的元素是否添加换行符，第三个参数用于设置该 XML 文档的字符编码集。该应用程序生成的 XML 文档如下所示，其中的换行符、制表符均由应用程序生成。

```
<?xml version="1.0" encoding="GBK"?>

<book>
    <title>面向服务的计算—原理和应用</title>
    <authors>
        <author>喻坚</author>
        <author>韩燕波</author>
    </authors>
    <press>清华大学出版社</press>
</book>
```

可以看出，使用 dom4j 创建 XML 文档非常简单，只要将 Document 当做树根，然后通过该树根不断地生长出新节点，每个新节点又可以重新生长出新节点，这样就可最终得到内存中的 dom4j 树，最后使用 XMLWriter 输出该 dom4j 树即可。

除了上述方法，dom4j 还提供了一个 DocumentHelper 工具类，该工具类提供了 createDocument、createAttribute 等大量静态方法用于创建各种节点，也可以使用这些工具方法来创建各种 XML 节点，然后再将它们组装成 dom4j 树，最后仍然使用 XMLWriter 输出该 dom4j 树。

8.3.4 更新 XML

使用 dom4j 也可以很方便地更新 XML 文档，主要步骤包括：

(1) 解析 XML 文档，将 XML 文档转化为 dom4j 树；

(2) 利用 dom4j 树提供的导航方法找到需要修改的节点；

(3) 修改指定节点，或者为指定节点添加新的子节点；

(4) 输出修改过的 dom4j 树。

例如，要把上一节中新建的 XML 文档中 press 元素的值由“清华大学出版社”改为“清华大学出版社，北京，中国”，完成该修改功能的应用程序如示例 8.7 所示。

示例 8.7：TestModifyXml.java

```
package chapter_08;
import java.io.File;
import java.io.FileWriter;
import java.util.List;
import org.dom4j.Document;
```

```
import org.dom4j.Element;
import org.dom4j.io.OutputFormat;
import org.dom4j.io.SAXReader;
import org.dom4j.io.XMLWriter;
public class TestModifyXml {
    public static final String XML_FILE="D:\\newBookDom4j.xml";
    @SuppressWarnings("unchecked")
    public static void main(String[] args){
        SAXReader reader=null;
        Document document=null;
        Element book=null;
        Element press=null;
        List list=null;
        OutputFormat format=null;
        FileWriter fw=null;
        XMLWriter writer=null;
        try {
            reader=new SAXReader();
            reader.setStripWhitespaceText(true);
            reader.setMergeAdjacentText(true);
            document=reader.read(new File(XML_FILE));
            book=document.getRootElement();
            list=book.elements("press");
            if(list.size()>=1){
                press=(Element)list.get(0);
                press.setText(press.getText()+",北京,中国");
            }
            format=new OutputFormat("\t",true,"GBK");
            fw=new FileWriter(XML_FILE);
            writer=new XMLWriter(fw,format);
            writer.write(document);
            writer.close();
        }
        catch(Exception e){
        }
    }
}
```

在上述程序中，首先获取了文档根元素 book，而后再调用如下方法来获取该元素中名称为 press 的子元素：

```
list=book.elements("press");
```

在获取了 press 元素后，调用其 setText(String)方法即可给该元素设置新的文本内容，最后调用 Output 和 XMLWriter 类的相应方法写入到原有 XML 文档中。

在上述程序中,使用下面的代码设置了 dom4j 解析器对 XML 文档中空白的处理方式:

```
reader.setStripWhitespaceText(true);
reader.setMergeAdjacentText(true);
```

方法 setStripWhitespaceText(true)用于设置解析器忽略 XML 文档中元素开始标签和结束标签之间的空白。方法 setMergeAdjacentText(true)用于设置解析器将 XML 文档中元素里相邻的字符串内容合并在一起进行处理。在默认情况下,dom4j 解析器会保留 XML 文档中元素开始标签和结束标签之间的空白,因此使用 dom4j 解析器先解析再输出时,XML 文档内容会变得不美观。增加了上面两行代码后,重新输出的 XML 文档中会包含空白。

8.3.5 处理命名空间

dom4j 的 Element 和 Attribute 接口都提供了大量方法来获取对应的命名空间信息,这些方法包括:

- Namespace getNamespace():返回该元素或属性的命名空间。如果该元素没有命名空间,则返回 Namespace. NO_NAMESPACE;
- Namespace getNamespaceForPrefix(String prefix):获取指定 prefix 前缀所对应的命名空间,如果该前缀没有对应的命名空间,则返回 null;
- Namespace getNamespaceForURI(String uri):获取指定 URI 所对应的命名空间,如果该 URI 没有对应的命名空间,则返回 null;
- String getNamespacePrefix():返回该元素的命名空间前缀,如果该元素没有命名空间,则返回空字符串;
- String getNamespaceURI():返回该元素的命名空间的 URI,如果该元素没有命名空间,则返回空字符串;
- String getQualifiedName():返回该元素的全限定名称,即"命名空间前缀+英文冒号+元素的标签名称";
- List additionalNamespaces():返回该元素附加的命名空间声明,如果该元素上没有附加的命名空间声明,则返回长度为 0 的 List 集合。Attribute 接口没有该方法。

例如,示例 8.8 中的 XML 文档使用了 2 个命名空间,前缀分别为 reading 和 travel,所对应的 URI 分别为 http://www.peter.cn/reading 和 http://www.peter.cn/travel。

示例 8.8

```
<?xml version="1.0" encoding="GBK" standalone="yes" ?>
<notes xmlns:reading="http://www.peter.cn/reading"
       xmlns:travel="http://www.peter.cn/travel">
    <reading:book>
```

```
        <reading:title>面向服务的计算—原理和应用</reading:title>
        <reading:authors>
            <reading:author>喻坚</reading:author>
            <reading:author>韩燕波</reading:author>
        </reading:authors>
        <reading:press>清华大学出版社</reading:press>
    </reading:book>
    <travel:book>
        <travel:hotel>北京盘古七星大酒店</travel:hotel>
        <travel:address>北京市朝阳区北四环中路27号</travel:address>
        <travel:telephone>010-59067777</travel:telephone>
        <travel:date>2012-01-23</travel:date>
    </travel:book>
</notes>
```

首先定义两个实体类ReadingBook和TravelBook，代码请参见第7章的示例7.8和示例7.9。使用dom4j进行上述XML文档解析的应用程序如示例8.9所示。

示例8.9：TestParseNS.java

```
package chapter_08;
import java.io.File;
import java.util.List;
import org.dom4j.Document;
import org.dom4j.Element;
import org.dom4j.io.SAXReader;
public class TestParseNS {
    public static final String XML_FILE="D:\\NotesNS.xml";
    public static ReadingBook parseReadingBook(Element readingBook){
        ReadingBook readingBookBean=new ReadingBook();
        List list=readingBook.elements();
        for (int i=0;i<=list.size()-1;i++){
            Element element=(Element)list.get(i);
            if (element.getName().equals("title")){
                readingBookBean.setTitle(element.getTextTrim());
            }
            else if (element.getName().equals("press")){
                readingBookBean.setPress(element.getTextTrim());
            }
            else if (element.getName().equals("authors")){
                List authors=element.elements();
                for (int j=0;j<=authors.size()-1;j++){
                    Element author=(Element)authors.get(j);
                    readingBookBean.addAuthor(author.getTextTrim());
                }
            }
```

```
        }
        return readingBookBean;
    }
    public static TravelBook parseTravelBook(Element travelBook){
        TravelBook travelBookBean=new TravelBook();
        List list=travelBook.elements();
        for (int i=0;i<=list.size()-1;i++){
            Element element=(Element)list.get(i);
            if (element.getName().equals("hotel")){
                travelBookBean.setHotel(element.getTextTrim());
            }
            else if (element.getName().equals("address")){
                travelBookBean.setAddress(element.getTextTrim());
            }
            else if (element.getName().equals("telephone")){
                travelBookBean.setTelephone(element.getTextTrim());
            }
            else if (element.getName().equals("date")){
                travelBookBean.setDate(element.getTextTrim());
            }
        }
        return travelBookBean;
    }
    public static void main(String[] args){
        SAXReader reader=null;
        Document document=null;
        Element notes=null;
        List list=null;
        ReadingBook readingBookBean=null;
        TravelBook travelBookBean=null;
        try{
            reader=new SAXReader();
            document=reader.read(new File(XML_FILE));
            notes=document.getRootElement();
            list=notes.elements("book");
            for (int i=0;i<=list.size()-1;i++){
                Element element=(Element)list.get(i);
                if (element.getNamespacePrefix().equals("reading")){
                    readingBookBean=parseReadingBook(element);
                }
                else if (element.getNamespacePrefix().equals("travel")){
                    travelBookBean=parseTravelBook(element);
                }
            }
```

```
            System.out.println(readingBookBean);
            System.out.println(travelBookBean);
        }
        catch (Exception e){
        }
    }
}
```

该程序的运行结果如图 8.5 所示。

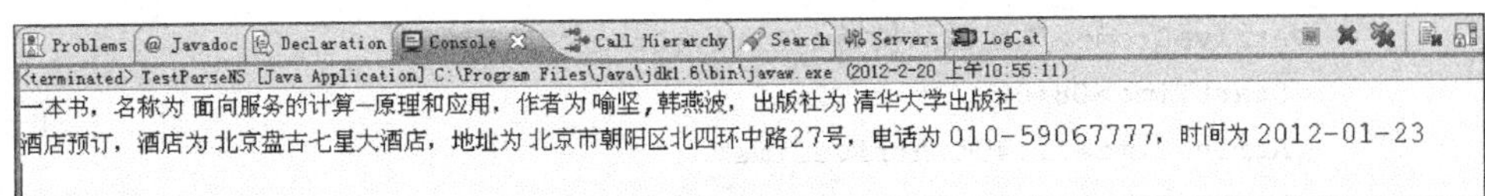

图 8.5　解析命名空间的运行结果

可以看出，通过调用 dom4j 的 Element 接口所提供的一系列方法，可以获取 XML 文档中元素所在命名空间的信息，并进行进一步的处理。

8.4 习题

1. 简要说明 dom4j、JDOM 和 DOM、SAX 的关系。
2. 编写程序，使用 dom4j 来解析下面的航班信息 XML 文档，并显示出所有航班的详细信息。

```
<?xml version="1.0" encoding="GBK" ?>
<Airlines xmlns:msdata="urn:schemas-microsoft-com:xml-msdata"
          xmlns:diffgr="urn:schemas-microsoft-com:xml-diffgram-v1">
    <AirlinesTime diffgr:id="AirlinesTime1" msdata:rowOrder="0">
        <Company>中国国际航空股份有限公司</Company>
        <AirlineCode>CA1353</AirlineCode>
        <StartDrome>首都国际机场</StartDrome>
        <ArriveDrome>凤凰国际机场</ArriveDrome>
        <StartTime>07:00</StartTime>
        <ArriveTime>10:55</ArriveTime>
        <Mode>321</Mode>
        <AirlineStop>0</AirlineStop>
        <Week>12346 日</Week>
    </AirlinesTime>
    <AirlinesTime diffgr:id="AirlinesTime2" msdata:rowOrder="1">
        <Company>中国国际航空股份有限公司</Company>
        <AirlineCode>CA1369</AirlineCode>
        <StartDrome>首都国际机场</StartDrome>
        <ArriveDrome>凤凰国际机场</ArriveDrome>
        <StartTime>07:30</StartTime>
```

```
        <ArriveTime>11:25</ArriveTime>
        <Mode>JET</Mode>
        <AirlineStop>0</AirlineStop>
        <Week>123456日</Week>
    </AirlinesTime>
    <AirlinesTime diffgr:id="AirlinesTime3" msdata:rowOrder="2">
        <Company>中国联合航空有限公司</Company>
        <AirlineCode>KN2277</AirlineCode>
        <StartDrome>南苑机场</StartDrome>
        <ArriveDrome>凤凰国际机场</ArriveDrome>
        <StartTime>08:00</StartTime>
        <ArriveTime>11:40</ArriveTime>
        <Mode>738</Mode>
        <AirlineStop>0</AirlineStop>
        <Week>123456日</Week>
    </AirlinesTime>
</Airlines>
```

3. 编写程序,使用 dom4j 来修改示例 8.1 中的 XML 文档,给元素 Last 增加一个属性 currency,其值为 USD。

第 9 章　XML 的应用：数据存储与数据交换

9.1　数据存储

使用 XML 可以进行数据存储。历史上，对 XML 的需求来自于两大阵营，即将 XML 主要作为文档使用的人和将 XML 作为数据使用的人。这反映了 XML 文档的两个不同的特征：以文档为中心，还是以数据为中心。

以文档为中心的 XML 文档的特征是结构不太规则或根本不规则、数据粒度大、混合内容多、兄弟元素或 PCDATA 出现的顺序一般来说非常重要。以文档为中心的 XML 文档通常是按照 XML 格式手写，或从其他格式（如 RTF、PDF、SGML）转换到 XML 的，与以数据为中心的 XML 文档不同，它们通常不是来自于数据库。这种 XML 文档通常是供人阅读的，例如，书籍、E-mail、广告以及几乎所有手写的 XHTML 文件，示例 9.1 所示的书籍介绍就是以文档为中心的。

示例 9.1

```
<?xml version="1.0" encoding="UTF-8"?>
<book>
    <introduction>
        由
        <author>喻坚</author>、
        <author>韩燕波</author>编写的
        <bookName>面向服务的计算—原理和应用</bookName>,
        <publishTime>2006年12月</publishTime>由
        <press>清华大学出版社</press>出版。
    </introduction>
    <content>
    面向服务的计算代表了分布式计算和软件开发的最新发展方向。该书从发展沿革、核心思
    想、基本概念和原理、核心技术、Web 服务应用编程和实例、研究现状等方面全面而系统地介
    绍了面向服务的计算。
    本书适合计算机软件专业研发人员、高校计算机及相关专业的教师和研究生阅读。
    </content>
</book>
```

以数据为中心的 XML 文档是将 XML 作为数据的传输载体，一般供机器阅读。例如，销售订单、航班时刻表、科研数据以及股市汇率等。以数据为中心的文档的特点是结构相关规整、数据粒度细、很少或没有混合内容。除了对文档进行验证时之外，兄弟元素或 PCDATA 的出现顺序一般来说并不重要。这类文档中的数据可以来自数据库（如关系数据库存储的大量数据）或在数据库之外（如测量系统采集的科研数据）。示

例 9.2 所示的航班时刻表就是以数据为中心的。在该示例 XML 文档中，存储了该文档的 XML Schema 以及具体的航班时刻数据，数据内容是北京至三亚的航班时刻表数据。

示例 9.2

```
<?xml version="1.0" encoding="UTF-8"?>
<DataSet xmlns="http://WebXml.com.cn/">
   <xs:schema id="Airlines" xmlns=""
         xmlns:xs="http://www.w3.org/2001/XMLSchema"
         xmlns:msdata="urn:schemas-microsoft-com:xml-msdata">
      <xs:element name="Airlines" msdata:IsDataSet="true"
               msdata:UseCurrentLocale="true">
         <xs:complexType>
            <xs:choice minOccurs="0" maxOccurs="unbounded">
               <xs:element name="AirlinesTime">
                  <xs:complexType>
                     <xs:sequence>
                        <xs:element name="Company" type="xs:string"
                         minOccurs="0" />
                        <xs:element name="AirlineCode" type="xs:string"
                         minOccurs="0" />
                        <xs:element name="StartDrome" type="xs:string"
                         minOccurs="0" />
                        <xs:element name="ArriveDrome" type="xs:string"
                         minOccurs="0" />
                        <xs:element name="StartTime" type="xs:string"
                         minOccurs="0" />
                        <xs:element name="ArriveTime" type="xs:string"
                         minOccurs="0" />
                        <xs:element name="Mode" type="xs:string"
                         minOccurs="0" />
                        <xs:element name="AirlineStop" type="xs:string"
                         minOccurs="0" />
                        <xs:element name="Week" type="xs:string"
                         minOccurs="0" />
                     </xs:sequence>
                  </xs:complexType>
               </xs:element>
            </xs:choice>
         </xs:complexType>
      </xs:element>
   </xs:schema>
   <diffgr:diffgram xmlns:msdata="urn:schemas-microsoft-com:xml-msdata"
         xmlns:diffgr="urn:schemas-microsoft-com:xml-diffgram-v1">
```

```
<Airlines xmlns="">
    <AirlinesTime diffgr:id="AirlinesTime1" msdata:rowOrder="0">
        <Company>中国国际航空公司</Company>
        <AirlineCode>CA1369</AirlineCode>
        <StartDrome>首都国际机场</StartDrome>
        <ArriveDrome>凤凰国际机场</ArriveDrome>
        <StartTime>07:50</StartTime>
        <ArriveTime>11:40</ArriveTime>
        <Mode>738</Mode>
        <AirlineStop>0</AirlineStop>
        <Week>123456 日</Week>
    </AirlinesTime>
    <AirlinesTime diffgr:id="AirlinesTime2" msdata:rowOrder="1">
        <Company>中国东方航空公司</Company>
        <AirlineCode>MU9877</AirlineCode>
        <StartDrome>南苑机场</StartDrome>
        <ArriveDrome>凤凰国际机场</ArriveDrome>
        <StartTime>08:00</StartTime>
        <ArriveTime>11:40</ArriveTime>
        <Mode>738</Mode>
        <AirlineStop>0</AirlineStop>
        <Week>123456 日</Week>
    </AirlinesTime>
    <AirlinesTime diffgr:id="AirlinesTime3" msdata:rowOrder="2">
        <Company>中国联合航空公司</Company>
        <AirlineCode>KN2277</AirlineCode>
        <StartDrome>南苑机场</StartDrome>
        <ArriveDrome>凤凰国际机场</ArriveDrome>
        <StartTime>08:00</StartTime>
        <ArriveTime>11:40</ArriveTime>
        <Mode>738</Mode>
        <AirlineStop>0</AirlineStop>
        <Week>123456 日</Week>
    </AirlinesTime>
    <AirlinesTime diffgr:id="AirlinesTime4" msdata:rowOrder="3">
        <Company>海南航空公司</Company>
        <AirlineCode>HU7079</AirlineCode>
        <StartDrome>首都国际机场</StartDrome>
        <ArriveDrome>凤凰国际机场</ArriveDrome>
        <StartTime>08:35</StartTime>
        <ArriveTime>12:25</ArriveTime>
        <Mode>738</Mode>
        <AirlineStop>0</AirlineStop>
        <Week>123456 日</Week>
```

```
            </AirlinesTime>
        </Airlines>
    </diffgr:diffgram>
</DataSet>
```

在现实当中，以数据为中心和以文档为中心的文档之间的差别不一定很明显，甚至有的文档既呈现出以数据为中心的特征也呈现出以文档为中心的特征。

既然 XML 可以进行数据存储，那 XML 是数据库吗？从数据库本质上来看，XML 文件就是数据库，即数据的集合。作为一种"数据库"格式，XML 有一些优势，如它是自描述的、可移植的，能够以树型或图型结构描述数据。同样 XML 也有缺点，如比较烦琐，由于要对它进行解析和文本转换，因此数据访问速度较慢。

XML 及其相关技术是否构成了一个较为宽泛意义上的"数据库"，即数据库管理系统(DBMS)，答案是"在某种程度上是"。在好的一面，XML 提供了许多数据库所具备的东西：存储(XML 文档)、模式(DTD、XML Schema、RELAX NG 等)、查询语言(XQuery、XPath)、编程接口(DOM、SAX)等；而不好的一面在于，它缺少一些真正的数据库所应具备的特性：高效的存储、索引、安全、事务和数据完整性、多用户访问、触发器以及多文档查询等。

因此，在数据量较小、用户少和性能要求不太高的情况下，可以将 XML 文档用作数据库，例如可以用 XML 文件代替传统的 ini 配置文件，但是一般并不将这种文件视为数据库。在大多数情况下，用户量大、数据完整性要求严格、性能要求高，此时 XML 就不适合作为数据库了，例如大多数的企业级应用。实际上，除了用于数据转换的中间形式之外，一般不使用 XML 用于存储在线访问的数据来源，更多的是在企业级应用中使用 XML 存储配置信息。

9.2 存储配置信息

无论是在 Java 平台还是.NET 平台下开发，无论开发的是基于网络的应用程序，还是单机版的 GUI 应用程序，很多情况下都要存储相应的配置信息。目前存储配置信息的首选方案就是使用 XML。下面通过一些简单的示例说明采用 XML 进行配置信息的存储。

9.2.1 Java 平台

在使用 Java 语言进行开发时，绝大多数的配置信息都采用 XML 进行存储，例如在 J2EE 的 Java Web Project 中，关于项目的配置信息一般存储在 web.xml 文件中，一个常见的 web.xml 文件如示例 9.3 所示。

示例 9.3：web.xml

```
<?xml version="1.0" encoding="UTF-8"?>
<web-app version="2.5"
```

```
    xmlns="http://java.sun.com/xml/ns/javaee"
    xmlns:xsi="http://www.w3.org/2001/XMLSchema-instance"
    xsi:schemaLocation="http://java.sun.com/xml/ns/javaee
                    http://java.sun.com/xml/ns/javaee/web-app_2_5.xsd">
    <servlet>
        <servlet-name>SearchServlet</servlet-name>
        <servlet-class>chapter_06.SearchServlet</servlet-class>
    </servlet>
    <servlet-mapping>
        <servlet-name>SearchServlet</servlet-name>
        <url-pattern>/searchServlet</url-pattern>
    </servlet-mapping>
    <welcome-file-list>
        <welcome-file>index.jsp</welcome-file>
    </welcome-file-list>
</web-app>
```

上述配置信息中，主要存储了一个Java Servlet的信息及该Servlet的映射信息，以及该项目的默认页面信息。另外像Apache Tomcat等JSP和Servlet的容器，其服务器的配置信息也采用XML来存储，一般命名为server.xml。如果要修改Tomcat的服务器配置信息，例如默认端口号等则可以修改该配置文件。

由于Java应用可能需要部署在不同的平台上，例如部署在各种不同的Web服务器、应用服务器上，因此通常都会采用XML文件作为配置文件，不仅如此，各种Java框架也会采用XML文件进行配置管理。

对于Struts 1.x框架而言，它总是需要提供一个或多个配置文件，Struts 1.x默认的配置文件是struts-config.xml文件，该配置文件负责管理Struts 1.x中的Action、ActionForm、ActionForward等信息。

对于Struts 2.x框架而言，它同样需要提供一个或多个配置文件，Struts 2.x默认的配置文件是struts.xml文件，该配置文件负责管理Struts 2.x中的Action、Result映射和异常映射等信息。

对于Hibernate框架而言，通常需要提供两类配置文件，第一类是hibernate.cfg.xml文件，负责管理创建数据库连接池的必要信息；第二类通常名称为zzz.hbm.xml，这是对象-关系映射文件，负责管理持久化类和数据表之间的映射关系。

对于Spring框架而言，XML配置文件尤为重要，Spring IoC容器的核心思想就是把Java对象的依赖关系放在XML文件中进行配置而不是放在Java程序中通过代码进行管理，这样就可将类之间的耦合程度降低，从而可以提高系统的可维护性和可伸缩性。

无论如何，当需要在Java应用中指定额外信息时，XML配置文件总是各种Java技术和Java框架的首选，这样可以保证无论在何种平台或服务器上，Java应用总是可以准确地获取这些额外信息。

9.2.2 .NET 平台

其实在.NET 平台上,使用 XML 存储配置信息也是非常常见的。例如,使用 Microsoft Visual Studio 2008 进行开发,无论是传统的基于命令行的还是基于图形用户界面的应用程序,以及基于 Browser/Server 的应用程序,建立的解决方案中都有一个 XML 配置文件。一般在前者中文件名称为 app. config,在后者中文件名称为 web. config。示例 9.4 中是一个非常简单的 app. config 配置文件,主要存放了该应用程序中用于连接数据库的配置信息。

示例 9.4: app. config

```
<?xml version="1.0" encoding="utf-8" ?>
<configuration>
    <configSections>
    </configSections>
    <connectionStrings>
        <add name="MyHotel.Properties.Settings.MyHotelConnectionString"
            connectionString="Data Source=SEVEN;Initial Catalog=
                MyHotel;Integrated Security=True;Pooling=False"
            providerName="System.Data.SqlClient" />
    </connectionStrings>
</configuration>
```

示例 9.5 是一个简单的 web. config 文件。

示例 9.5: web. config

```
<?xml version="1.0"?>
<!--
    注意: 除了手动编辑此文件以外,您还可以使用 Web 管理工具来配置应用程序的设置。可以
          使用 Visual Studio 中的"网站"->"Asp.Net 配置"选项。
    设置和注释的完整列表在 machine.config.comments 中,该文件通常位于
    \Windows\Microsoft.Net\Framework\v2.x\Config 中
        -->
<configuration xmlns="http://schemas.microsoft.com/.NetConfiguration/v2.0">
    <appSettings>
        <add key="biyexuefen" value="160" />
        <add key="dbStr"
        value="Provider=Microsoft.Jet.OLEDB.4.0;Data Source=D:\\login3.mdb" />
    </appSettings>
    <connectionStrings>
    </connectionStrings>
    <system.web>
        <!--
          设置 compilation debug="true" 将调试符号插入
```

```
        已编译的页面中。但由于这会
        影响性能,因此只在开发过程中将此值
        设置为 true。
      -->
      <compilation debug="true"/>
      <!--
        通过 <authentication>节可以配置 ASP.NET 使用的安全身份验证模式,以标识传
        入的用户。
      -->
      <authentication mode="Windows"/>
      <!--
        如果在执行请求的过程中出现未处理的错误,
        则通过 <customErrors>节可以配置相应的处理步骤。具体说来,
        开发人员通过该节可以配置
        要显示的 html 错误页
        以代替错误堆栈跟踪。
      <customErrors mode ="RemoteOnly"
                    defaultRedirect ="GenericErrorPage.htm">
        <error statusCode="403" redirect="NoAccess.htm" />
        <error statusCode="404" redirect="FileNotFound.htm" />
      </customErrors>
      -->
  </system.web>
</configuration>
```

9.2.3 Android 平台

Google Android 是一种以 Linux 为基础的开放源码操作系统,主要使用于便携设备,例如手机、平板电脑等,目前已占有一定的市场份额,成为主流的智能操作系统之一。在 Android 平台上进行移动应用开发时,也经常使用 XML 进行相关信息的存储。

在一个 Android 项目中,一般都包含一个 AndroidManifest.xml 文件,该文件是整个项目的配置文件,一个非常简单的 AndroidManifest.xml 文件如示例 9.6 所示。

示例 9.6：AndroidManifest.xml

```
<?xml version="1.0" encoding="utf-8"?>
<manifest xmlns:android="http://schemas.android.com/apk/res/android"
          package="cn.peter"
          android:versionCode="1"
          android:versionName="1.0" >
    <uses-sdk android:minSdkVersion="4" />
    <application android:icon="@drawable/ic_launcher"
                 android:label="@string/app_name" >
        <activity android:label="@string/app_name"
                  android:name=".HelloAndroidActivity" >
```

```
            <intent-filter >
                <action android:name="android.intent.action.MAIN" />
                <category android:name="android.intent.category.LAUNCHER" />
            </intent-filter>
        </activity>
    </application>
</manifest>
```

在Android应用程序中，还使用XML存储界面布局的信息，也就是说，在一个界面的基本单元中包含哪些控件，以及这些控件的属性，上述信息都采用XML进行存储。一个只包含一行文本输出的界面布局文件如示例9.7所示。

示例9.7：main.xml

```
<?xml version="1.0" encoding="utf-8"?>
<LinearLayout xmlns:android="http://schemas.android.com/apk/res/android"
              android:layout_width="fill_parent"
              android:layout_height="fill_parent"
              android:orientation="vertical" >
    <TextView android:layout_width="fill_parent"
              android:layout_height="wrap_content"
              android:text="@string/hello" />
</LinearLayout>
```

在上述配置文件中，该界面包含了一个TextView控件，其值没有采用直接指定的方式，而是引用了另外一个配置文件中的值，被引用的配置文件名称为strings.xml，其中存储了该Android项目中所需要的一些文本内容，该文件如示例9.8所示。

示例9.8：strings.xml

```
<?xml version="1.0" encoding="utf-8"?>
<resources>
    <string name="hello">Hello World,HelloAndroidActivity!</string>
    <string name="app_name">HelloAndroid</string>
</resources>
```

可以看出，在Android平台下进行移动应用开发，无论是整个项目的配置信息，还是界面的布局，还有文本内容的值，一律通过XML文件进行存储，这大大方便了应用程序的开发和维护，提高了程序的可维护性。

9.3 数据交换

前面几章的讲解已经说明了如何进行XML的描述、存储和解析。如果说XML仅仅是用来描述和存储数据的，那么人们就没有必要浪费那么的时间和精力来用在XML上，因为使用普通的文件一样也可以做到这一点。然而XML是一种简单、与平台无关并被广泛采用的标准，因此其最大威力在于能够承担起不同环境下应用程序之间数据交换的任务。

我们知道电子商务系统是构筑在各个公司的信息系统之上的，它把各个公司的数据库作为其共享的一部分。而不同公司的信息系统是在不同时期、由不同的公司、利用不同的工具、在不同的开发平台开发出来的，并且运行在不同的操作系统和不同的数据库平台之上，这就造成了一个个的"信息孤岛"。要建立跨公司的电子商务平台系统，实现异构系统之间、新老系统之间的信息的透明交换，就成了构建系统的基础工作。像这样要完成跨平台、跨系统、跨应用、跨地区之间的数据通信过程我们就称之为数据交换。

作为一种数据存储与交换的模式，长期以来采用的是文件系统，至今仍被广泛采用。但是当今世界，技术发展迅猛，信息量也随之激增。的确很难想象，面对成千上万的数据文件，如果仅仅通过文件系统来管理的话，那么无论是文件的搜索还是文件的调用，诸如此类的管理工作都将是万分困难的。

随着 Web 技术的不断发展，信息共享和数据交换的范围不断扩大，传统的数据库也面临着巨大挑战。数据库技术的应用是建立在数据库管理系统基础之上的，各个数据库管理系统之间的异构性及其所依赖操作系统的异构性，严重限制了信息共享和数据交换的范围；此外，数据库技术的语义描述能力差，大多通过技术文档表示，很难实现数据语义的持久性和传递性，而数据交换和信息共享都是基于语义进行的，在异构应用数据交换时，不利于计算机基于语义自动进行正确数据的检索与应用；再者数据库属于高端应用，需要昂贵的价格和运行环境。随着网络和 Internet 的发展，数据交换的能力已成为新的应用系统的一个重要的要求，如果仅仅采用数据库定义数据，那么这一要求将很难达到。

关系数据库提供了对于大批量数据的有效存储管理和快速信息检索、查询的功能。从体系结构上看，数据库技术的发展历经了网络型数据库、层次型数据库、关系数据库、面向对象数据库。虽然面向对象数据库融入了面向对象技术，但是到目前为止，在各个领域使用最广的还是关系数据库。

面向对象数据库源于计算机编程语言中的面向对象技术。同以往的结构化编程语言相比，面向对象技术提供了一种同现实世界更加贴切的表达方式，它利用封装技术将属性和方法集成于对象之中，并且借助继承和派生的概念将对象及其子对象紧紧联系在一起。面向对象技术体现了人类对生存于其中的世界的认知过程，而同数据库技术的结合，则又是一种在计算机应用领域的进步。面向对象数据库管理系统(OODBMS)使得文本、图像、视频和空间数据可以存储在数据库中，不过与关系数据库不同：在关系数据库中，数据仅仅是数据，它不包含层次结构信息；而面向对象数据库可以将数据视为对象，数据是作为一个整体，包含了属性和方法，并能体现数据间的继承关系。

9.4 应用案例：股票行情查询

9.4.1 应用案例简介

此应用案例的目的是展示 XML 如何用于数据存储和数据交换。该应用案例的功能是通过选择股票代码来查询股票的行情信息。用户可通过浏览器来进行查询，也可使用基于命令行界面的应用程序来进行查询。无论是浏览器还是应用程序，都采用 HTTP 协议与服务器进行通信，服务器端的 Servlet 读取服务器端 XML 文件中的数据，并以 XML 的响应形式返回给客户端(包括浏览器和应用程序)，而后客户端进行相应的处理。

用户使用浏览器时，进行股票行情信息查询的流程如图 9.1 所示。

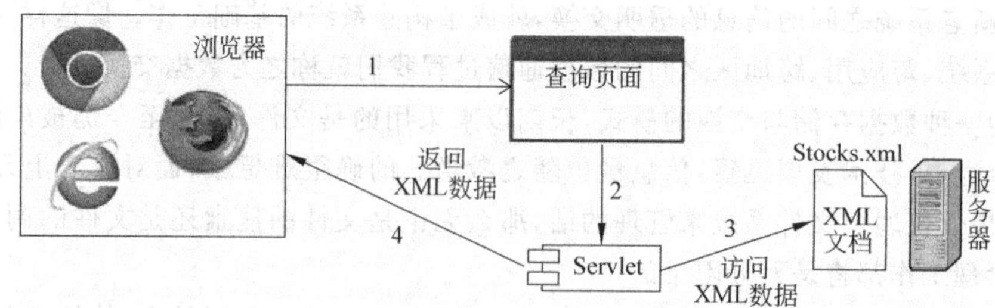

图 9.1 浏览器和 Servlet 之间通过 XML 进行数据交换

用户使用应用程序时，进行股票行情信息查询的流程如图 9.2 所示。

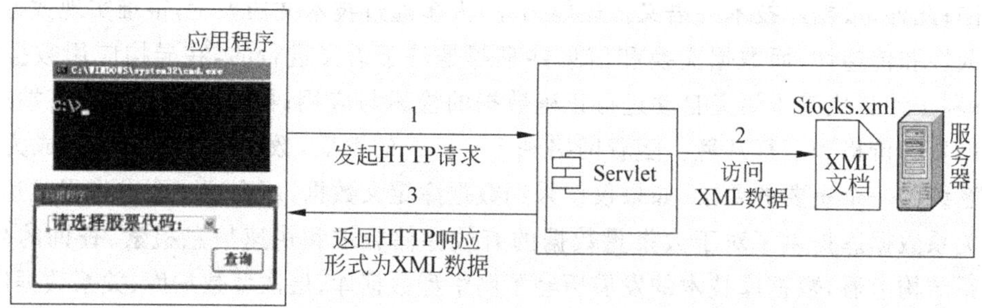

图 9.2 应用程序和 Servlet 之间通过 XML 进行数据交换

以下分别从服务器端开发、通过浏览器访问、通过应用程序访问来阐述该应用案例。

9.4.2 服务器端开发

服务器端采用 XML 进行数据存储，该 XML 文件如示例 9.9 所示。

示例 9.9：Stocks. xml

```
<?xml version="1.0" encoding="UTF-8" standalone="yes" ?>
<Stocks>
    <Stock>
        <Symbol>SINA</Symbol>
        <Last>59.92</Last>
        <Date>1/13/2012</Date>
        <Time>4:00pm</Time>
        <Change>-0.20</Change>
        <Open>59.16</Open>
        <High>60.95</High>
        <Low>58.41</Low>
```

```
        <Volume>3991991</Volume>
        <PreviousClose>60.12</PreviousClose>
        <AnnRange>46.86-147.12</AnnRange>
        <Name>Sina Corporation</Name>
    </Stock>
    <Stock>
        <Symbol>SOHU</Symbol>
        <Last>55.93</Last>
        <Date>1/13/2012</Date>
        <Time>4:00pm</Time>
        <Change>+1.39</Change>
        <Open>53.91</Open>
        <High>56.02</High>
        <Low>53.28</Low>
        <Volume>1421358</Volume>
        <PreviousClose>54.54</PreviousClose>
        <AnnRange>45.40-109.37</AnnRange>
        <Name>Sohu.com Inc.</Name>
    </Stock>
    <Stock>
        <Symbol>NTES</Symbol>
        <Last>44.86</Last>
        <Date>1/13/2012</Date>
        <Time>4:00pm</Time>
        <Change>+0.24</Change>
        <Open>44.53</Open>
        <High>44.99</High>
        <Low>44.25</Low>
        <Volume>422740</Volume>
        <PreviousClose>44.62</PreviousClose>
        <AnnRange>35.74-55.00</AnnRange>
        <Name>NetEase.com</Name>
    </Stock>
</Stocks>
```

Web 服务器采用 Apache Tomcat 6.0.35，开发工具为 MyEclipse 6.5.0，主要步骤如下：

(1) 新建一个 Web Project，name 为 TestXmlServlet。

(2) 编写查询股票行情信息的 HTML 表单页面 query.html，其代码如示例 9.10 所示。

示例 9.10：query.html

```
<!DOCTYPE html PUBLIC "-//W3C//DTD HTML 4.01 Transitional//EN"
        "http://www.w3.org/TR/html4/loose.dtd">
<html>
```

```
    <head>
        <meta http-equiv="Content-Type" content="text/html;charset=UTF-8">
        <title>股票行情查询</title>
    </head>
    <body leftmargin="33"><br><br>
        <form action="searchServlet" method="get">
            请选择股票代码:
            <select name="symbol">
                <option>SINA</option>
                <option>SOHU</option>
                <option>NTES</option>
            </select>
            <br><br><br>
            <input type="submit" value="查询" />
        </form>
    </body>
</html>
```

(3) 定义实体类 StockBean,其代码如第 7 章中的示例 7.3 所示。

(4) 编写解析 XML 文件并返回一个 StockBean 对象的工具类 StockQueryUtil,如示例 9.11 所示。

示例 9.11: StockQueryUtil.java

```
package chapter_09;
import java.io.File;
import javax.xml.parsers.DocumentBuilder;
import javax.xml.parsers.DocumentBuilderFactory;
import org.w3c.dom.Document;
import org.w3c.dom.Element;
import org.w3c.dom.Node;
import org.w3c.dom.NodeList;
public class StockQueryUtil {
    public static final String XML_DOCUMENT="D:\\_XML_Book\\Stocks.xml";
    @SuppressWarnings(value="unchecked")
    public static StockBean getStockBeanByXml(String querySymbol){
        StockBean stockBean=new StockBean();
        DocumentBuilderFactory factory=null;
        DocumentBuilder builder=null;
        Document document=null;
        Element root=null;
        NodeList stocks=null;
        Node node=null;
        Element elementStock=null;
        NodeList items=null;
```

```
String lastPrice="";
String date="";
String time="";
String change="";
String openPrice="";
String highPrice="";
String lowPrice ="";
String volume="";
String priviousClosePrice="";
String percentageChange="";
String annRange="";
String coporationName="";
try {
    factory=DocumentBuilderFactory.newInstance();
    builder=factory.newDocumentBuilder();
    document=builder.parse(new File(XML_DOCUMENT));
    root=document.getDocumentElement();
    stocks=root.getElementsByTagName("Stock");
    for(int i=0;i <=stocks.getLength()-1;i++){
        node=stocks.item(i);
        if(node.getNodeType()==Node.ELEMENT_NODE){
            if(node.getChildNodes().item(1).getTextContent().
                equalsIgnoreCase(querySymbol)){
            elementStock=(Element)node;
            break;
            }
        }
    }
    items=elementStock.getChildNodes();
    lastPrice=items.item(3).getTextContent();
    date=items.item(5).getTextContent();
    time=items.item(7).getTextContent();
    change=items.item(9).getTextContent();
    openPrice=items.item(11).getTextContent();
    highPrice=items.item(13).getTextContent();
    lowPrice=items.item(15).getTextContent();
    volume=items.item(17).getTextContent();
    priviousClosePrice=items.item(19).getTextContent();
    annRange=items.item(21).getTextContent();
    coporationName=items.item(23).getTextContent();
}
catch(Exception e){
    e.printStackTrace();
}
```

```
            stockBean.setSymbol(querySymbol);
            stockBean.setLastPrice(lastPrice);
            stockBean.setDate(date);
            stockBean.setTime(time);
            stockBean.setChange(change);
            stockBean.setOpenPrice(openPrice);
            stockBean.setHighPrice(highPrice);
            stockBean.setLowPrice(lowPrice);
            stockBean.setVolume(volume);
            stockBean.setPriviousClosePrice(priviousClosePrice);
            stockBean.setPercentageChange(percentageChange);
            stockBean.setAnnRange(annRange);
            stockBean.setCoporationName(coporationName);
            return stockBean;
        }
    }
```

(5) 编写工具类 StockXmlContentUtil，该类的作用是把(4)中得到的 StockBean 对象转换为 XML 文档内容，参见示例 9.12。

示例 9.12：StockXmlContentUtil.java

```
package chapter_09;
public class StockXmlContentUtil {
    public static String getStockXmlContentByStockBean(StockBean stock){
        StringBuffer content=new StringBuffer();
        content.append("<?xml version='1.0' encoding='UTF-8'>");
        content.append("<Stock>");
        content.append("<Symbol>")
                .append(stock.getSymbol())
                .append("</Symbol>");
        content.append("<Last>")
                .append(stock.getLastPrice())
                .append("</Last>");
        content.append("<Date>")
                .append(stock.getDate())
                .append("</Date>");
        content.append("<Time>")
                .append(stock.getTime())
                .append("</Time>");
        content.append("<Change>")
                .append(stock.getChange())
                .append("</Change>");
        content.append("<Open>")
                .append(stock.getOpenPrice())
                .append("</Open>");
```

```
        content.append("<High>")
                .append(stock.getHighPrice())
                .append("</High>");
        content.append("<Low>")
                .append(stock.getLowPrice())
                .append("</Low>");
        content.append("<Volume>")
                .append(stock.getVolume())
                .append("</Volume>");
        content.append("<PreviousClose>")
                .append(stock.getPriviousClosePrice())
                .append("</PreviousClose>");
        content.append("<AnnRange>")
                .append(stock.getAnnRange())
                .append("</AnnRange>");
        content.append("<Name>")
                .append(stock.getCoporationName())
                .append("</Name>");
        content.append("</Stock>");
        return content.toString();
    }
}
```

(6) 编写相应用户查询的 Servlet,代码如示例 9.13 所示。

示例 9.13：SearchServlet.java

```
package chapter_09;
import java.io.IOException;
import java.io.PrintWriter;
import javax.servlet.ServletException;
import javax.servlet.http.HttpServlet;
import javax.servlet.http.HttpServletRequest;
import javax.servlet.http.HttpServletResponse;
public class SearchServlet extends HttpServlet {
    private static final long serialVersionUID=1L;
    public void destroy(){
        super.destroy();//Just puts "destroy" string in log
    }
    public void doGet(HttpServletRequest request,HttpServletResponse response)
                        throws ServletException,IOException {
        doPost(request,response);
    }
    public void doPost(HttpServletRequest request,
                        HttpServletResponse response)
```

```
                                throws ServletException,IOException {
        //设置响应类型为 text/xml
        response.setContentType("text/xml");
        PrintWriter out=response.getWriter();
        String symbol=request.getParameter("symbol");
        StockBean stock=StockQueryUtil.getStockBeanByXml(symbol);
        String content=
        StockXmlContentUtil.getStockXmlContentByStockBean(stock);
        out.print(content);
        out.flush();
        out.close();
    }
    public void init()throws ServletException {
    }
}
```

需要说明的是，在该 Servlet 的方法中，设置了本次 HTTP 响应的返回结果类型为 text/xml，而不是传统的 text/html，代码为：

```
response.setContentType("text/xml");
```

而后调用了相关的工具类生成包含所查询股票行情信息的 XML 数据内容，并采用 out 输出流写入到 HTTP 响应数据中，传递给发起本次 HTTP 请求的客户端应用程序。

(7) 修改该 Web Project 的 XML 配置文件中关于 Servlet 的部分，使得步骤(2)中的 HTML 表单页面中表单的 action 属性的值与 XML 配置文件中该 Servlet 的 url-pattern 属性值是一致的，配置如下(请注意大小写形式)：

```
<servlet>
    <servlet-name>SearchServlet</servlet-name>
    <servlet-class>chapter_09.SearchServlet</servlet-class>
</servlet>
<servlet-mapping>
    <servlet-name>SearchServlet</servlet-name>
    <url-pattern>/searchServlet</url-pattern>
</servlet-mapping>
```

(8) 通过 MyEclipse 把该项目部署到 Tomcat 上，服务器端开发就完成了。

9.4.3 通过浏览器访问

使用浏览器进行股票行情查询的界面如图 9.3 所示。XML 文档如图 9.4 所示。

上述查询结果表明，浏览器端收到了服务器端 SearchServlet 返回的 XML 结果，但是由于没有指定显示方式，因此仍然采用默认的树状结构来显示。为了美观，可以给该 XML 文档与 XSL 进行关联后以表格的方式来显示。该 XSL 如示例 9.14 所示。

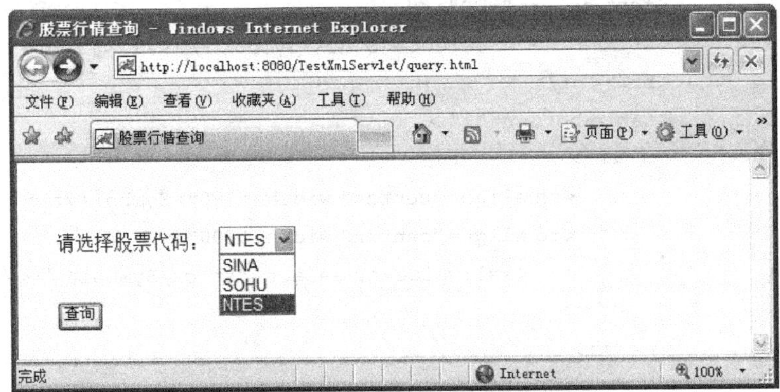

图 9.3　查询股票行情的 HTML 表单页面

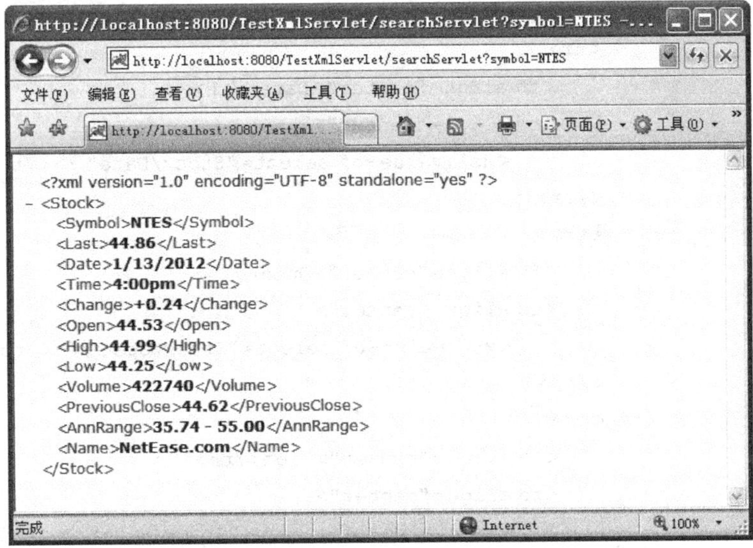

图 9.4　股票行情查询的结果—XML 文档

示例 9.14：Stock.xsl

```
<?xml version="1.0" encoding="UTF-8"?>
<xsl:stylesheet version="1.0"
                xmlns:xsl="http://www.w3.org/1999/XSL/Transform" >
   <xsl:template match="/">
      <html>
         <head>
            <title>股票行情查询结果</title>
         </head>
         <body leftmargin="33">
            <br/><br/><br/>
            <h2>股票行情查询结果：
```

```
<font color="RED"><i>
<xsl:value-of select="Stock/Symbol" /></i></font></h2>
<br/><br/>
<table border="2" >
   <tr>
      <th align="center" width="180">Symbol</th>
      <td align="center" width="300">
         <xsl:value-of select="Stock/Symbol" /></td>
   </tr>
   <tr>
      <th align="center">Last</th>
      <td align="center">
         <xsl:value-of select="Stock/Last" /></td>
   </tr>
   <tr>
      <th align="center">Date</th>
      <td align="center">
         <xsl:value-of select="Stock/Date" /></td>
   </tr>
   <tr>
      <th align="center">Open</th>
      <td align="center">
         <xsl:value-of select="Stock/Open" /></td>
   </tr>
   <tr>
      <th align="center">High</th>
      <td align="center">
         <xsl:value-of select="Stock/High" /></td>
   </tr>
   <tr>
      <th align="center">Low</th>
      <td align="center">
         <xsl:value-of select="Stock/Low" /></td>
   </tr>
   <tr>
      <th align="center">PreviousClose</th>
      <td align="center">
         <xsl:value-of select="Stock/PreviousClose" /></td>
   </tr>
   <tr>
      <th align="center">AnnRange</th>
      <td align="center">
         <xsl:value-of select="Stock/AnnRange" /></td>
```

```
                </tr>
                <tr>
                    <th align="center">Name</th>
                    <td align="center">
                    <xsl:value-of select="Stock/Name" /></td>
                </tr>
            </table>
        </body>
    </html>
  </xsl:template>
</xsl:stylesheet>
```

然后在服务器端工具类 StockXmlContentUtil 的方法 getStockXmlContentByStockBean 中给该 XML 文档指定到这个 XSL，代码如下：

```
content.append("<?xml-stylesheet type='text/xsl' href='/TestXmlServlet/
Stock.xsl'?>");
```

上述代码放在代码

```
content.append("<?xml version='1.0' encoding='UTF-8' ?>");
```

之后即可。

重新进行访问，由于指定了 XSL 文件，查询结果就以表格的形式显示，而不是默认的树状结构，如图 9.5 所示。

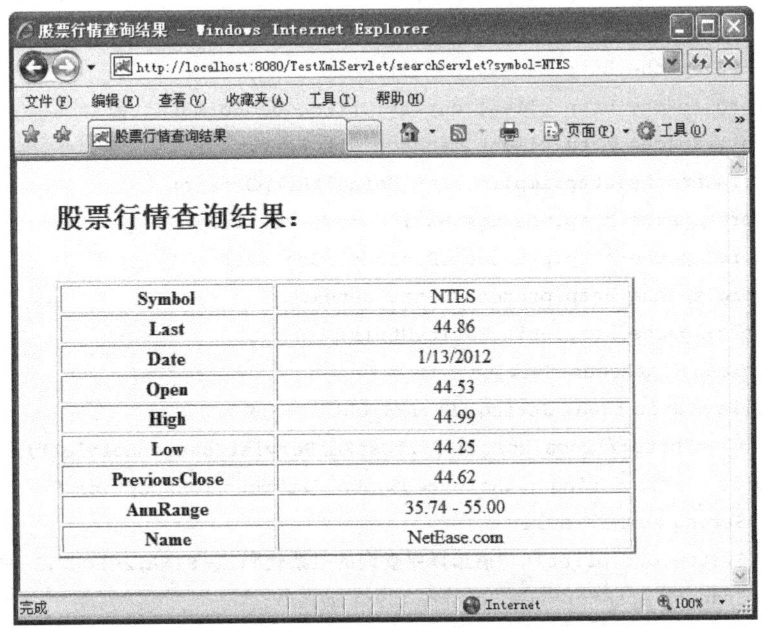

图 9.5　指定 XSL 后的股票行情查询结果

9.4.4 在应用程序中访问

本节主要讲述在 Java 应用程序中如何访问服务器端进行股票行情查询的 Servlet。简单起见，此处采用基于命令行的 Java Application 形式，但相关代码可以出现在 Java 语言的任何形式的程序中，例如基于 Swing 的图形用户界面程序、基于 Android 智能操作系统的移动应用等。

此处应用程序的开发采用 Eclipse Java EE IDE 3.5。由于只能通过 HTTP 协议才能访问 SearchServlet，因此在应用程序中需要使用支持 HTTP 的工具类，此处使用 Apache HttpClient 项目的相关类，主要包括 DefaultHttpClient、HttpContext、NameValuePair、HttpPost、UrlEncodedFormEntity、HttpResponse、EntityUtils 等。

该应用程序的开发步骤包括：

(1) 编写接受用户输入、通过 HTTP 协议访问 SearchServlet 的 Java Application 类 TestAccessServlet，其代码见示例 9.15。

示例 9.15：TestAccessServlet.java

```
package chapter_09.accessServlet;
import java.io.IOException;
import java.util.ArrayList;
import java.util.List;
import java.util.Scanner;
import org.apache.http.HttpEntity;
import org.apache.http.HttpResponse;
import org.apache.http.NameValuePair;
import org.apache.http.client.entity.UrlEncodedFormEntity;
import org.apache.http.client.methods.HttpPost;
import org.apache.http.impl.client.DefaultHttpClient;
import org.apache.http.message.BasicNameValuePair;
import org.apache.http.protocol.BasicHttpContext;
import org.apache.http.protocol.HttpContext;
import org.apache.http.util.EntityUtils;
public class TestAccessServlet {
    public static final String SERVLET_URL
          ="http://localhost:8080/TestXmlServlet/searchServlet";
    public static String getSelectedSymbol()throws IOException {
        String symbol=null;
        System.out.println("请选择要查询的股票代码,1-SINA,2-SOHU,3-NTES: ");
        Scanner scanner=new Scanner(System.in);
        int choice=scanner.nextInt();
        switch(choice){
            case 1: symbol="SINA";break;
```

```
            case 2: symbol="SOHU";break;
            case 3: symbol="NTES";break;
            default: symbol="SINA";
        }
        return symbol;
    }
    public static void main(String[] args)throws Exception {
        String querySymbol=getSelectedSymbol();
        DefaultHttpClient httpclient=new DefaultHttpClient();
        HttpContext localContext=new BasicHttpContext();
        List<NameValuePair>formparams=new ArrayList<NameValuePair>();
        formparams.add(new BasicNameValuePair("symbol",querySymbol));
        UrlEncodedFormEntity entity=new
        UrlEncodedFormEntity(formparams,"UTF-8");
        HttpPost httppost=new HttpPost(SERVLET_URL);
        httppost.setEntity(entity);
        HttpResponse response=httpclient.execute(httppost,localContext);
        HttpEntity responseEntity=response.getEntity();
        String xml=EntityUtils.toString(responseEntity);
        System.out.println(xml);
    }
}
```

该应用程序通过HTTP协议中的Post方式来访问指定的SearchServlet，而后接受该Servlet的响应数据。

在示例9.15的main方法中，使用Apache HttpClient的相关类，使用HTTP协议，并采用Post方式访问了服务器端的SearchServlet。类DefaultHttpClient代表默认的HTTP客户端，其作用相当于浏览器，可以发起HTTP请求并得到HTTP响应，代码

```
HttpResponse response=httpclient.execute(httppost, localContext);
```

真正发起了HTTP请求并使用HttpResponse的对象来存储HTTP响应结果，其中HttpPost类的对象httppost中存储了使用Post方式访问的Web资源的URL，该URL是在创建该对象时传递给构造方法的：

```
HttpPost httppost=new HttpPost(SERVLET_URL);
```

在发起HTTP请求之前，需要在HttpPost类的对象httppost中包含请求的参数信息，此处使用了NameValuePair的集合类List<NameValuePair>的对象formparams来包含要查询的股票代码，从NameValuePair的名称上可以看出，该类包含一个名称-值的映射，而List<NameValuePair>的对象formparams则可以理解为HTML表单页面的表单，其中存储了一些名称-值的映射，作为Post方法的数据随HTTP请求信息一起发送至相应的URL。代码：

```
formparams.add(new BasicNameValuePair("symbol", querySymbol));
```

向 formparams 中添加了一个名称为"symbol"、值为 querySymbol 的名称-值对，并包含在 Post 数据中随 HTTP 请求通过 Internet 传输给 SearchServlet。

在 Apache HttpClient 库中，主要通过 HttpEntity 来进行数据的封装。上述代码中，在把要查询股票的股票代码添加到 formparams 中后，把该集合类以指定的编码方式转换为了 UrlEncodedFormEntity 对象：

```
UrlEncodedFormEntity entity=new UrlEncodedFormEntity(formparams,"UTF-8");
```

然后把该 UrlEncodedFormEntity 对象设置到了 HttpPost 类的对象 httppost 中：

```
httppost.setEntity(entity);
```

在得到服务器端的 HTTP 响应之后，也是从头 HTTP 响应对象中的 HttpEntity 对象来获取相应数据：

```
HttpEntity responseEntity=response.getEntity();
String xml=EntityUtils.toString(responseEntity);
```

在上述代码中，字符串类型的变量 xml 的值就是以 XML 形式存储的所查询的股票行情数据。

示例 9.16 中应用程序的运行结果如图 9.6 所示。

```
请选择你想查询的股票代码, 1-SINA, 2-SOHU, 3-NTES:
3
<?xml version='1.0' encoding='UTF-8' standalone='yes'?>
<?xml-stylesheet type='text/xsl' href='/TestXmlServlet/Stock.xsl'?>
<Stock>
<Symbol>NTES</Symbol>
<Last>44.86</Last>
<Date>1/13/2012</Date>
<Time>4:00pm</Time>
<Change>+0.24</Change>
<Open>44.53</Open>
<High>44.99</High>
<Low>44.25</Low>
<Volume>422740</Volume>
<PreviousClose>44.62</PreviousClose>
<AnnRange>35.74 - 55.00</AnnRange>
<Name>NetEase.com</Name>
</Stock>
```

图 9.6 应用程序访问 SearchServlet 的结果

可以看出，应用程序正确地获取了服务器端 SearchServlet 的响应数据，下面的工作是对该数据进行解析。

(2) 编写表示 Stock 的实体类 StockBean，仍然参见第 7 章中的示例 7.3。

(3) 编写工具类 StockXmlAnalyzer，该类的作用是分析(1)中返回的 XML 数据并以 StockBean 的形式返回给应用程序类 TestAccessServlet，参见示例 9.16。

示例 9.16：StockXmlAnalyzer.java

```
package chapter_09.accessServlet;
import java.io.Reader;
import java.io.StringReader;
import java.util.List;
import org.dom4j.Document;
import org.dom4j.DocumentException;
import org.dom4j.Element;
import org.dom4j.io.SAXReader;
public class StockXmlAnalyzer {
    @SuppressWarnings("unchecked")
    public static StockBean getStockBeanByStockXml(String xml){
        StockBean stock=new StockBean();
        SAXReader saxReader=new SAXReader();
        Document document=null;
        Reader reader=new StringReader(xml);
        String symbol="";
        String lastPrice="";
        String date="";
        String time="";
        String change="";
        String openPrice="";
        String highPrice="";
        String lowPrice ="";
        String volume="";
        String priviousClosePrice="";
        String percentageChange="";
        String annRange="";
        String coporationName="";
        List<Element>elements=null;
        try {
            document=saxReader.read(reader);
            elements=document.selectNodes("Stock/Symbol");
            symbol=elements.get(0).getText();
            elements=document.selectNodes("Stock/Last");
            lastPrice=elements.get(0).getText();
            elements=document.selectNodes("Stock/Date");
            date=elements.get(0).getText();
            elements=document.selectNodes("Stock/Time");
            time=elements.get(0).getText();
            elements=document.selectNodes("Stock/Change");
            change=elements.get(0).getText();
            elements=document.selectNodes("Stock/Open");
            openPrice=elements.get(0).getText();
            elements=document.selectNodes("Stock/High");
```

```
                highPrice=elements.get(0).getText();
                elements=document.selectNodes("Stock/Low");
                lowPrice=elements.get(0).getText();
                elements=document.selectNodes("Stock/Volume");
                volume=elements.get(0).getText();
                elements=document.selectNodes("Stock/PreviousClose");
                priviousClosePrice=elements.get(0).getText();
                elements=document.selectNodes("Stock/AnnRange");
                annRange=elements.get(0).getText();
                elements=document.selectNodes("Stock/Name");
                coporationName=elements.get(0).getText();
            }
            catch(DocumentException de){
                de.printStackTrace();
            }
            stock.setSymbol(symbol);
            stock.setLastPrice(lastPrice);
            stock.setDate(date);
            stock.setTime(time);
            stock.setChange(change);
            stock.setOpenPrice(openPrice);
            stock.setHighPrice(highPrice);
            stock.setLowPrice(lowPrice);
            stock.setVolume(volume);
            stock.setPriviousClosePrice(priviousClosePrice);
            stock.setPercentageChange(percentageChange);
            stock.setAnnRange(annRange);
            stock.setCoporationName(coporationName);
            return stock;
        }
    }
```

(4) 在应用程序类 TestAccessServlet 的 main 方法的最后，添加如下代码即可：

```
StockBean stock=StockXmlAnalyzer.getStockBeanByStockXml(xml);
stock.print();
```

该应用程序最终的运行结果如图 9.7 所示。

在图 9.7 中，输出的 Servlet 返回的 XML 形式的数据是为了说明处理的过程。

在该应用案例中，XML 主要的作用包括：

(1) 数据存储。在服务器端，采用了 XML 文档作为数据存储方案，其具体形式和内容参见示例 9.3。

(2) 数据交换。无论客户端采用浏览器还是采用应用程序，服务器端的 Servlet 都以 XML 的形式形成 HTTP 响应结果，参见图 9.1 与图 9.2。在形成的 HTTP 响应结果中，查询到的股票行情信息以 XML 的形式进行存储和传递，其形式如示例 9.17 所示。在该

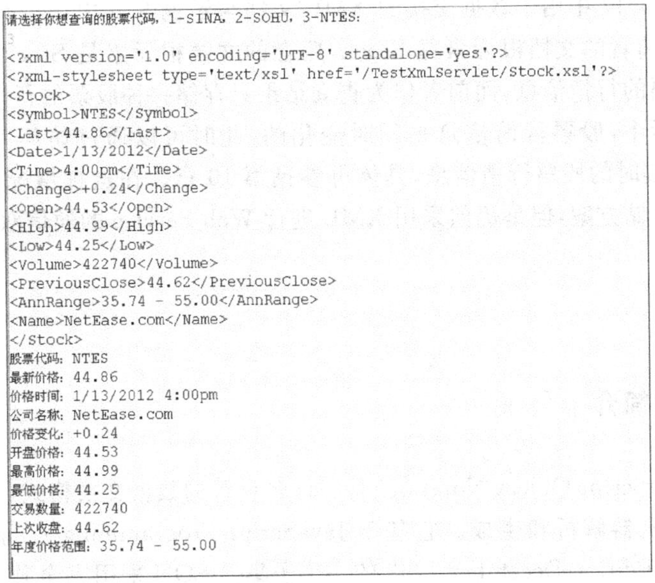

```
请选择你想查询的股票代码，1-SINA，2-SOHU，3-NTES:
3
<?xml version='1.0' encoding='UTF-8' standalone='yes'?>
<?xml-stylesheet type='text/xsl' href='/TestXmlServlet/Stock.xsl'?>
<Stock>
<Symbol>NTES</Symbol>
<Last>44.86</Last>
<Date>1/13/2012</Date>
<Time>4:00pm</Time>
<Change>+0.24</Change>
<Open>44.53</Open>
<High>44.99</High>
<Low>44.25</Low>
<Volume>422740</Volume>
<PreviousClose>44.62</PreviousClose>
<AnnRange>35.74 - 55.00</AnnRange>
<Name>NetEase.com</Name>
</Stock>
股票代码：NTES
最新价格：44.86
价格时间：1/13/2012 4:00pm
公司名称：NetEase.com
价格变化：+0.24
开盘价格：44.53
最高价格：44.99
最低价格：44.25
交易数量：422740
上次收盘：44.62
年度价格范围：35.74 - 55.00
```

图 9.7 应用程序的最终运行结果

应用案例中，示例 9.17 中 XML 形式的数据是由服务器端的工具类 StockXmlContentUtil 根据查询工具类 StockQueryUtil 的方法 getStockBeanByXml(String querySymbol)返回的包含所查询股票行情信息的 StockBean 实体类的对象形成的。

示例 9.17

```
<?xml version='1.0' encoding='UTF-8' standalone='yes'?>
<?xml-stylesheet type='text/xsl' href='/TestXmlServlet/Stock.xsl'?>
<Stock>
    <Symbol>NTES</Symbol>
    <Last>44.86</Last>
    <Date>1/13/2012</Date>
    <Time>4:00pm</Time>
    <Change>+0.24</Change>
    <Open>44.53</Open>
    <High>44.99</High>
    <Low>44.25</Low>
    <Volume>422740</Volume>
    <PreviousClose>44.62</PreviousClose>
    <AnnRange>35.74-55.00</AnnRange>
    <Name>NetEase.com</Name>
</Stock>
```

需要说明的是，此处为了容易阅读，示例 9.17 中包含了空白，在该应用案例中用于数据交换的 XML 数据是不包含任何空白的，这既减少了数据的传输量也方便了对该 XML 数据的解析和进一步处理。

另外,示例 9.17 中用于数据交换的 XML 文档与示例 9.9 中用于数据存储的 XML 文档略有差异,前者的文档根元素是 Stock,后者的文档根元素是 Stocks,这是因为后者要存储多种股票的行情信息,而前者作为查询结果只存储一种股票的行情信息。

在现实生活中,股票行情信息是随时变化的,此时可以通过访问官方提供的 Web Service 来获取实时的股票行情信息,具体可参见第 10 章。在这种情况下,XML 可能不再作为数据的存储方案,但是仍然采用 XML 进行 Web Service 的通信双方的数据交换。

9.5 JSON

9.5.1 JSON 简介

JSON (JavaScript Object Notation)是一种轻量级的数据交换格式,易于人阅读和编写,同时也易于机器解析和生成。它基于 JavaScript Programming Language, Standard ECMA-262 3rd Edition-December 1999 的一个子集。JSON 采用完全独立于语言的文本格式,但是也使用了类似于 C 语言家族的习惯(包括 C、C++ 、C# 、Java、JavaScript、Perl、Python 等)。这些特性使 JSON 成为理想的数据交换语言。

JSON 建构于以下两种结构:

- “名称/值”对的集合(A collection of name/value pairs)
  不同的语言中,它被理解为对象(object),记录(record),结构(struct),字典(dictionary),哈希表(hash table),有键列表(keyed list),或者关联数组(associative array)。
- 值的有序列表(An ordered list of values)
  在大部分语言中,它被理解为数组(array)。

这些都是常见的数据结构。事实上大部分现代计算机语言都以某种形式支持它们。这使得一种数据格式在同样基于这些结构的编程语言之间交换成为可能。

9.5.2 JSON 的语法规则

和 XML 一样,JSON 也是基于纯文本的数据格式。由于 JSON 天生是为 JavaScript 准备的,因此,JSON 的数据格式非常简单,可以用 JSON 传输一个简单的 String、Number、Boolean,也可以传输一个数组,或者一个复杂的 Object 对象。String、Number 和 Boolean 使用 JSON 表示非常简单。例如,用 JSON 表示一个简单的 String “abc”,其格式为:

```
"abc"
```

JSON 具有以下这些形式。

1. 对象

对象是一个无序的“‘名称/值’对”集合。一个对象以“{”开始、“}”结束。每个“名称”

后跟一个“:”,“‘名称/值’对”之间使用“,”分隔,如图 9.8 和图 9.9 所示。

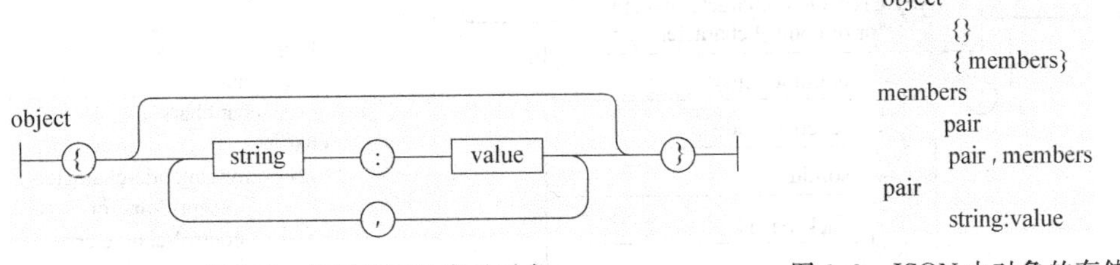

图 9.8 使用 JSON 表示对象

图 9.9 JSON 中对象的存储方式

2. 数组

数组是值(value)的有序集合。一个数组以“[”开始、“]”结束。值之间使用“,”分隔,如图 9.10 和图 9.11 所示。

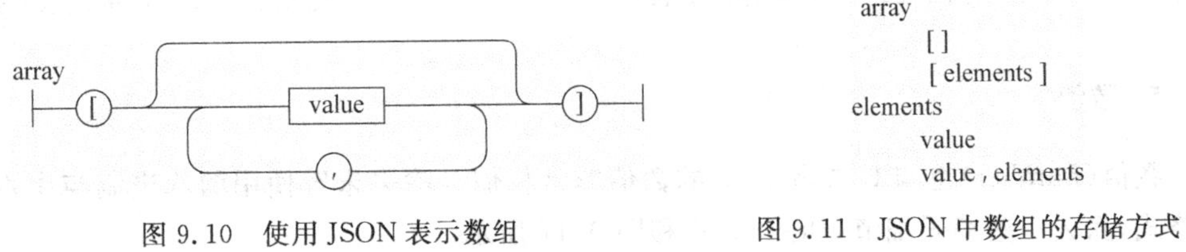

图 9.10 使用 JSON 表示数组

图 9.11 JSON 中数组的存储方式

3. 单一值

值(value)可以是双引号括起来的字符串(string)、数值(number)、true、false、null、对象(object)或者数组(array),这些结构也可以嵌套,如图 9.12 和图 9.13 所示。

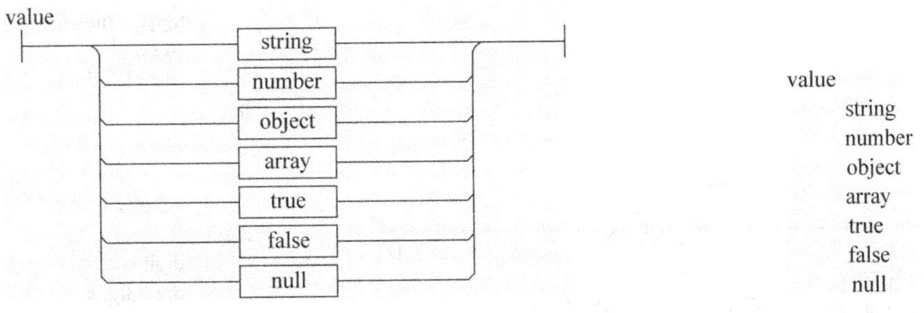

图 9.12 使用 JSON 表示单一值

图 9.13 JSON 中单一值的存储方式

4. 字符串

字符串(string)是由双引号包围的任意数量 Unicode 字符的集合,使用反斜线转义。一个字符(character)即一个单独的字符串(character string)。除了字符",\,/和一些控制符(\b,\f,\n,\r,\t)需要编码外,其他 Unicode 字符可以直接输出。字符串(string)与 C 或者 Java 的字符串非常相似。JSON 中字符串的表示方式如图 9.14 和图 9.15 所示。

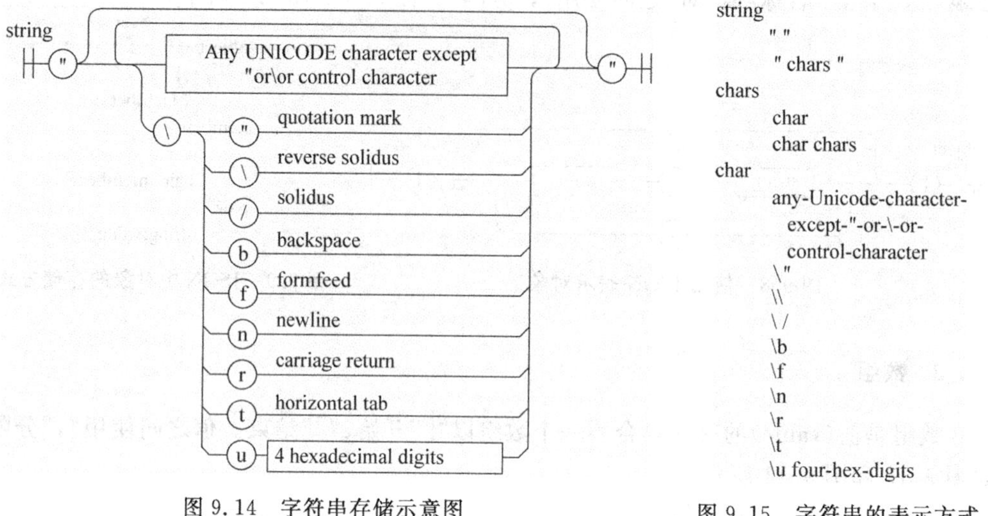

图 9.14　字符串存储示意图

图 9.15　字符串的表示方式

5. 数值

数值(number)也与 C 或者 Java 的数值非常相似。除去未曾使用的八进制与十六进制格式,除去一些编码细节,如图 9.16 和图 9.17 所示。

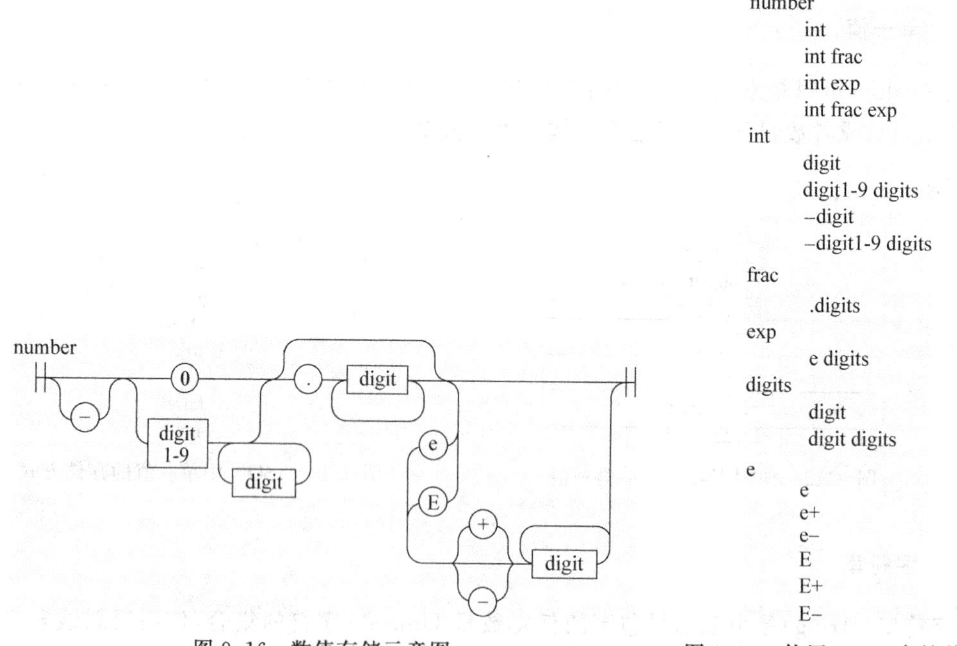

图 9.16　数值存储示意图

图 9.17　使用 JSON 存储数值

Object 对象在 JSON 中是用{}包含一系列无序的 Key-Value 键值对表示的,实际上此处的 Object 相当于 Java 中的 Map<String,Object>,而不是 Java 的 Class。注意 Key 只能用 String 表示。例如,一个 Address 对象包含如下 Key-Value:

```
city:Beijing
street:Chaoyang Road
postcode:100025(整数)
```

用JSON表示如下：

```
{"city":"Beijing","street":" Chaoyang Road ","postcode":100025}
```

其中Value也可以是另一个Object或者数组，因此，复杂的Object可以嵌套表示，例如，一个Person对象包含name和address对象，可以表示如下：

```
{
    "name" : "Michael",
    "address" :
        {
            "city":"Beijing",
            "street":" Chaoyang Road ",
            "postcode":100025
        }
}
```

9.5.3 JSON数据的解析

目前已有一些开放源代码的JSON解析库可用，其中使用比较广泛的就包括Google公司的Gson。示例9.18中的工具类JsonParseUtil就调用了Gson库中的类Gson的fromJson()方法，该方法的第1个参数是JSON形式的数据，第2个参数是从JSON数据中要读取的数据的类型信息，此处是实体类StockBean的LinkedList集合，因此该JSON数据中存储的是1种或多种的股票行情信息，在示例9.19的应用程序中使用变量jsonData存储了2种股票行情的JSON数据，调用工具类JsonParseUtil进行解析后输出。

示例9.18：JsonParseUtil.java

```
package chapter_9;
import java.lang.reflect.Type;
import java.util.LinkedList;
import java.util.List;
import com.google.gson.Gson;
import com.google.gson.reflect.TypeToken;
public class JsonParseUtil {
    public static List<StockBean>getStocksByJsonString(String jsonData){
        Type listType=new TypeToken<LinkedList<StockBean>>(){}.getType();
        Gson gson=new Gson();
        LinkedList<StockBean>stocks=gson.fromJson(jsonData,listType);
        return stocks;
```

```
        }
    }
```

示例 9.19：TestParseJson.java

```
package chapter_10;
import java.util.List;
public class TestParseJson {
    public static void main(String[] args){
        String jsonData=
            "[{'symbol':'SINA','lastPrice':'59.92','date':'1/13/2012'," +
            "'time':'4:00pm','change':'-0.20','openPrice':'59.16'," +
            "'highPrice':'60.95','lowPrice':'58.41','volume':'3991991'," +
            "'previousClosePrice':'60.12','annRange':'46.86-147.12'," +
            "'coporationName':'Sina Corporation'}," +
            "{'symbol':'SOHU','lastPrice':'55.93','date':'1/13/2012'," +
            "'time':'4:00pm','change':'+1.39','openPrice':'53.91'," +
            "'highPrice':'56.02','lowPrice':'53.28','volume':'1421358'," +
            "'previousClosePrice':'54.54','annRange':'45.40-109.37'," +
            "'coporationName':'Sohu.com Inc.'}]";
        List<StockBean>list=JsonParseUtil.getStocksByJsonString(jsonData);
        for(int i=0;i <=list.size()-1;i++){
            System.err.println("**************************");
            list.get(i).print();
        }
    }
}
```

上述程序的运行结果如图 9.18 所示。

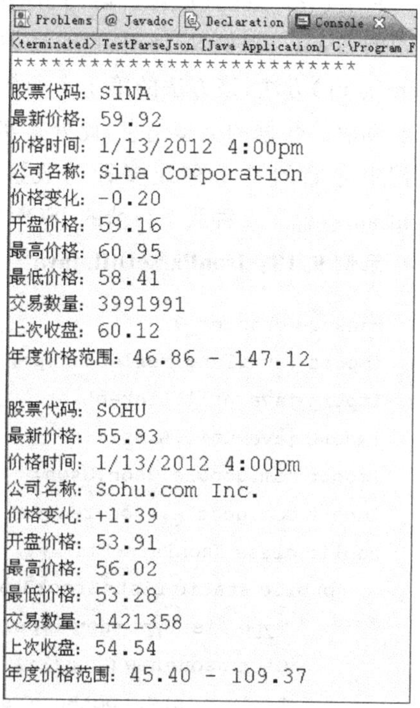

```
Problems  @ Javadoc  Declaration  Console
<terminated> TestParseJson [Java Application] C:\Program F
**************************
股票代码: SINA
最新价格: 59.92
价格时间: 1/13/2012 4:00pm
公司名称: Sina Corporation
价格变化: -0.20
开盘价格: 59.16
最高价格: 60.95
最低价格: 58.41
交易数量: 3991991
上次收盘: 60.12
年度价格范围: 46.86 - 147.12

股票代码: SOHU
最新价格: 55.93
价格时间: 1/13/2012 4:00pm
公司名称: Sohu.com Inc.
价格变化: +1.39
开盘价格: 53.91
最高价格: 56.02
最低价格: 53.28
交易数量: 1421358
上次收盘: 54.54
年度价格范围: 45.40 - 109.37
```

图 9.18 对 JSON 数据的解析结果

9.5.4 JSON 与 XML 的比较

如果只是要表达一个数据结构，把一组数据作为一个整体进行存储或传输，那么这就是一个轻量级的应用，此时既可以使用 JSON，也可以使用 XML。相对于 JSON 而言，XML 可以算是重量级的数据格式。这主要体现在解析上。DOM 把一个 XML 整体解析成一个 DOM 对象，这一点和 JSON 把 JSON 文字解析成对象是相同的。而 SAX 则是一个事件驱动的解析方法，不需要把整个 XML 文档都解析完就可以对解析出的内容进行处理。每当解析出一个对象时，都会通知到事件处理器的相应代码进行处理，程序也可以随时中止解析。如果在网络上传输数据流，那么在传输的过程中，已传输的部分就已经被处理了。这一点JSON是做不到的，至少目前的JSON程序组件并不支持这种解析方法，JSON只提供整体解析的方案。

在普通的Web应用中，无论是服务器端生成或处理XML，还是客户端使用JavaScript解析XML，都常常导致比较复杂的代码。此外，在JavaScript语言中不仅会把来自Web表单的数据放到请求中，而且经常使用对象来表示数据。在这种情况下，从JavaScript对象中提取数据，然后再将数据放到名称-值的对或者XML，就有些多此一举，此时就适合使用JSON。JSON为Web应用开发者提供了另外一种数据交换格式，允许将JavaScript对象转换为可以随请求发送的数据，同步或异步通信模式均可。但是，JSON只提供了整体解析方案，而这种方法只在解析较少的数据时才能起到良好的效果。而XML则提供了对大规模数据的逐步解析方案，这种方案很适用于对较大数据量的处理。

在编码上，虽然XML和JSON都有各自的解析工具，但是JSON的解析要比XML稍微简单；与XML一样，JSON也是基于文本的，且它们都使用Unicode编码，与数据交换格式XML一样具有可读性。主观上来看，JSON更为清晰且冗余更少些。JSON官方网站提供了对JSON语法的严格描述，只是描述较简短。从总体来看，XML比较适合于标记文档，而JSON更适于进行较小数据量的数据交换。

9.5.5 JSON的应用

在互联网时代，把网站的服务封装成一系列计算机易识别的数据接口开放出去，供第三方开发者使用，这种行为叫做Open API，提供开放API（应用程序编程接口）的平台本身被称为开放平台。

淘宝开放平台（Taobao Open Platform）项目是淘宝（中国）软件有限公司面向第三方应用开发者，提供API接口和相关开发环境的开放平台。软件开发者可通过淘宝API来获取淘宝用户信息、淘宝商品信息、淘宝商品类目信息、淘宝店铺信息、淘宝交易明细信息、淘宝商品管理等信息，并建立相应的电子商务应用。同时，它将为开发者提供整套的淘宝API的附加服务：测试环境、技术咨询、产品上架、版本管理、收费策略、市场销售、产品评估等。

在上述API中，调用之后返回的数据主要有两种格式：XML和JSON。例如在淘宝开放平台的商品API中，taobao.items.get表示搜索商品信息的功能，该API根据传入的搜索条件，获取商品列表（类似于淘宝页面上的商品搜索功能，但是只有搜索到的商品列表，不包含商品的ItemCategory列表）。该API返回的XML数据格式如图9.19所示，返回的JSON数据格式如图9.20所示。可以看出，在开放平台的数据交换上，XML和JSON起着十分重要的作用。

```xml
<?xml version="1.0" encoding="utf-8" ?>
<items_get_response>
    <items list="true">
        <item>
            <iid>
                a77d89756c91413df8a8f0aab0785be1
            </iid>
            <nick>
                tbtest649
            </nick>
        </item>
        <item>
            <iid>
                cc0dcf2eb954598b6eee101959b9b32a
            </iid>
            <nick>
                czhendong001
            </nick>
        </item>
        <item>
            <iid>
                85e5e5320efb4b5b8de15cc251deb292
            </iid>
            <nick>
                tbtest81
            </nick>
        </item>
    </items>
    <total_results>
        3
    </total_results>
</items_get_response>
<!--vm127.sqa-->
```

图 9.19 搜索商品信息 API 返回的 XML 数据格式

```json
{
    "items_get_response": {
        "items": {
            "item": [{
                "iid": "a77d89756c91413df8a8f0aab0785be1",
                "nick": "tbtest649"
            },
            {
                "iid": "cc0dcf2eb954598b6eee101959b9b32a",
                "nick": "czhendong001"
            },
            {
                "iid": "85e5e5320efb4b5b8de15cc251deb292",
                "nick": "tbtest81"
            }]
        },
        "total_results": 3
    }
}
```

图 9.20 搜索商品信息 API 返回的 JSON 数据格式

9.6 习题

1. XML 可以应用在哪些方面？
2. 网络出版有什么特点？XML 在网络出版中有什么应用？
3. 简要说明 XML 在网格中的应用。
4. 查阅资料，说明 XML 在 Web Service 技术中的应用。
5. 查阅资料，说明 XML 在云计算技术中的应用。

第 10 章 XML 的应用：AJAX

10.1 AJAX 简介

最近几年，网络技术上最热门的术语之一就是 AJAX，该技术在 Google Earth 等网站上表现出的近似桌面程序的强大、丰富又快速的交互功能，受到越来越多的技术精英和普通用户的青睐。

AJAX 是 Asynchronous JavaScript And XML 的简写，这个枯燥的技术名词在英语中是几个英雄的名字，而且他们都非常孔武有力。在希腊神话里，攻打特洛伊的好汉中，一位叫“大 AJAX”(Great AJAX)，他抢救出了头号英雄阿基里斯的遗体；另一位叫“小 AJAX”(AJAX the Lesser)，他是一位作战英勇的国王。

2005 年 2 月，Adaptive Path 公司的 Jesse James Garrett 在他的一篇演讲“AJAX：A New Approach to Web Applications”中，首先提出了 AJAX 的术语，并阐述了这一技术的工作原理。他说他的公司用 XMLHttpRequest、JavaScript、DOM、XML、XSLT、XHTML 和 CSS 为用户开发网站，为了方便向用户，特别是非 IT 领域的用户解释这一大串技术，就构造了 AJAX 这个词。

按照 Garrett 的说法，传统的 Web 网页是同步工作的，每次单击一个链接或按钮，需要和服务器交换数据时，网页就等着服务器的响应，然后刷新整个网页。他的这个描述不完全正确，例如，若网页使用了框架(Frame)，那就有可能只更新网页的一部分，而不是整个网页。不过目前看来，很多专业人员并不推荐使用框架。目前大部分传统的网页在和服务器交换数据后都需要更新整个网页，即便只有网页的一小部分内容改变了。而在 AJAX 中，网页和服务器交换数据是异步的，即数据的更新不会导致整个网页的改变，而只是更新数据改变了的那部分网页，因此，AJAX 网页反应更快，对用户的操作更加敏感。

Garrett 说，AJAX 本身不是新技术，而是几种现有技术的重新应用，这些技术如下：

- 用 XHTML 和 CSS 处理网页的内容和表现形式。
- 用 Document Object Model 显示和控制网页。
- 用 XMLHttpRequest 对象在用户和服务器之间交换数据。
- 用 XML 作为数据交换格式。
- 用 JavaScript 动态地实现上述目的。

实际上，AJAX 的本质就是使用 XMLHttpRequest 对象和服务器交换数据，也就是说，目前 AJAX 引起的技术狂热，实际上并不是由于谁发明了一套理论，或者开发了有一大堆功能的全套技术，而是由于一个对象 XMLHttpRequest，甚至这个对象比很多 Java 对象的属性和方法都少得多。

很多人说，AJAX 代表着下一代网络技术的开始，奇怪的是，它并不是被 Garrett 发明或者发现的，而是在 20 世纪 90 年代就已经存在了。实际上，早在 1999 年，Microsoft 在

Internet Explorer 5 就添加了 ActiveX 对象 XMLHttpRequest，这是 AJAX 术语出现前 6 年的事情了。几年后，也是在 Garrett 的文章发表前，由于微软的 ActiveX 不能跨平台，Mozilla 项目的工程师开发了另一个版本的 XMLHttpRequest，以便支持其他类型的浏览器如 Safari，读者在后面的章节会看到，我们建立 XMLHttpRequest 对象时，要考虑到它有两个版本存在。

AJAX 所有的东西都存在多年了，也有不止一个人在用，为什么直到现在才大红大紫？也许，AJAX 或者 XMLHttpRequest 太“偏僻”了，甚至创造它的微软也没有发现它的价值，直到 Garrett 构造了 AJAX 一词，来代表以 XMLHttpRequest 为核心的一大堆现有技术：XMLHttpRequest、JavaScript、DOM、XML、XSLT、XHTML 和 CSS。

AJAX 的奇迹可能会让一些专业人员开始注意“故纸堆”，即从那些像 XMLHttpRequest 一样鲜为人知的老技术中寻找新灵感，如果找到了，略加包装修饰，没准 AJAX 的奇迹又会重现。但是，AJAX 的故事好像并非技术好、名字好就会卖得好那么简单，就是说，AJAX 的红火可能并非完全由于 Garrett 的文章，尽管他给 AJAX 起了个好名字，并给了第一个系统的阐述，但如果没有 Google 的推动捧场，市场未必认可 AJAX 的魅力。在 AJAX 术语出现前的 2004 年，Google 就在其 Gmail 中应用了 AJAX。这个 Web Mail 的特别之处在于它的很多操作，例如，读邮件和删除邮件不必刷新页面，而在其他 Web Mail 中就必须刷新整个页面。后来，Google 又开发了使用 AJAX 的其他产品，例如，Google Map、Google Suggest 等。Hotmail 的新版界面也应用了 AJAX 技术。

Garrett 的文章也有很多批评者。首先，对 Garrett 的文章，有人说 AJAX 不过是 Garrett 推销自己业务的广告罢了；其次，Garrett 的文章说，XML 是必需的，实际上并非如此，连他自己提到的一些例子也没有 XML 的影子，读者在本书后面可看到，XML 在 AJAX 中本非必需品；另外，Garrett 文章的重要疏忽是没有提到服务端的支持。

无论如何，AJAX 目前看起来是最有前途的网络技术之一，在许多项目工程中，AJAX 经常是必备的技术。

10.2 AJAX 的工作原理

如图 10.1 所示为传统的网页工作模式和 AJAX 工作模式的比较。

在传统网页的工作模式下，用户通过单击浏览器网页上的按钮或链接，向 Web 服务器发送请求信息 HTTP Request，Web 服务器收到用户的请求，多数情况下需要和数据库服务器交换数据，然后把处理结果返回给用户，通常，服务器返回数据时需要刷新用户浏览器上的整个网页，以便显示更新后的数据，即便需要更新的只是网页的一小部分。

AJAX 工作模式和传统网页工作模式的唯一不同就是，在浏览器和 Web 服务器之间多了个 AJAX Engine（AJAX 引擎），用户单击网页上的链接或按钮向 Web 服务器发送请求时，这些请求不是直接发送给服务器，而是由 AJAX 引擎处理后再发送给服务器。服务器在向用户浏览器返回数据时，也是通过 AJAX 引擎处理后再显示在用户浏览器中。正是通过 AJAX 引擎，服务器在返回数据时，不需要更新整个网页，而只是更新网页的一

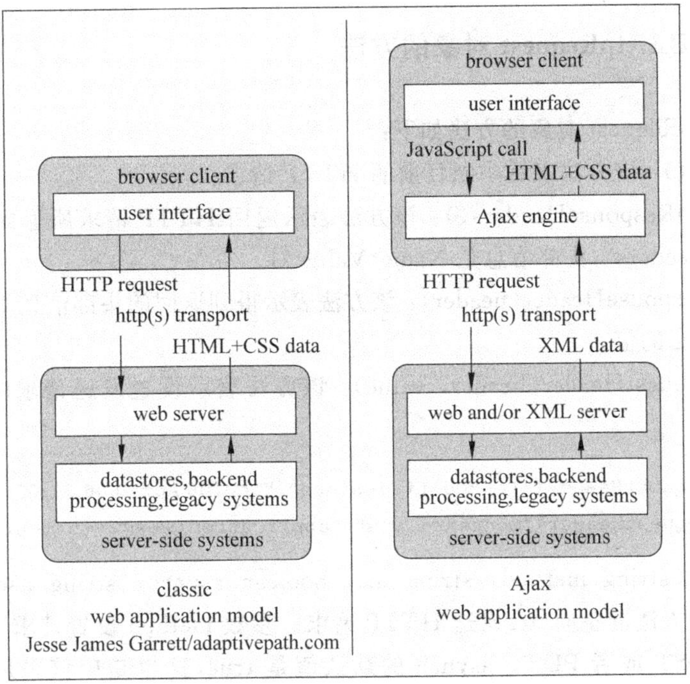

图 10.1 传统的网页工作模式和 AJAX 工作模式

部分，让用户感觉网页的反应更快更灵敏。

简而言之，AJAX 的工作原理是：用户向 Web 服务器发送的请求，以及 Web 服务器向用户返回的数据，都经过 XMLHttpRequest 对象“半道”截住处理后再进行下一步工作。

AJAX 使用 JavaScript 在浏览器网页和服务器之间传送数据，通过异步数据传输(asynchronous data transfer)(HTTP request)方式，能够做到让网页只更新数据改变了的部分，而不是更新网页的全部。更具体地说，是使用 XMLHttpRequest 对象来做到这一点。

XMLHttpRequest 通过 JavaScript(包括 DOM)调用，和 JavaScript 相关的最直接技术包括 HTML、CSS，不同的教材对 AJAX 范围的用词可能不同，但所指的底线是一致的。当然，其他的 Web 技术如 XML、XSLT 等也可以应用在 AJAX 网页上，它们不是必需的。

前面说过，AJAX 实际上是客户端和服务器端交换数据的技术，应该不能排除服务器端的技术，比如.NET、PHP 和基于 Java 语言的 Web(Servlet、JSP、JSF)技术。

10.3 XMLHttpRequest 对象

在 AJAX 中，最重要的对象就是 XMLHttpRequest 对象，像 Java 中的对象一样，该对象也有一系列方法和参数，本节将对它们作系统的介绍。

10.3.1 XMLHttpRequest 对象的方法

XMLHttpRequest 对象的方法如下：

(1) abort()：该方法表示中断目前的 HTTP 请求。

(2) getAllResponseHeaders()：该方法表示返回 HTTP 请求所返回的所有头部信息(response headers)，头部信息是 Name/Value 对。

(3) getResponseHeader(header)：该方法表示得到返回的头部信息 Name 为 header 时对应的 Value 的值。

(4) setRequestHeader(header, value)：该方法表示设置发送请求时的头部信息，例如，

```
xhr.setRequestHeader("If-Modified-Since","Thu,06 Apr 2006 01:00:00 GMT");
xhr.setRequestHeader("Content-Type","application/x-www-form-urlencoded");
```

(5) open(string method, string url, boolean asynch, string username, string password)：该方法准备向 url 发送 HTTP 请求。参数 method 设置请求方法的类型，可以是 GET、POST 或者 PUT。asynch 的默认值是 true，这也是应该采用的值，如果为 false，实际上就失去了异步数据传输的功能。usename 和 password 是访问 url 可能需要的用户名和密码。

(6) send(content)：该方法表示发送 HTTP 请求，如果是 GET 请求，参数为空；如果是 POST 请求，发送的通常是 name/value 格式的数据，也可以是输入流或者 DOM 对象。

10.3.2 XMLHttpRequest 对象的属性

XMLHttpRequest 拥有的属性值如下：

(1) Onreadystatechange：该属性表示当 HTTP 请求的状态变化时触发事件，通常对事件的处理由 JavaScript 方法执行。

(2) readyState：该属性表示 HTTP 请求的状态值。这些状态值的含义如下：

- 0：xhr 没有初始化，没有数据。
- 1：正在调用数据。
- 2：数据已经调用了。
- 3：用户在和服务器交互，即使数据还没有调用。
- 4：数据调用完成。

(3) responseText：该属性表示字符串形式返回的服务器响应信息，可以是纯文本，也可以是 HTML 文件。

(4) responseXML：该属性表示 XML 格式返回的服务器响应信息，这些信息可以通过 DOM 对象检索。

(5) status：该属性表示 HTTP 状态码，例如，200 代表 OK，404 表示 Not Found(没有找到)。

(6) statusText：该属性表示文字格式的状态，例如，OK 或者 Not Found。

10.4 基于 AJAX 的股票行情查询

10.4.1 应用程序简介

该应用程序的主要功能仍然是股票行情查询，在该程序中使用了 AJAX 技术。应用程序的主界面如图 10.2 所示。当用户输入了股票代码的首字母时，浏览器中的 AJAX 引擎会把用户输入的内容提交给服务器端，服务器使用用户输入的信息进行查询并把查询结果以 XML 数据的形式返回给浏览器，浏览器接受该数据经过解析后显示在输入框的下面，如图 10.3 所示。此时用户可以选择，一旦选择了指定的股票代码则再次发起 HTTP 请求进行该代码的股票行情查询，服务器查找指定的股票行情信息仍然以 XML 形式返回，浏览器接受该数据经过解析后以表格形式显示在指定的区域，如图 10.4 所示。

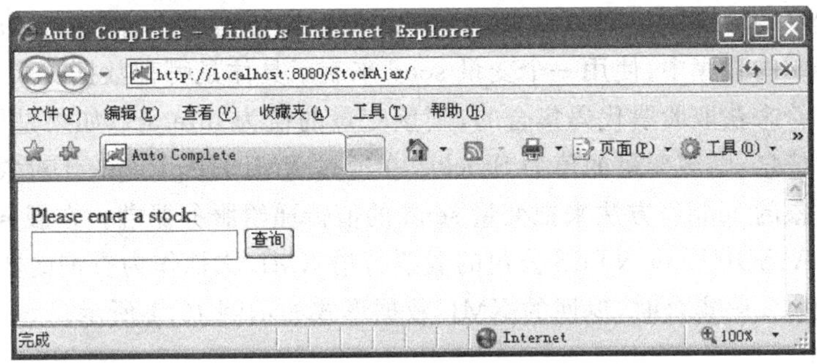

图 10.2 股票行情查询界面

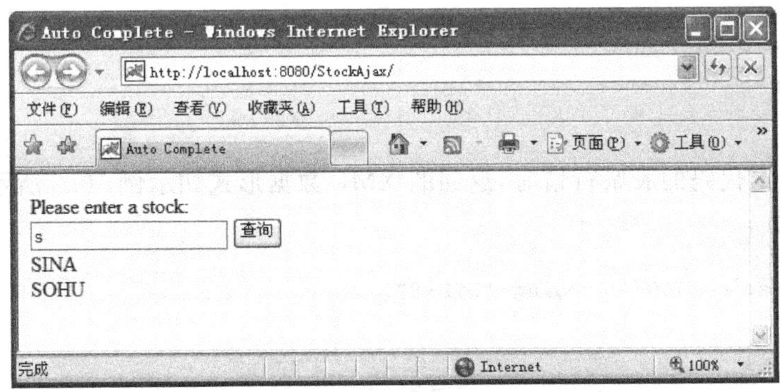

图 10.3 产生匹配的股票代码界面

从上述流程中可以看出，浏览器和服务器之间的交互数据有两种，第一种是用户输入的股票代码开始字符，此时服务器需要返回以该字符开始的所有股票代码；第二种是用户

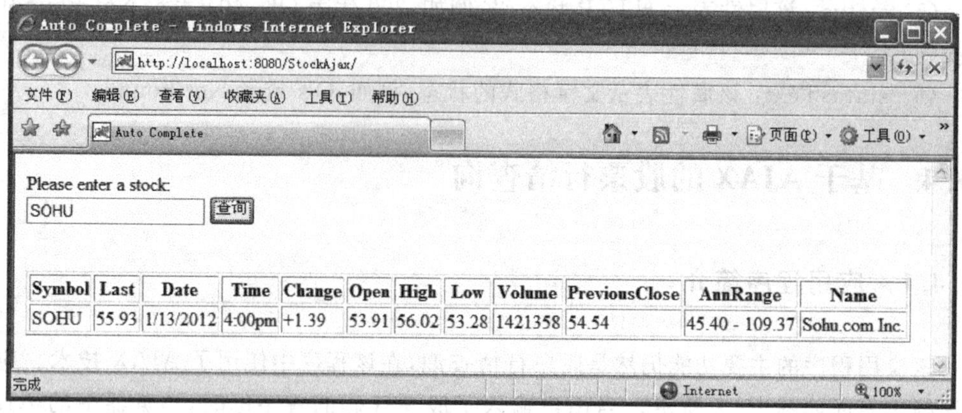

图 10.4 显示股票行情查询结果的界面

选择的完整的股票代码，此时服务器需要返回的是该股票代码的股票行情信息。

10.4.2 服务器端开发

该应用程序的服务器使用 Apache Tomcat 6.0，服务器端的功能由 Java Servlet 来实现。在浏览器端的程序中，使用一个变量 send 来表示具体是哪种数据交换。如果是用股票代码开始字符来获取股票代码集合的，则该变量的值为 interact；如果是用股票代码来获取股票行情信息，则该变量的值为 Stock。在通过 XMLHttpRequest 对象发起请求时，通过调用该对象的 send()方法来把变量 send 的值传递给服务器端。在服务器端，仍然使用存储了 SINA、SOHU 和 NTES 公司的股票行情 XML 文档作为查询的数据源。

在返回股票代码集合时，返回的 XML 数据形式如示例 10.1 所示。

示例 10.1

```
<?xml version="1.0" encoding="UTF-8"?>
<Stock>
    <name>SINA</name>
    <name>SOHU</name>
</Stock>
```

在返回指定代码的股票行情时，返回的 XML 数据形式如示例 10.2 所示。

示例 10.2

```
<?xml version="1.0" encoding="UTF-8"?>
<Stocks>
    <Stock>
        <Symbol>SINA</Symbol>
        <Last>59.92</Last>
        <Date>1/13/2012</Date>
        <Time>4:00pm</Time>
        <Change>-0.20</Change>
```

```
        <Open>59.16</Open>
        <High>60.95</High>
        <Low>58.41</Low>
        <Volume>3991991</Volume>
        <PreviousClose>60.12</PreviousClose>
        <AnnRange>46.86-147.12</AnnRange>
        <Name>Sina Corporation,China</Name>
    </Stock>
</Stocks>
```

该项目在 MyEclipse 中的情况如图 10.5 所示。

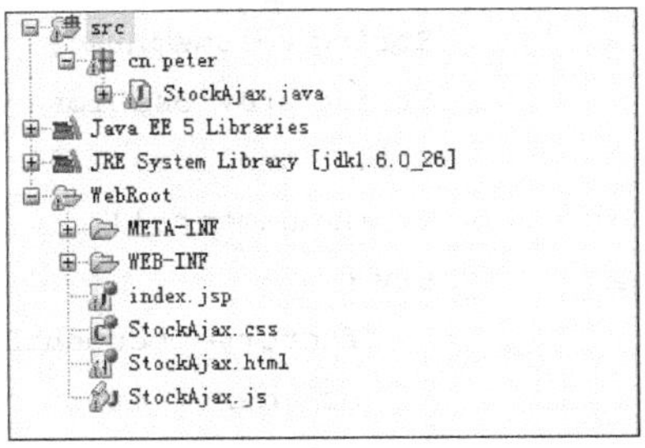

编写的 Java Servlet 其代码如示例 10.3 所示。

示例 10.3：StockAjaxServlet.java

```
src
  cn.peter
    StockAjax.java
Java EE 5 Libraries
JRE System Library [jdk1.6.0_26]
WebRoot
  META-INF
  WEB-INF
  index.jsp
  StockAjax.css
  StockAjax.html
  StockAjax.js
```

图 10.5　显示股票行情查询结果的界面

```
package cn.peter;
import java.io.File;
import java.io.IOException;
import java.io.PrintWriter;
import java.util.ArrayList;
import java.util.List;
import javax.servlet.ServletException;
import javax.servlet.http.HttpServlet;
import javax.servlet.http.HttpServletRequest;
import javax.servlet.http.HttpServletResponse;
import javax.xml.parsers.DocumentBuilder;
import javax.xml.parsers.DocumentBuilderFactory;
import org.w3c.dom.Document;
import org.w3c.dom.Element;
import org.w3c.dom.Node;
import org.w3c.dom.NodeList;
import org.xml.sax.SAXException;
import org.xml.sax.SAXParseException;
import org.xml.sax.helpers.DefaultHandler;
public class StockAjaxServlet extends HttpServlet {
    public static final String XML_FILE_PATH="D:\\Stocks.xml";
    private static int number=0;
    public static List<StockBean>stocks=new ArrayList<StockBean>();
    private void readXmlData(){
        DocumentBuilderFactory factory=null;
        DocumentBuilder builder=null;
        MyXmlHandler handler=new MyXmlHandler();
        Document document=null;
        Element stock=null;
        NodeList children=null;
        int size=0;
```

```
String symbol=null;
String last=null;
String date=null;
String time=null;
String change=null;
String open=null;
String high=null;
String low=null;
String volume=null;
String previousClose=null;
String annRange=null;
String name=null;
try {
    factory=DocumentBuilderFactory.newInstance();
    builder=factory.newDocumentBuilder();
    builder.setErrorHandler(handler);
    document=builder.parse(new File(XML_FILE_PATH));
    stock=document.getDocumentElement();
    children=stock.getElementsByTagName("Stock");
    size=children.getLength();
    for(int i=0;i <=size-1;i++){
        Node node=children.item(i);
        if(node.getNodeType()==Node.TEXT_NODE){
            continue;
        }
            if(node.getChildNodes().item(1).getFirstChild().
            getNodeName()!=null){
                NodeList list=node.getChildNodes();
                symbol=list.item(1).getFirstChild().getNodeValue();
                last=list.item(3).getFirstChild().getNodeValue();
                date=list.item(5).getFirstChild().getNodeValue();
                time=list.item(7).getFirstChild().getNodeValue();
                change=list.item(9).getFirstChild().getNodeValue();
                open=list.item(11).getFirstChild().getNodeValue();
                high=list.item(13).getFirstChild().getNodeValue();
                Low=list.item(15).getFirstChild().getNodeValue();
            volume=list.item(17).getFirstChild().getNodeValue();
            previousClose=list.item(19).getFirstChild().getNodeValue();
            annRange=list.item(21).getFirstChild().getNodeValue();
                name=list.item(23).getFirstChild().getNodeValue();
                stocks.add(new StockBean());
                stocks.get(number).setSymbol(symbol);
                stocks.get(number).setLastPrice(last);
                stocks.get(number).setDate(date);
```

```
                stocks.get(number).setTime(time);
                stocks.get(number).setChange(change);
                stocks.get(number).setOpenPrice(open);
                stocks.get(number).setHighPrice(high);
                stocks.get(number).setLowPrice(low);
                stocks.get(number).setVolume(volume);
                stocks.get(number).setPriviousClosePrice(previousClose);
                stocks.get(number).setAnnRange(annRange);
                stocks.get(number).setCoporationName(name);
                number++;
            }
        }
    }catch(Exception e){
        System.err.println(e);
    }
}
public void doGet(HttpServletRequest request,
                  HttpServletResponse response)
                  throws ServletException,IOException {
    doPost(request,response);
}
public void doPost(HttpServletRequest request,
                   HttpServletResponse response)
                   throws ServletException,IOException {
    if(number ==0){
        this.readXmlData();
    }
    String send=request.getParameter("send");
    if(send.equals("interact")){
        response.setContentType("text/xml;charset=UTF-8");
        request.setCharacterEncoding("UTF-8");
        response.setHeader("Cache","no-cache");
        PrintWriter out=response.getWriter();
        out.flush();
        out.println("<Stock>");
        String prefix=request.getParameter("Stock");
        System.out.println("prefix:" +prefix);
        for(int i=0;i <stocks.size();i++){
            if(stocks.get(i).getSymbol().toLowerCase().indexOf(prefix.
                    toLowerCase())==0){
                out.println("<name>"
                        +stocks.get(i).getSymbol()+"</name>");
            }
        }
```

```
        out.println("</Stock>");
        out.flush();
        out.close();
    }else if(send.equals("Stock")){
        System.out.println("进入返回股票信息!");
        request.setCharacterEncoding("UTF-8");
        String stockName=request.getParameter("Stock");
        int position=0;
        for(int i=0;i<=number-1;i++){
            if(stockName.toLowerCase().equals(stocks.get(i)
                    .getSymbol().toLowerCase())){
                position=i;
                break;
            }
        }
        response.setContentType("text/xml;charset=UTF-8");
        response.setHeader("pragma","no-cache");
        response.setHeader("cache-control","no-cache");
        PrintWriter out=response.getWriter();
        out.flush();
        StringBuffer results=new StringBuffer(
            "<?xml version=\"1.0\" encoding=\"utf-8\"?>");
        results.append("<Stocks>");
        results.append("<Stock>");
        results.append("<Symbol>");
        results.append(stocks.get(position).getSymbol());
        results.append("</Symbol>");
        results.append("<Last>");
        results.append(stocks.get(position).getLastPrice());
        results.append("</Last>");
        results.append("<Date>");
        results.append(stocks.get(position).getDate());
        results.append("</Date>");
        results.append("<Time>");
        results.append(stocks.get(position).getTime());
        results.append("</Time>");
        results.append("<Change>");
        results.append(stocks.get(position).getChange());
        results.append("</Change>");
        results.append("<Open>");
        results.append(stocks.get(position).getOpenPrice());
        results.append("</Open>");
        results.append("<High>");
        results.append(stocks.get(position).getHighPrice());
```

```
            results.append("</High>");
            results.append("<Low>");
            results.append(stocks.get(position).getLowPrice());
            results.append("</Low>");
            results.append("<Volume>");
            results.append(stocks.get(position).getVolume());
            results.append("</Volume>");
            results.append("<PreviousClose>");
            results.append(stocks.get(position).getPriviousClosePrice());
            results.append("</PreviousClose>");
            results.append("<AnnRange>");
            results.append(stocks.get(position).getAnnRange());
            results.append("</AnnRange>");
            results.append("<Name>");
            results.append(stocks.get(position).getCoporationName());
            results.append("</Name>");
            results.append("</Stock>");
            results.append("</Stocks>");
            System.out.println(results.toString());
            out.write(results.toString());
            out.close();
        }
    }
    static class MyXmlHandler extends DefaultHandler {
        @Override
        public void error(SAXParseException e)throws SAXException {
        this.errorMessage=e.getMessage();
        System.err.println("一般错误：" +this.errorMessage);
        }
        @Override
        public void fatalError(SAXParseException e)throws SAXException {
            this.errorMessage=e.getMessage();
            System.err.println("致命错误：" +this.errorMessage);
        }
    String errorMessage=null;
    }
}
```

10.4.3 浏览器端开发

在 HTML 页面中，首先要响应股票代码输入框的键盘输入事件，对该事件的处理主要包括创建 XMLHttpRequest 对象，并把用户输入的数据通过该对象发送给服务器端，然后解析服务器端返回的股票代码名称后显示在指定区域；如果用户选择了某个股票代码，则使用已创建的 XMLHttpRequest 对象把用户选择的股票代码发送给服务器端，然后解析服务器端返回的股票行情信息后以表格形式显示。

用于股票行情查询的 HTML 页面其代码如示例 10.4 所示。

示例 10.4：StockAjax.html

```
<!DOCTYPE html PUBLIC "-//W3C//DTD HTML 4.01 Transitional//EN"
        "http://www.w3.org/TR/html4/loose.dtd">
<html>
    <head>
    <meta http-equiv="Content-Type" content="text/html;charset=UTF-8">
    <title>Auto Complete</title>
    <link rel="stylesheet" rev="stylesheet" herf="StockAjax.css" />
    <script src="StockAjax.js"
        type="text/javascript" language="Javascript">
    </script>
    </head>
    <body>
        <form action="#">
            Please enter a stock:<br/>
            <input type="text" id="searchField"
                autocomplete="off" onkeyup="makeRequest()" />
            <input type="button" id="" value="查询"
                onclick="doRequest()"/><br/>
            <div id="popups"></div>
        </form>
        <div id="serverResponse"></div>
    </body>
</html>
```

在上述 HTML 代码中，引入了 JavaScript 脚本代码文件 StockAjax.js，其代码如示例 10.5 所示。

示例 10.5：StockAjax.js

```
var xmlHttp;
var xhr;
function makeRequest(){
    inputField=document.getElementById("searchField");
    str=inputField.value;
    if(str !=""){
        if(document.getElementById("serverResponse").hasChildNodes()){
            document.getElementById("serverResponse").removeChild(document.
            getElementById("serverResponse").childNodes[0]);
        }
        createXMLHttpRequest();
```

```
        xmlHttp.onreadystatechange=handleStateChange;
        var queryString="send=interact" +"&Stock="+encodeURIComponent(str);
        xmlHttp.open("POST","StockAjaxServlet",true);
        xmlHttp.setRequestHeader ("Content-Type","application/x-www-form-
                                                urlencoded;");
        xmlHttp.send(queryString);
    }
    else {
        clearSuggestion();
    }
}
function createXMLHttpRequest(){
    if(window.ActiveXObject){
        xmlHttp=new ActiveXObject("Microsoft.XMLHTTP");
    }
    else if(window.XMLHttpRequest){
        xmlHttp=new XMLHttpRequest();
    }
}
function handleStateChange(){
    if(xmlHttp.readyState ==4){
        if(xmlHttp.status ==200){
            displayNames();
        }
    }
}
function displayNames(){
    var str=document.getElementById("searchField").value;
    document.getElementById("searchField").className="";
    popUp=document.getElementById("popups");
    var results=xmlHttp.responseXML.getElementsByTagName("name");
    if(results.length >0){
        clearSuggestion();
        var suggest=null;
        for(var i=0;i <results.length;i++){
            suggest=document.createElement("div");
            suggest.appendChild(document.createTextNode(
            results[i].firstChild.nodeValue));
            suggest.onclick=makeChoice;
            suggest.className="suggestions";
            popUp.appendChild(suggest);
        }
        var foundCt=
            document.getElementById("popups").childNodes.length;
```

```
            if(foundCt ==0){
                document.getElementById("searchField").className="error";
            }
            if(foundCt ==1){
                document.getElementById("searchField").value=
                document.getElementById("popups").firstChild.innerHTML;
                document.getElementById("popups").innerHTML="";
            }
        }
        doRequest();
    }
    function makeChoice(evt){
        var thisDiv=(evt)? evt.target : window.event.srcElement;
        document.getElementById("searchField").value=thisDiv.innerHTML;
        document.getElementById("popups").innerHTML="";
        doRequest();
    }
    function clearSuggestion(){
        var models=document.getElementById("popups");
        while(models.childNodes.length >0){
            models.removeChild(models.childNodes[0]);
        }
    }
    function doRequest(){
        createXMLHttpRequestStock();
        var stockName=document.getElementById("searchField").value;
        var queryString="send=Stock" +"&Stock=" +stockName;
        xhr.onreadystatechange=handleStateChangeStock;
        xhr.open("POST","StockAjaxServlet",true);
        xhr.setRequestHeader("Content-Type","application/x-www-form-urlencoded;");
        xhr.send(queryString);
    }
    function createQueryString(){
        var stockName=document.getElementById("searchField").value;
        var queryString="send=Stock" +"&Stock=" +stockName;
        return queryString;
    }
    function createXMLHttpRequestStock(){
        if(window.ActiveXObject){
            xhr=new ActiveXObject("Microsoft.XMLHTTP");
        }
        else if(window.XMLHttpRequest){
            xhr=new XMLHttpRequest();
        }
    }
    function handleStateChangeStock(){
```

```
    if(xhr.readyState ==4){
        if(xhr.status ==200){
            parseResults();
        }
    }
}
function parseResults(){
    var text;
    var responseDiv=document.getElementById("serverResponse");
    text=
        "<table border='1'><tr><th>Symbol</th><th>Last</th><th>Date</th>
        <th>Time</th><th>Change</th><th>Open</th><th>High</th><th>Low
        </th><th>Volume</th><th>PreviousClose</th><th>AnnRange</th><th>
        Name</th></tr>";
    if(responseDiv.hasChildNodes()){
        responseDiv.removeChild(responseDiv.childNodes[0]);
    }
    var results=xhr.responseXML.getElementsByTagName("Stock");
    for(var i=0;i <results.length;i++){
        var node=results.item(i).childNodes;
        text=text +"<tr>";
        for(var j=0;j <node.length;j++){
            text=text +"<td>" +node.item(j).firstChild.nodeValue+"</td>";
        }
        text=text +"</tr>";
    }
    text=text +"</table>";
        if(results.item(0).childNodes.item(0).firstChild.nodeValue =="null" ){
        responseDiv.innerHTML="There is the stock information: "
                              +document.getElementById("searchField").value;
    }
    else {
        responseDiv.innerHTML=text;
    }
}
```

10.5 习题

1. 简要说明 AJAX 的工作原理和页面局部刷新的概念。
2. 简要说明 XML 在 AJAX 中的具体作用。
3. 在 AJAX 中，能否使用 JSON 来完成 XML 的作用？查阅资料，加以说明。
4. 查阅资料，简要说明支持 AJAX 开发的服务器端主流开发技术。

第 11 章　XML 的应用：Web Service

11.1　Web Service 概述

Web Service，即 Web 服务，作为一种新型的分布式组件模型，已经在电子商务、企业应用集成等领域扮演了重要的角色，并不断影响现代企业应用的开发与部署。它的不断成熟和发展为服务计算技术的发展与应用提供了最佳支撑技术。本节对 Web Service 的基本概念、技术标准以及 XML 在 Web Service 中的应用进行简单介绍。

11.1.1　Web Service 定义

Web 服务是服务计算中所强调的"服务"概念的一种具体表现形式和功能载体，它是基于 Web 环境的具有自适应、自描述、模块化和良好互操作能力的应用程序。不同的组织对于 Web 服务的概念和内涵有不同的理解和认识。

IBM 认为，Web 服务是用 XML 描述的一组可通过 XML 进行消息传递的操作，这些操作可通过网络访问来完成目标任务。服务的描述(采用 XML)提供了与该服务交互时所需的全部细节，包括消息格式(也采用 XML)、传输协议和位置。

Microsoft 认为，Web 服务是一个向其他应用提供数据和服务的应用逻辑单元。应用程序通过基于 Web 的协议和数据格式访问 Web 服务，如 HTTP、XML 和 SOAP(Simple Object Access Protocol，简单对象访问协议)，而无需关心每个 Web 服务的具体实现。

Oracle 认为，Web 服务是软件组件，这类组件具有被发现、可重用和再组合的特性，用于解决用户的问题或要求。

W3C 认为，Web 服务是一个支持互操作的、计算机能通过网络进行交互的系统。它采用 WSDL(Web Service Description Language，Web 服务描述语言)描述服务接口，采用 SOAP 消息通过 HTTP 协议实现服务之间、服务与客户之间的通信。

以上各种观点各有侧重，并无冲突。综合以上观点之后，可以认为，Web 服务的最大特点在于其互操作性和重用性。Web 服务的互操作能力使 Web 服务成为最有吸引力的，用于异质异构应用和系统无缝集成的黏合剂，而重用性使 Web 服务成为软件服务化的最佳载体。与其他软件实体相比，Web 服务具备如下特性。

- **可描述**：可以通过一种服务描述语言进行自我说明。
- **可发布**：可以在注册中心注册其描述信息并发布。
- **可查找**：通过向服务注册中心发送查询请求可以找到满足查询条件的服务，获取服务的访问信息。
- **可绑定**：通过服务的描述信息可以生成可调用的服务实例或服务代理。

- **可调用**：使用服务描述信息中的访问细节可以实现服务的远程调用。
- **可组合**：可以与其他服务组合在一起，形成新的更大粒度的服务。

可以看出，Web服务是构架在XML和Internet技术之上的分布式计算技术。从核心看，Web服务技术相当简单，其目的是利用广泛使用的Internet协议在分布的节点之间传递称为消息的XML文档，正是通过这种简单机制使Web服务实现了其主要目标：使操作系统、编程语言、数据格式异构的软件应用之间的互操作成为可能。

一般来说，Web服务是由URI标识的软件系统，Web服务作为一种特殊的服务继承了服务的自治性、开放性、自描述性和实现无关性，同时Web服务是通过Internet实现远程访问的。

W3C关于Web服务的定义隐含地指出了Web服务的3项核心技术：

(1) **通信**：正如浏览器和服务器之间通过HTTP协议和HTML标记语言互相通信一样，Web服务之间也需要一种能基于Internet协议(如HTTP、SMTP、FTP等)互相传递XML消息的通信协议规范。

(2) **描述**：Web服务的接口和绑定需要用一种基于XML的语言来描述和定义。

(3) **发布和发现**：Web服务消费者可以通过中介发现Web服务，而Web服务的元信息(使用XML描述)需要发布到中介上。

可以看出，在Web服务的上述3项核心技术中，XML都起着非常重要的作用。

11.1.2 Web Service技术体系

Web服务技术体系如图11.1所示，其中最下层的传输协议是被Internet或其他分布式计算平台广泛使用的标准，这表明Web服务技术可以构架在多种分布式平台之上。技术体系中的SOAP、WSDL和UDDI等，构成了Web服务的核心技术规范，其他规范是在它们的基础上扩展形成的。消息扩展规范的主要作用是提供服务实例寻址以及在消息级别提供可靠、安全、事务等质量保障。最上层是服务组合规范和服务协作规范。服务组合规范提供了一种服务编程语言，用该语言可以组合基本服务形成支持业务过程的复合服务。服务协作规范提供了定义服务之间协作协议的语言。另外，安全和管理规范也是Web服务技术不可或缺的重要部分，它们是所有层次都需要的。

Web服务技术体系由一系列开放的协议和规范组成，这些协议和规范可以由任意方实现。为了标准化Web服务技术，W3C和OASIS都成立了相应的工作组进行Web服务的标准化工作。IBM、Microsoft、HP、Oracle等公司也在积极促进Web服务技术的发展和标准化。在Web服务的技术体系中，基础的核心技术主要包括XML消息通信协议SOAP、Web服务描述语言WSDL和提供服务发布和发现的服务注册中心规范UDDI。

下面列出各种核心技术规范的目的、功能，以及和其他规范之间的关系，并且在每个技术规范介绍的最后列出与其功能类似的规范。

1. 传输规范

传输协议提供基本的数据传输服务，Web服务可以利用多种网络协议实现XML消

图 11.1 Web 服务技术体系

息的传送，HTTP(Hypertext Transfer Protocol)作为一种使用最广泛的通信协议是 Web 服务的首选，Web 服务技术可以通过基本的 HTTP 操作(GET/POST/PUT/DELETE 等)发送 XML 消息。其他可用的传输协议还包括文件传输协议 FTP(File Transfer Protocol)和简单邮件传输协议 SMTP(Simple Mail Transfer Protocol)、面向对象的分布式计算平台 CORBA 用于对象请求代理 ORB(Object Request Object)间通信的协议 IIOP (Internet Inter-ORB Protocol)、Java 消息服务协议 JMS(Java Message Service)等。

2. 消息规范

Web 服务之间的通信是通过互相传递符合 SOAP 协议的 XML 消息实现的。SOAP 的全称是简单对象访问协议(Simple Object Access Protocol)，正如其字面中包含对象(object)一词一样，SOAP 起初的目的是使 Microsoft 公司的分布对象平台 DCOM 和对象管理组织(OMG)的分布对象平台 CORBA 之间实现互操作。现在 SOAP 的主要目的则是支持 Web 服务之间松耦合、单向异步的消息交互，SOAP 为 Web 服务之间交换基于 XML 的结构化信息提供了可扩展的消息交互协议和消息处理框架。一般情况下，SOAP 消息包括两部分，一部分是真正的 XML 数据负载，另一部分是额外的头信息，在头信息中可以任意附加各种控制信息，这些控制信息也可以由一定的规范来约束以完成特定的功能。SOAP 消息需要通过传输层传输，SOAP 1.2 规范定义了 SOAP 消息如何与传输层的 HTTP 和 SMTP 等协议进行绑定。

3. 描述规范

SOA(Service-oriented Architecture，面向服务的体系结构)的松耦合性主要体现为：只要通过服务的描述，就可以访问服务提供的功能。Web 服务完全符合上述要求，只要知道由 Web 服务描述语言 WSDL(Web Services Description Language)定义的服务描述，就可以访问 Web 服务提供的功能。

用WSDL语言可以描述Web服务两方面的内容：抽象接口和抽象接口的绑定。Web服务的抽象接口描述定义了其“What”部分，通过该描述可以知道Web服务提供的功能是什么；抽象接口的绑定描述定义了Web服务的“How”部分，通过该描述可以知道如何访问Web服务提供的功能。这样区分也使得一个抽象接口可以同时拥有多个绑定。

具体而言，Web服务的抽象接口包括一系列操作的名称及其输入、输出参数和出错返回信息；Web服务抽象接口的绑定指定了访问抽象接口采用的通信协议以及抽象接口的Internet访问地址。

4. 发布和发现规范

服务注册中心是Web服务发布和发现的中介。该注册中心不仅要能够存储各种服务元信息，而且要提供发布和发现服务的功能接口。

UDDI(Universal Description, Discovery and Integration)是目前主流的Web服务注册中心规范。通过该规范可以为Web服务定义以下元信息：

(1) 白页信息：Web服务所属的商业实体的信息。

(2) 黄页信息：服务的标准分类信息。

(3) 绿页信息：服务的技术细节信息，比如Web服务的WSDL描述就属于该类信息。

正如“Universal Description”的字面含义，UDDI事实上是一个开放的通用信息描述框架，服务发布者可以任意定义各种称为“技术模型”的信息描述规范，比如WSDL就是其中的一种，进而可以定义属于该技术模型的具体服务信息。UDDI同时也提供了发布、发现、更新服务元信息的标准SOAP编程接口。

近年来，Web服务技术得到了长足的发展，形成了以服务通信、服务描述、服务质量和服务流程为主体的Web服务协议栈。纵观Web服务协议的发展过程，可以将Web服务的发展历程分为两个阶段：Web服务基础协议发展阶段和Web服务高层协议发展阶段。第一阶段主要形成了SOAP、WSDL和UDDI等基础协议，而Web服务技术的研究主要集中于单个服务的开发、测试和调用等基础问题；第二阶段主要形成了BPEL、WS-CDL、WSCI(Web Service Choreography Interface)等高层协议，其中，Web服务技术的研究主要侧重于服务之间的交互与协作，关注服务协作过程中的安全和事务等。当前正处于Web服务发展的第二阶段，而服务组合、服务流程管理、服务交互、服务适配等问题是当前Web服务技术研究的焦点问题。由于Web服务与SOC(Service-oriented Computing，面向服务的计算)和SOA中倡导的服务概念完全吻合，因而被公认为实现SOC和SOA的最佳支撑技术。

11.2 SOAP

通信是分布式系统最基本的特征，其目的是支持位于不同地理位置，通过网络连接的软件应用之间的互操作。网络设施及其相关协议，如Internet及其相关的TCP/IP和HTTP协议，提供了信息传输的基础，但应用程序之间的交互需要更高级的通信协议。

Web 服务所采用的通信协议是 SOAP。

11.2.1 SOAP 简介

SOAP 是简单对象访问协议的英文简称，它的初始目的是提供一种基于 XML 文本的通信协议，以实现 DOM 和 CORBA 之间的互操作。但是随着 Web 服务理念和技术的逐渐成熟，SOAP 规范的重心很快从对象转移到通用的 XML 消息处理框架上。这种重心的变化给 SOAP 缩写词中的“O”带来了一点小问题。SOAP 1.2 工作组沿用了 SOAP 这个名称，但决定不再使用该词的初始全称以免误导开发人员，因此在最新的 SOAP 1.2 规范中，其正式定义并不提及“Object”一词。

SOAP 是一个轻型的分布式计算协议，它允许在分布式环境中交换信息。SOAP 没有捆绑到一个硬件平台、操作系统、编程语言或网络硬件。与其他分布式计算系统不同的是，SOAP 建立在开放式标准的顶部，例如 HTTP 和 XML。SOAP 用基于文本的 XML 协议与分布式系统通信，而不是用其他分布式计算协议（例如 CORBA、RMI 和 DCOM）使用的二进制格式。这使得 SOAP 具有跨硬件平台、操作系统、编程语言和网络硬件平台的高度互操作性。SOAP 可以在 HTTP 上传输，HTTP 允许它利用已有的基础设施投资，例如 Web 服务器、代理服务器和防火墙。SOAP 也可以使用其他协议（如 SMTP 和 JMS）进行传输。

SOAP 规范的主要目标是简单性和可扩展性。

1. 简单性

SOAP 规范定义的消息结构非常简单，除了这个基本消息结构外，SOAP 没有定义额外的表述结构标准，没有定义自己的编码格式，也没有定义自己的传输协议。而且，SOAP 还避免了许多和组件模型有关的复杂功能，如分布式垃圾收集、对象引用、对象激活以及消息批处理等。

2. 可扩展性

SOAP 使用了 XML 标准来封装远程调用和交换的数据，由于 XML 可以封装各种有意义的数据，因此，SOAP 非常具有弹性。它可以使用 XML 来封装所有的数据，并且扩充其功能和意义，同时能够通过标准的 XML 解析技术来获取这些数据和功能。

11.2.2 SOAP 消息模型

最简单的 SOAP 消息处理模型如图 11.2 所示，XML 格式的 SOAP 消息通过某种网络通信协议（如 HTTP、SMTP 等）在 SOAP 发送方和接收方之间传送。

高级 SOAP 消息处理模型如图 11.3 所示，SOAP 消息从起始发送方发出后可以经过多个中间节点最后到达接收方。

SOAP 中间节点位于起始发送方和最终接收方之间，它截获 SOAP 消息并进行相应

XML SOAP消息

SOAP 发送方

网络通信协议

SOAP 接收方

图 11.2 一般的 SOAP 消息处理模型

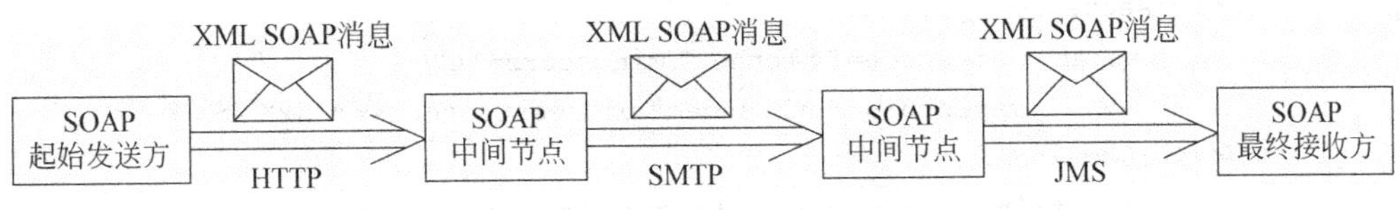

图 11.3 高级 SOAP 消息处理模型

的处理。简言之，SOAP 消息由消息头和消息体构成，中间节点只能对 SOAP 消息头进行处理和修改，而无权处理和修改 SOAP 消息体，这在 SOAP 1.2 规范中有明确定义。

处理消息时，SOAP 节点将会承担一个或者多个角色，SOAP 节点扮演的角色决定节点如何处理 SOAP 消息头。当 SOAP 节点接收到一条消息时，首先必须确定自身的角色，然后看自己是否必须处理该消息（这由消息头中的 mustUnderstand 属性决定）。

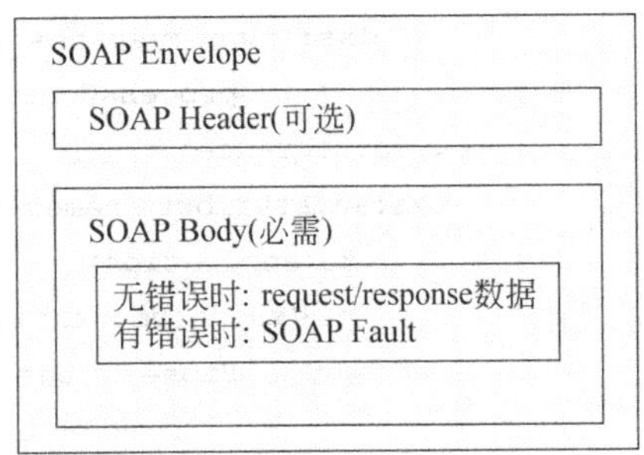

图 11.4 SOAP 消息结构基本模型

SOAP 消息结构的基本模型如图 11.4 所示，整条 SOAP 消息包含在一个信封(Envelope)中，信封内的 SOAP 消息分为消息头(Header)和一个 SOAP 消息体(Body)两部分，其中 SOAP 消息头是可选的，头和体可以包含多个条目，其中 SOAP 消息体可以包含出错信息(Fault)。

11.2.3 SOAP 消息的 XML Schema

示例 11.1 列出了 SOAP 1.1 的 XML Schema 内容。

示例 11.1

```
<?xml version='1.0' encoding='UTF-8' ?>
<xs:schema xmlns:xs="http://www.w3.org/2001/XMLSchema"
           xmlns:tns="http://schemas.xmlsoap.org/soap/envelope/"
           targetNamespace="http://schemas.xmlsoap.org/soap/envelope/" >
   <xs:element name="Envelope" type="tns:Envelope" />
      <xs:complexType name="Envelope" >
         <xs:sequence>
            <xs:element ref="tns:Header" minOccurs="0" />
            <xs:element ref="tns:Body" minOccurs="1" />
            <xs:any namespace="##other" minOccurs="0"
```

```
                    maxOccurs="unbounded" processContents="lax" />
            </xs:sequence>
            <xs:anyAttribute namespace="##other" processContents="lax" />
        </xs:complexType>
    <xs:element name="Header" type="tns:Header" />
    <xs:complexType name="Header" >
        <xs:sequence>
            <xs:any namespace="##other" minOccurs="0"
                    maxOccurs="unbounded" processContents="lax" />
        </xs:sequence>
        <xs:anyAttribute namespace="##other" processContents="lax" />
    </xs:complexType>
    <xs:element name="Body" type="tns:Body" />
    <xs:complexType name="Body" >
        <xs:sequence>
            <xs:any namespace="##any" minOccurs="0" maxOccurs="unbounded"
                    processContents="lax" />
        </xs:sequence>
        <xs:anyAttribute namespace="##any" processContents="lax" >
            <xs:annotation>
                <xs:documentation>
                    Prose in the spec does not specify that attributes are
                    allowed on the Body element
                </xs:documentation>
            </xs:annotation>
        </xs:anyAttribute>
    </xs:complexType>
    <xs:attribute name="mustUnderstand" >
        <xs:simpleType>
            <xs:restriction base='xs:boolean'>
                <xs:pattern value='0|1' />
            </xs:restriction>
        </xs:simpleType>
    </xs:attribute>
    <xs:attribute name="actor" type="xs:anyURI" />
        <xs:simpleType name="encodingStyle" >
            <xs:annotation>
                <xs:documentation>
                'encodingStyle' indicates any canonicalization conventions followed
                in the contents of the containing element. For example, the value
                'http://schemas.xmlsoap.org/soap/encoding/' indicates the pattern
                described in SOAP specification
                </xs:documentation>
            </xs:annotation>
```

```
            <xs:list itemType="xs:anyURI" />
        </xs:simpleType>
    <xs:attribute name="encodingStyle" type="tns:encodingStyle" />
    <xs:attributeGroup name="encodingStyle" >
        <xs:attribute ref="tns:encodingStyle" />
    </xs:attributeGroup>
    <xs:element name="Fault" type="tns:Fault" />
        <xs:complexType name="Fault" final="extension" >
            <xs:annotation>
                <xs:documentation>
                    Fault reporting structure
                </xs:documentation>
            </xs:annotation>
            <xs:sequence>
                <xs:element name="faultcode" type="xs:QName" />
                <xs:element name="faultstring" type="xs:string" />
                <xs:element name="faultactor" type="xs:anyURI"
                            minOccurs="0" />
                <xs:element name="detail" type="tns:detail"
                            minOccurs="0" />
            </xs:sequence>
        </xs:complexType>
        <xs:complexType name="detail">
            <xs:sequence>
                <xs:any namespace="##any" minOccurs="0"
                        maxOccurs="unbounded" processContents="lax" />
            </xs:sequence>
        <xs:anyAttribute namespace="##any" processContents="lax" />
    </xs:complexType>
</xs:schema>
```

对 SOAP 概念的解释如下：

信封(Envelope)：信封是 SOAP 消息的根元素，包含一个可选的 SOAP Header 和一个必需的 SOAP Body 元素。

消息头(Header)：消息头是可选元素，其中可以包含多个任意格式的 Header 项，例如描述安全性、事务处理、会话状态信息的项。

消息体(Body)：消息体是必需元素，代表实际的消息负载，可以包含多个任意格式的项。

故障(Fault)：故障是可选元素，用于携带出错信息。Fault 元素只能作为 Body 元素的直接子元素，并且一个 Body 元素只能包含一个 Fault 元素。

11.2.4 股票行情查询 Web 服务的 SOAP 消息

本章的 Web 服务以查询 NASDAQ 股票行情的 Web 服务为例，其查询地址为：

http://www.webservicex.net/stockquote.asmx

页面中有一个链接"GetQuote"，其作用是查询指定公司代码的股票行情信息，单击后显示的查询界面如图 11.5 所示。

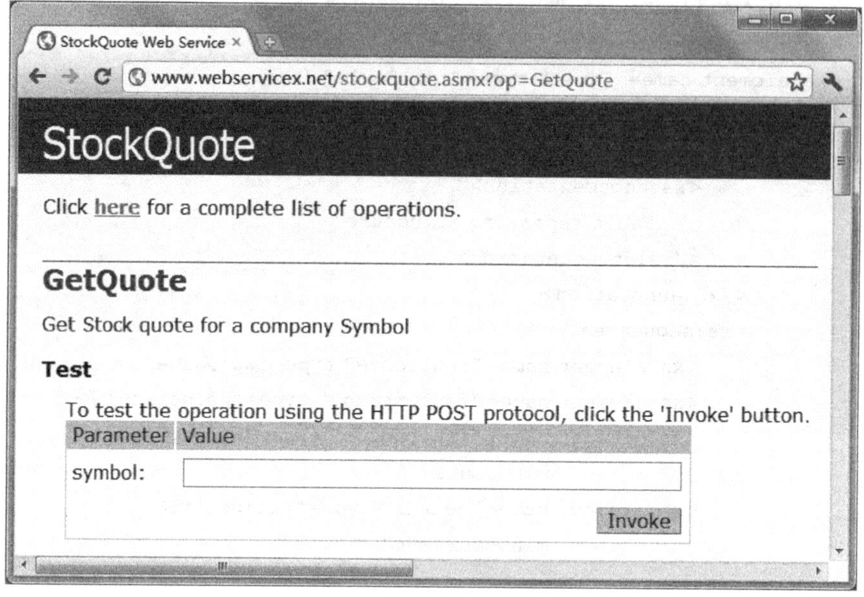

图 11.5　股票行情查询界面

如果在表单中输入 SINA（不区分大小写），单击按钮"Invoke"，查询结果如图 11.6 所示。

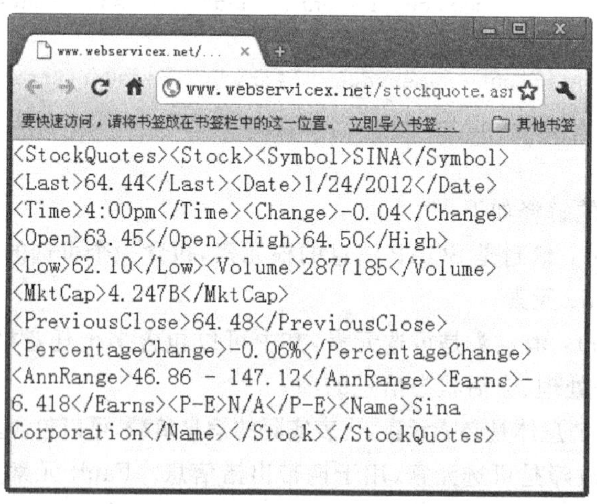

图 11.6　股票行情查询结果界面（Google Chrome）

如果采用 SOAP 方式进行股票行情查询，则浏览器提交给服务器的 Request 中包含的 SOAP 消息如示例 11.2 所示，其中前 5 行为 HTTP 请求信息，后面以 XML 格式存储的即为 SOAP 消息。

示例 11.2

```
POST /stockquote.asmx HTTP/1.1
Host: www.webservicex.net
Content-Type: text/xml;charset=utf-8
Content-Length: length
SOAPAction: "http://www.webserviceX.NET/GetQuote"

<?xml version="1.0" encoding="utf-8"?>
<soap:Envelope xmlns:xsi="http://www.w3.org/2001/XMLSchema-instance"
               xmlns:xsd="http://www.w3.org/2001/XMLSchema"
               xmlns:soap="http://schemas.xmlsoap.org/soap/envelope/">
   <soap:Body>
      <GetQuote xmlns="http://www.webserviceX.NET/">
         <symbol>SINA</symbol>
      </GetQuote>
   </soap:Body>
</soap:Envelope>
```

接收到这个 HTTP 请求之后，服务器进行响应，其响应消息如示例 11.3 所示，其中前 3 行为 HTTP 响应信息，后面以 XML 形式存储的仍然是 SOAP 消息，该消息采用了字符实体引用来表示消息中标签的开始和结束标志：＜和＞，并且没有包含换行等空白字符，这里为了阅读方便，添加了换行和制表符等空白。

示例 11.3

```
HTTP/1.1 200 OK
Content-Type: text/xml;charset=utf-8
Content-Length: length

<?xml version="1.0" encoding="utf-8"?>
<soap:Envelope xmlns:xsi="http://www.w3.org/2001/XMLSchema-instance"
               xmlns:xsd="http://www.w3.org/2001/XMLSchema"
               xmlns:soap="http://schemas.xmlsoap.org/soap/envelope/">
   <soap:Body>
      <string xmlns="http://www.webserviceX.NET/">
         <StockQuotes>
            <Stock>
               <Symbol>SINA</Symbol>
               <Last>64.44</Last>
               <Date>1/24/2012</Date>
               <Time>4:00pm</Time>
               <Change>-0.04</Change>
               <Open>63.45</Open>
               <High>64.50</High>
               <Low>62.10</Low>
```

```
                <Volume>2877185</Volume>
                <MktCap>4.247B</MktCap>
                <PreviousClose>64.48</PreviousClose>
                <PercentageChange>-0.06%</PercentageChange>
                <AnnRange>46.86-147.12</AnnRange>
                <Earns>-6.418</Earns>
                <P-E>N/A</P-E>
                <Name>Sina Corporation</Name>
            </Stock>
        </StockQuotes>
    </string>
  </soap:Body>
</soap:Envelope>
```

在上述通过浏览器进行股票行情查询中，由于是采用的 POST 方法来提交 HTTP 表单，因此其请求信息如示例 11.4 所示，其响应信息如示例 11.5 所示。

示例 11.4

```
POST /stockquote.asmx/GetQuote HTTP/1.1
Host: www.webservicex.net
Content-Type: application/x-www-form-urlencoded
Content-Length: length

symbol=SINA
```

示例 11.5

```
HTTP/1.1 200 OK
Content-Type: text/xml;charset=utf-8
Content-Length: length

<?xml version="1.0" encoding="utf-8"?>
<string xmlns="http://www.webserviceX.NET/">
    <StockQuotes>
        <Stock>
            <Symbol>SINA</Symbol>
            <Last>64.44</Last>
            <Date>1/24/2012</Date>
            <Time>4:00pm</Time>
            <Change>-0.04</Change>
            <Open>63.45</Open>
            <High>64.50</High>
            <Low>62.10</Low>
            <Volume>2877185</Volume>
            <MktCap>4.247B</MktCap>
            <PreviousClose>64.48</PreviousClose>
```

```
            <PercentageChange>-0.06%</PercentageChange>
            <AnnRange>46.86-147.12</AnnRange>
            <Earns>-6.418</Earns>
            <P-E>N/A</P-E>
            <Name>Sina Corporation</Name>
        </Stock>
    </StockQuotes>
</string>
```

由于这段 XML 文档没有指定任何的 CSS 或 XSL，并且 XML 源代码中采用了字符实体引用来表示特殊字符“<”和“>”，因此浏览器对这段 XML 文档采用了显示普通文本内容的方式，而不是当做嵌套的元素显示为树状结构，如图 11.6 所示。

对于得到的以 XML 格式存储的 SOAP 消息，采用 DOM 或 SAX 解析技术可以从中读取想要的信息。本章第 5 节讲解了以 Java 为编程语言，在程序中调用上述 Web Service 并对得到的响应结果进行解析。

11.3 WSDL

自描述是服务的基本特征。通过自描述，作为开放网络组件的服务以编程语言无关的方式对外公布其调用接口和其他相关特征。正是通过服务描述，服务屏蔽了其实现细节，使服务提供者和服务消费者能以一种松耦合的方式协作。

11.3.1 WSDL 简介

对服务最基本的描述是接口描述，服务消费者只有获得接口描述才能向服务发送正确的调用消息。服务的通信协议、访问地址、发送给服务的消息格式约定也是访问服务之前必须获得的信息。WSDL 描述了 Web 服务的接口、访问消息格式和访问地址 3 方面的基本内容。

WSDL 采用 XML Schema 界定应该包含的内容，并以 XML 文件格式存储。WSDL 将 Web 服务描述为能够进行消息交换的通信端点集合。通过网络服务提供者所提供的 WSDL 文档，服务消费者可以获取服务执行的相关信息，并基于该信息访问服务。简单地讲，WSDL 文档的职责在于告诉服务的消费者如何将请求消息格式化，通过何种通信协议在何处访问 Web 服务。

图 11.7 具体说明了 WSDL 文档在 SOA 典型协作模式中所处的地位：服务提供者在服务注册中注册所提供的服务，WSDL 文件所包含的信息部分被映射到服务注册中以便服务请求者查询；服务使用者通过服务注册来查找和发现自己所需的服务，从中可以得到所需服务的 WSDL 访问地址；服务使用者得到 WSDL 文件后通过 WSDL 文件所描述的接口规约、消息格式规约、通信协议规约以及访问地址来完成对服务的调用。

WSDL 的设计目标包括：

- WSDL 是描述 Web 服务的规范，尤其是描述 Web 服务的接口的规范。

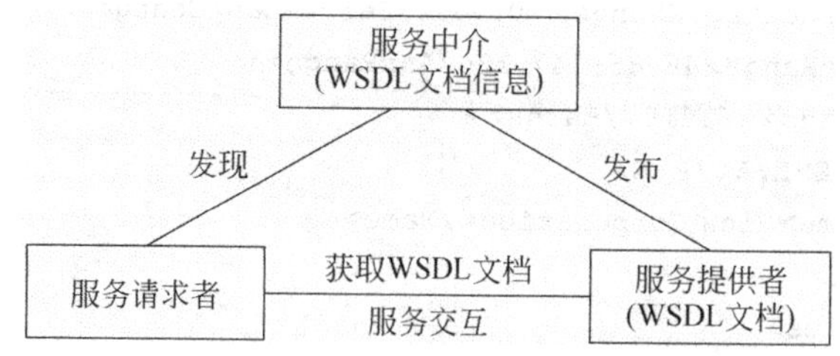

图 11.7 WSDL 文档在 SOA 协作模式中所处的地位

- WSDL 的设计理念完全继承了以 XML 为基础的当代 Web 技术标准的一贯设计理念——开放。WSDL 允许通过扩展使用其他类型定义语言，允许使用多种网络传输协议和消息格式。
- WSDL 应用当代软件工程中的复用理念，分离了抽象定义层和具体实现层，使得抽象定义层的复用性大大增加。
- Web 服务的目标是即时装配、松散耦合以及自动集成，这意味着 WSDL 描述文档应当具备机器可识别能力。

11.3.2 WSDL 规范

如图 11.8 所示，WSDL 规范的总体结构通常分为一个抽象描述部分和一个具体描述部分，其中抽象描述部分与传统的、主要用于 CORBA 中的 IDL(Interface Definition Language，接口定义语言)类似，而具体描述部分则提供了 Web 服务的访问消息格式、访问协议和访问地址信息。

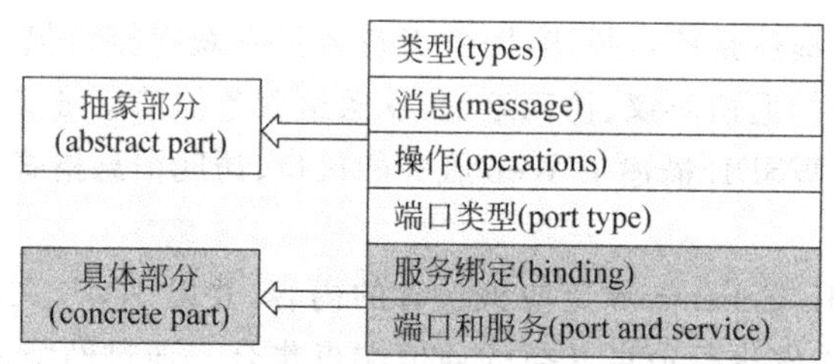

图 11.8 WSDL 规范总体结构模型

WSDL 抽象描述部分包括类型(types)描述、消息(message)描述、操作(operations)描述和端口类型(portType)描述 4 个部分。端口类型与传统中间件 IDL 的接口类似；每个端口类型在逻辑上是一组操作的集合；每个操作定义一组消息，作为 Web 服务交互的基本传输单位；消息在逻辑上又可看作数据类型集合。

WSDL 具体描述部分包括绑定(binding)描述、端口(port)描述和服务(service)描述。其中绑定描述某个端口类型在作为负载传输时采用的消息传输协议(如 SOAP)、网络传输协议(如 HTTP)、消息的编码规则(SOAP 或 literal)。一个绑定只描述一个端口类型，但一个端口类型可以有多个绑定，这使相同的功能可以通过多种传输协议和消息格式被访问。端口和绑定一一对应，以URI方式描述了绑定对应的端口类型的Internet访问地址。而服务则是端口的逻辑分组，通常同一访问地址的端口可以归为一组。

示例11.6是WSDL文件的基本表示形式。

示例11.6

```
<definitions name=serviceName
             targetNamespace="http://www.example.org/math/"
             xmlns="http://schemas.xmlsoap.org/wsdl">
   <!--抽象描述部分 -->
   <types>...</types>
   <message>...</message>
   <portType>...</portType>
   <!--具体描述部分 -->
   <binding>...</binding>
   <service>...</service>
</definitions>
```

11.3.3 股票行情查询Web服务的WSDL描述

在访问Web服务的地址后面加上"?wsdl"，即可获取该Web服务的WSDL文件，因此获取查询股票行情信息Web服务的WSDL的URL为：

```
http://www.webservicex.net/stockquote.asmx?WSDL
```

通过该URL获取的WSDL文件的内容，如示例11.7所示。

示例11.7

```
<?xml version="1.0" encoding="utf-8"?>
<wsdl:definitions
          xmlns:soap="http://schemas.xmlsoap.org/wsdl/soap/"
          xmlns:tm="http://microsoft.com/wsdl/mime/textMatching/"
          xmlns:soapenc="http://schemas.xmlsoap.org/soap/encoding/"
          xmlns:mime="http://schemas.xmlsoap.org/wsdl/mime/"
          xmlns:tns="http://www.webserviceX.NET/"
          xmlns:s="http://www.w3.org/2001/XMLSchema"
          xmlns:soap12="http://schemas.xmlsoap.org/wsdl/soap12/"
          xmlns:http="http://schemas.xmlsoap.org/wsdl/http/"
          targetNamespace="http://www.webserviceX.NET/"
          xmlns:wsdl="http://schemas.xmlsoap.org/wsdl/">
   <wsdl:types>
      <s:schema elementFormDefault="qualified"
            targetNamespace="http://www.webserviceX.NET/">
         <s:element name="GetQuote">
            <s:complexType>
```

```
                <s:sequence>
                    <s:element minOccurs="0" maxOccurs="1"
                                name="symbol" type="s:string" />
                </s:sequence>
            </s:complexType>
        </s:element>
        <s:element name="GetQuoteResponse">
            <s:complexType>
                <s:sequence>
                    <s:element minOccurs="0" maxOccurs="1"
                                name="GetQuoteResult" type="s:string" />
                </s:sequence>
            </s:complexType>
        </s:element>
        <s:element name="string" nillable="true" type="s:string" />
    </s:schema>
</wsdl:types>
<wsdl:message name="GetQuoteSoapIn">
    <wsdl:part name="parameters" element="tns:GetQuote" />
</wsdl:message>
<wsdl:message name="GetQuoteSoapOut">
    <wsdl:part name="parameters" element="tns:GetQuoteResponse" />
</wsdl:message>
<wsdl:message name="GetQuoteHttpGetIn">
    <wsdl:part name="symbol" type="s:string" />
</wsdl:message>
<wsdl:message name="GetQuoteHttpGetOut">
    <wsdl:part name="Body" element="tns:string" />
</wsdl:message>
<wsdl:message name="GetQuoteHttpPostIn">
    <wsdl:part name="symbol" type="s:string" />
</wsdl:message>
<wsdl:message name="GetQuoteHttpPostOut">
    <wsdl:part name="Body" element="tns:string" />
</wsdl:message>
<wsdl:portType name="StockQuoteSoap">
    <wsdl:operation name="GetQuote">
        <wsdl:documentation
                mlns:wsdl="http://schemas.xmlsoap.org/wsdl/">
                Get Stock quote for a company Symbol
        </wsdl:documentation>
        <wsdl:input message="tns:GetQuoteSoapIn" />
        <wsdl:output message="tns:GetQuoteSoapOut" />
    </wsdl:operation>
```

```
</wsdl:portType>
<wsdl:portType name="StockQuoteHttpGet">
    <wsdl:operation name="GetQuote">
        <wsdl:documentation
              xmlns:wsdl="http://schemas.xmlsoap.org/wsdl/">
              Get Stock quote for a company Symbol
        </wsdl:documentation>
        <wsdl:input message="tns:GetQuoteHttpGetIn" />
        <wsdl:output message="tns:GetQuoteHttpGetOut" />
    </wsdl:operation>
</wsdl:portType>
<wsdl:portType name="StockQuoteHttpPost">
    <wsdl:operation name="GetQuote">
        <wsdl:documentation
              xmlns:wsdl="http://schemas.xmlsoap.org/wsdl/">
              Get Stock quote for a company Symbol
            </wsdl:documentation>
            <wsdl:input message="tns:GetQuoteHttpPostIn" />
            <wsdl:output message="tns:GetQuoteHttpPostOut" />
        </wsdl:operation>
</wsdl:portType>
<wsdl:binding name="StockQuoteSoap" type="tns:StockQuoteSoap">
    <soap:binding transport="http://schemas.xmlsoap.org/soap/http" />
    <wsdl:operation name="GetQuote">
        <soap:operation soapAction=
            "http://www.webserviceX.NET/GetQuote" style="document" />
        <wsdl:input>
            <soap:body use="literal" />
        </wsdl:input>
        <wsdl:output>
            <soap:body use="literal" />
        </wsdl:output>
    </wsdl:operation>
</wsdl:binding>
<wsdl:binding name="StockQuoteSoap12" type="tns:StockQuoteSoap">
<soap12:binding transport="http://schemas.xmlsoap.org/soap/http" />
    <wsdl:operation name="GetQuote">
        <soap12:operation soapAction
            ="http://www.webserviceX.NET/GetQuote" style="document" />
        <wsdl:input>
            <soap12:body use="literal" />
        </wsdl:input>
        <wsdl:output>
            <soap12:body use="literal" />
```

```
        </wsdl:output>
    </wsdl:operation>
</wsdl:binding>
<wsdl:binding name="StockQuoteHttpGet" type="tns:StockQuoteHttpGet">
    <http:binding verb="GET" />
    <wsdl:operation name="GetQuote">
        <http:operation location="/GetQuote" />
        <wsdl:input>
            <http:urlEncoded />
        </wsdl:input>
        <wsdl:output>
            <mime:mimeXml part="Body" />
        </wsdl:output>
    </wsdl:operation>
</wsdl:binding>
<wsdl:binding name="StockQuoteHttpPost"
                type="tns:StockQuoteHttpPost">
    <http:binding verb="POST" />
    <wsdl:operation name="GetQuote">
        <http:operation location="/GetQuote" />
        <wsdl:input>
            <mime:content type="application/x-www-form-urlencoded" />
        </wsdl:input>
        <wsdl:output>
            <mime:mimeXml part="Body" />
        </wsdl:output>
    </wsdl:operation>
</wsdl:binding>
<wsdl:service name="StockQuote">
    <wsdl:port name="StockQuoteSoap" binding="tns:StockQuoteSoap">
        <soap:address location =
                        "http://www.webservicex.net/stockquote.asmx" />
    </wsdl:port>
    <wsdl:port name="StockQuoteSoap12"
                binding="tns:StockQuoteSoap12">
        <soap12:address location=
                            "http://www.webservicex.net/stockquote.asmx" />
    </wsdl:port>
    <wsdl:port name="StockQuoteHttpGet"
                binding="tns:StockQuoteHttpGet">
        <http:address
            location="http://www.webservicex.net/stockquote.asmx" />
    </wsdl:port>
    <wsdl:port name="StockQuoteHttpPost"
```

```
                binding="tns:StockQuoteHttpPost">
            <http:address
                location="http://www.webservicex.net/stockquote.asmx" />
        </wsdl:port>
    </wsdl:service>
</wsdl:definitions>
```

在上述 WSDL 文件中，<wsdl:types>部分主要是需要使用的类型定义，主要包括：

- GetQuote，其定义为：

```
<s:element name="GetQuote">
    <s:complexType>
        <s:sequence>
            <s:element minOccurs="0" maxOccurs="1" name="symbol"
                        type="s:string" />
        </s:sequence>
    </s:complexType>
</s:element>
```

该元素包含一个名称为 symbol 的、类型为 string 的子元素，最小出现次数为 0，最大出现次数为 1。

- string，其定义为：

```
<s:element name="string" nillable="true" type="s:string" />
```

从图 11.6 可以看出，在浏览器中显示的 XML 文档，其文档根元素就是 string。

如示例 11.2 所示，在发起 HTTP 请求信息包含的 SOAP 消息体中，包含一个 GetQuote 元素，该元素包含一个 symbol 子元素。symbol 元素的数据类型是 string，其值是用户输入的股票代码。如示例 11.3 所示，在得到的 HTTP 响应信息包含的 SOAP 消息体中，包含一个 string 元素，其数据类型是 string，其值是包含所查询股票的具体行情信息。可以看出，SOAP 消息体的构成与 WSDL 文档的相应规定都是完全吻合的。

在上述查询股票行情时，由于采用的是 HTTP POST 方法，因此与 WSDL 文档中的下列代码是一致的：

- message 定义部分：

```
<wsdl:message name="GetQuoteHttpPostIn">
    <wsdl:part name="symbol" type="s:string" />
</wsdl:message>
<wsdl:message name="GetQuoteHttpPostOut">
    <wsdl:part name="Body" element="tns:string" />
</wsdl:message>
```

- portType 定义部分：

```
<wsdl:portType name="StockQuoteHttpPost">
    <wsdl:operation name="GetQuote">
```

```
        <wsdl:documentation
            xmlns:wsdl="http://schemas.xmlsoap.org/wsdl/">
            Get Stock quote for a company Symbol
        </wsdl:documentation>
        <wsdl:input message="tns:GetQuoteHttpPostIn" />
        <wsdl:output message="tns:GetQuoteHttpPostOut" />
    </wsdl:operation>
</wsdl:portType>
```

- binding 定义部分：

```
<wsdl:binding name="StockQuoteHttpPost" type="tns:StockQuoteHttpPost">
    <http:binding verb="POST" />
    <wsdl:operation name="GetQuote">
        <http:operation location="/GetQuote" />
        <wsdl:input>
            <mime:content type="application/x-www-form-urlencoded" />
        </wsdl:input>
        <wsdl:output>
            <mime:mimeXml part="Body" />
        </wsdl:output>
    </wsdl:operation>
</wsdl:binding>
```

- service 定义部分：

```
<wsdl:service>
    <wsdl:port name="StockQuoteHttpPost"
            binding="tns:StockQuoteHttpPost">
        <http:address
            location="http://www.webservicex.net/stockquote.asmx" />
    </wsdl:port>
</wsdl:service>
```

11.4 UDDI

UDDI 规范定义了一个通用服务信息注册中心软件，该注册中心软件以 XML 格式存储和管理各类服务的元信息，并以 Web 服务的方式提供基于元信息的服务发布和发现。UDDI 字面中之所以有描述(description)这个词，是因为它提供了定义服务元信息的框架，使得描述服务的任何元信息可以注册到其中。对 Web 服务来说，其元信息不仅可以包括其 WSDL 描述，也可以包括其他任何相关的描述，例如策略描述、协作描述等。值得一提的是，UDDI 不仅仅局限于对 Web 服务的注册与管理，其他任何形式和可以任何形式访问的服务(如电话服务、传真服务、电子邮件服务)都可以在 UDDI 中发布和发现。

11.4.1 UDDI简介

UDDI的目标是建立一个全球化的、与平台无关的、开放式的体系结构，使不同企业能够发现彼此、定义如何通过Internet交互、使用一个全球性的商务注册中心以共享信息，并加速全球B2B电子商务的应用。

UDDI中存储的信息以类似电话目录的方式分为如下3类：

(1) 白页：商业实体基本信息，主要包括公司名称、联络信息、住址、电子邮件地址、电话、企业标识等。

(2) 黄页：标准商业分类法信息，主要包括工业分类索引、服务和产品分类索引、地理分类索引等。

(3) 绿页：进行交易的技术细节信息，主要包括电子商务的交易规则、服务的描述与技术信息等。

11.4.2 UDDI信息模型

UDDI中信息的数据结构是理解UDDI的关键，这些信息由5类数据结构定义，分别是商业实体(businessEntity)、商业服务(businessService)、绑定模板(bindingTemplate)、技术模型(tModel)和发布者断言(publisherAssertion)。这5类数据结构的简要说明以及它们之间的关系如图11.9所示，其中businessService、bindingTemplate是包含关系，bindingTemplate需要引用tModel，而publisherAssertion需要引用businessEntity。需要注意的是，这5种数据类型都是用XML Schema定义的。

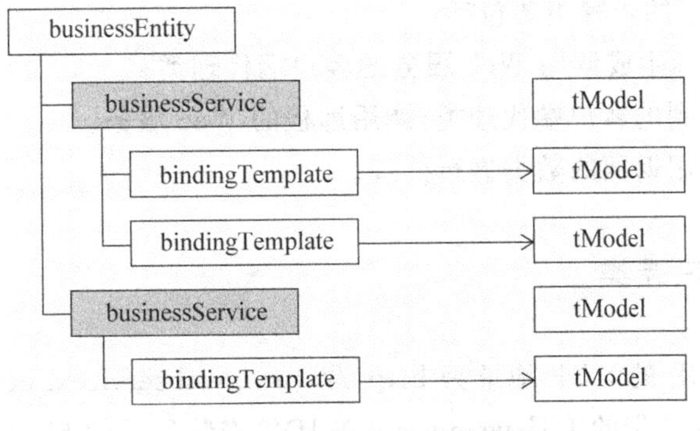

图11.9 UDDI信息模型结构

一个完整的WSDL文档包含3部分内容：

(1) 由types、message和portType元素组成的抽象接口。

(2) 由binding元素组成的从端口类型到消息传输协议的绑定。

(3) 由service元素组成的服务访问端口定义。

一般把types、message、portType和binding 4种元素统称为服务接口，而把service元素称为服务实现。显然，服务接口和服务实现可以分别放在不同的文档中，这样服务接口就可以被复用。图 11.10 给出了这种定义下的 WSDL 到 UDDI 映射的大致情况：其中每一个包含服务接口的文档都映射为一个 tModel（也可以把每一个 binding 元素映射为一个 tModel），而服务实现中的 service 元素映射为一个商业服务，而 service 元素包含的每一个 port 元素都映射为一个 UDDI 绑定模板。

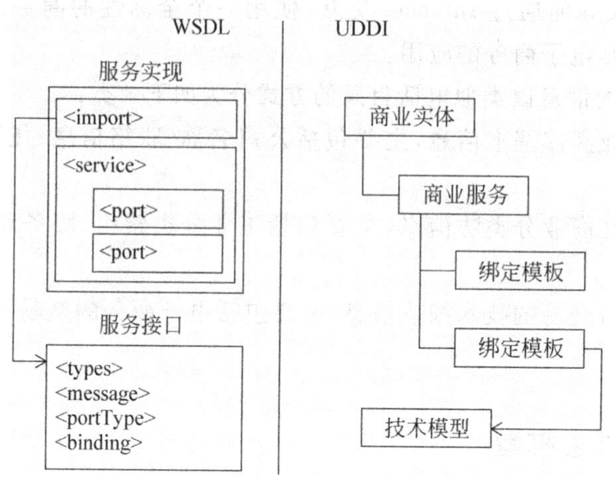

图 11.10　从 WSDL 到 UDDI 映射概览

11.5　调用 Web Service

本节讲解编写基于命令行界面的 Java 应用程序，在程序中调用股票行情的 Web 服务，解析得到以 XML 格式存储的数据并显示输出。

编写该应用程序的步骤主要包括：

(1) 通过 WSDL 生成调用 Web 服务的客户端代理类。

(2) 通过(1)得到的客户端代理类，调用远程的 Web 服务。

(3) 对(2)中调用返回的数据进行处理。

11.5.1　生成客户端类

Web 服务 WSDL 的 URL 地址为 http://www.webservicex.net/stockquote.asmx?WSDL。使用 JDK6 自带的工具 wsimport（在 JDK 安装目录的 bin 目录下），在命令行运行下列程序：

```
wsimport -keep -p chapter_11.wsdl
    http://www.webservicex.net/stockquote.asmx?WSDL
```

参数的具体含义解释如下：

- -keep：用来表示是否保留编译后的 Java 源文件，此处保留。
- -p：用来指定生成的 Java 包名称，此处使用的包名称为 chapter_11.wsdl。

生成的客户端代理类如图 11.11 所示。

图 11.11　通过 wsimport 命令生成的 Web 服务的客户端代理类

在上述类中，在编写应用程序时必须了解和使用的类包括具体类 StockQuote 和接口 StockQuoteSoap。这两个类的源代码分别如示例 11.8 和示例 11.9 所示。类 StockQuote 最重要的方法是：

```
public StockQuoteSoap getStockQuoteSoap()
```

通过该方法，Java 应用程序可以获得接口 StockQuoteSoap 的一个对象，并进而调用该对象的方法：

```
public String getQuote(String symbol)
```

即可进行指定股票编号的行情信息查询，查询结果存储在该方法的返回值中。

示例 11.8：类 StockQuote

```
package chapter_11.wsdl;
import java.net.MalformedURLException;
import java.net.URL;
import java.util.logging.Logger;
import javax.xml.namespace.QName;
import javax.xml.ws.Service;
import javax.xml.ws.WebEndpoint;
import javax.xml.ws.WebServiceClient;
import javax.xml.ws.WebServiceFeature;
@WebServiceClient(name="StockQuote",
                  targetNamespace="http://www.webserviceX.NET/",
                  wsdlLocation=
                     "http://www.webservicex.net/stockquote.asmx?WSDL")
public class StockQuote extends Service {
    private final static URL STOCKQUOTE_WSDL_LOCATION;
```

```
    private final static Logger logger=
                            Logger.getLogger(StockQuote.class.getName());
    static {
        URL url=null;
        try {
            URL baseUrl;
            baseUrl=StockQuote.class.getResource(".");
            url=new URL(baseUrl,
                "http://www.webservicex.net/stockquote.asmx?WSDL");
        } catch(MalformedURLException e){
            logger.warning("Failed to create URL for the wsdl Location:
                'http://www.webservicex.net/stockquote.asmx?WSDL',
                retrying as a local file");
            logger.warning(e.getMessage());
        }
        STOCKQUOTE_WSDL_LOCATION=url;
    }
    public StockQuote(URL wsdlLocation,QName serviceName){
        super(wsdlLocation,serviceName);
    }
    public StockQuote(){
        super(STOCKQUOTE_WSDL_LOCATION,
                new QName("http://www.webserviceX.NET/","StockQuote"));
    }
    @WebEndpoint(name="StockQuoteSoap")
    public StockQuoteSoap getStockQuoteSoap(){
        return super.getPort(new QName(
                "http://www.webserviceX.NET/","StockQuoteSoap"),
                StockQuoteSoap.class);
    }
    @WebEndpoint(name="StockQuoteSoap")
    public StockQuoteSoap getStockQuoteSoap
                            (WebServiceFeature...features){
    return super.getPort(new QName(
            "http://www.webserviceX.NET/","StockQuoteSoap"),
            StockQuoteSoap.class,features);
    }
}
```

示例 11.9：类 StockQuoteSoap

```
package chapter_11.wsdl;
import javax.jws.WebMethod;
import javax.jws.WebParam;
import javax.jws.WebResult;
```

```
import javax.jws.WebService;
import javax.xml.bind.annotation.XmlSeeAlso;
import javax.xml.ws.RequestWrapper;
import javax.xml.ws.ResponseWrapper;
@WebService(name="StockQuoteSoap",
            targetNamespace="http://www.webserviceX.NET/")
@XmlSeeAlso({
    ObjectFactory.class
})
public interface StockQuoteSoap {
    @WebMethod(operationName="GetQuote",
               action="http://www.webserviceX.NET/GetQuote")
    @WebResult(name="GetQuoteResult",
               targetNamespace="http://www.webserviceX.NET/")
    @RequestWrapper(localName="GetQuote",
                    targetNamespace="http://www.webserviceX.NET/",
                    className="chapter_11.wsdl.GetQuote")
    @ResponseWrapper(localName="GetQuoteResponse",
                     targetNamespace="http://www.webserviceX.NET/",
                     className="chapter_11.wsdl.GetQuoteResponse")
    public String getQuote(
        @WebParam(name="symbol",
                  targetNamespace="http://www.webserviceX.NET/")
        String symbol);
}
```

11.5.2 调用股票行情查询 Web 服务

通过得到的客户端代理类，调用远程的 Web 服务，主要调用代码如下：

```
StockQuote client=new StockQuote();
StockQuoteSoap soap=client.getStockQuoteSoap();
String symbol="NTES";
String result=soap.getQuote(symbol);
```

上述代码中 getQuote(symbol)方法调用的返回值 String 类型的变量 result 中，以 XML 形式存储了指定股票代码的行情信息，其内容如示例 11.10 所示。

示例 11.10：调用 Web 服务的返回内容(String)

```
<StockQuotes>
    <Stock>
        <Symbol>SINA</Symbol>
        <Last>64.44</Last>
        <Date>1/24/2012</Date>
```

```
        <Time>4:00pm</Time>
        <Change>-0.04</Change>
        <Open>63.45</Open>
        <High>64.50</High>
        <Low>62.10</Low>
        <Volume>2877185</Volume>
        <MktCap>4.247B</MktCap>
        <PreviousClose>64.48</PreviousClose>
        <PercentageChange>-0.06% </PercentageChange>
        <AnnRange>46.86-147.12</AnnRange>
        <Earns>-6.418</Earns>
        <P-E>N/A</P-E>
        <Name>Sina Corporation</Name>
    </Stock>
</StockQuotes>
```

11.5.3 股票行情查询结果的处理

采用 DOM 或 SAX 对示例 11.10 中的数据进行解析，即可得到相应的股票行情信息，此处采用了 dom4j，由于 dom4j 在使用 XPath 进行 XML 数据的导航时需要使用 jaxen，因此需要把后者的 jar 文件也包含在当前项目中。在该程序中还定义了一个表示 Stock 信息的 Java 实体类 StockBean，该实体类在第 7 章已定义过，其代码如示例 7.3 所示，解析 Stock 信息的工具类 StockQuoteResultProcesser 代码如示例 11.11 所示，调用 Web 服务并显示结果的客户端类代码如示例 11.12 所示。

示例 11.11：StockQuoteResultProcesser.java

```
package chapter_11.client;
import java.io.Reader;
import java.io.StringReader;
import java.util.List;
import org.dom4j.Document;
import org.dom4j.DocumentException;
import org.dom4j.Element;
import org.dom4j.io.SAXReader;
//从返回的信息中提取相应的信息
public class StockQuoteResultProcesser {
    @SuppressWarnings(value="unchecked")
    public static StockBean getStockBeanByXml(String xmlDocument){
        StockBean stock=new StockBean();
        SAXReader saxReader=new SAXReader();
        Document document=null;
        Reader reader=new StringReader(xmlDocument);
        String symbol="";
```

```
String lastPrice="";
String date="";
String time="";
String change="";
String openPrice="";
String highPrice="";
String lowPrice ="";
String volume="";
String mktCap="";
String priviousClosePrice="";
String percentageChange="";
String annRange="";
String earns="";
String P_E="";
String coporationName="";
List<Element>elements=null;
try {
    document=saxReader.read(reader);
    elements=document.selectNodes("StockQuotes/Stock/Symbol");
    symbol=elements.get(0).getText();
    elements=document.selectNodes("StockQuotes/Stock/Last");
    lastPrice=elements.get(0).getText();
    elements=document.selectNodes("StockQuotes/Stock/Date");
    date=elements.get(0).getText();
    elements=document.selectNodes("StockQuotes/Stock/Time");
    time=elements.get(0).getText();
    elements=document.selectNodes("StockQuotes/Stock/Change");
    change=elements.get(0).getText();
    elements=document.selectNodes("StockQuotes/Stock/Open");
    openPrice=elements.get(0).getText();
    elements=document.selectNodes("StockQuotes/Stock/High");
    highPrice=elements.get(0).getText();
    elements=document.selectNodes("StockQuotes/Stock/Low");
    highPrice=elements.get(0).getText();
    elements=document.selectNodes("StockQuotes/Stock/Volume");
    volume=elements.get(0).getText();
    elements=document.selectNodes("StockQuotes/Stock/MktCap");
    mktCap=elements.get(0).getText();
    elements=document.selectNodes("StockQuotes/Stock/PreviousClose");
    priviousClosePrice=elements.get(0).getText();
    elements=document.selectNodes("StockQuotes/Stock/PercentageChange");
    percentageChange=elements.get(0).getText();
    elements=document.selectNodes("StockQuotes/Stock/AnnRange");
    annRange=elements.get(0).getText();
    elements=document.selectNodes("StockQuotes/Stock/Earns");
    earns=elements.get(0).getText();
```

```
            elements=document.selectNodes("StockQuotes/Stock/P-E");
            P_E=elements.get(0).getText();
            elements=document.selectNodes("StockQuotes/Stock/Name");
            coporationName=elements.get(0).getText();
        }
        catch(DocumentException de){
            de.printStackTrace();
        }
        stock.setSymbol(symbol);
        stock.setLastPrice(lastPrice);
        stock.setDate(date);
        stock.setTime(time);
        stock.setChange(change);
        stock.setOpenPrice(openPrice);
        stock.setHighPrice(highPrice);
        stock.setLowPrice(lowPrice);
        stock.setVolume(volume);
        stock.setMktCap(mktCap);
        stock.setPriviousClosePrice(priviousClosePrice);
        stock.setPercentageChange(percentageChange);
        stock.setAnnRange(annRange);
        stock.setEarns(earns);
        stock.setP_E(P_E);
        stock.setCoporationName(coporationName);
        return stock;
    }
}
```

示例 11.12：StockQuoteClient.java

```
package chapter_11.client;
import chapter_09.wsdl.StockQuote;
import chapter_09.wsdl.StockQuoteSoap;
public class StockQuoteClient {
    public static void main(String[] args){
        StockQuote client=new StockQuote();
        StockQuoteSoap soap=client.getStockQuoteSoap();
        String symbol="NTES";
        String result=soap.getQuote(symbol);
        System.out.println(result);
        StockBean stock=
                StockQuoteResultProcesser.getStockBeanByXml(result);
        stock.print();
    }
}
```

整个项目如图 11.12 所示。

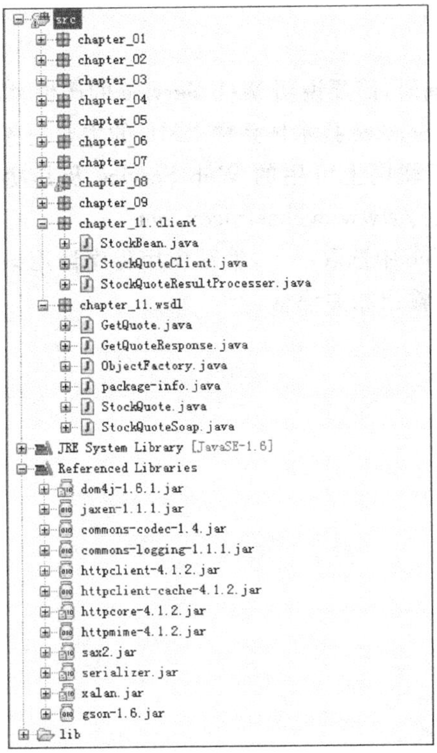

```
src
  chapter_01
  chapter_02
  chapter_03
  chapter_04
  chapter_05
  chapter_06
  chapter_07
  chapter_08
  chapter_09
  chapter_11.client
    StockBean.java
    StockQuoteClient.java
    StockQuoteResultProcesser.java
  chapter_11.wsdl
    GetQuote.java
    GetQuoteResponse.java
    ObjectFactory.java
    package-info.java
    StockQuote.java
    StockQuoteSoap.java
JRE System Library [JavaSE-1.6]
Referenced Libraries
  dom4j-1.6.1.jar
  jaxen-1.1.1.jar
  commons-codec-1.4.jar
  commons-logging-1.1.1.jar
  httpclient-4.1.2.jar
  httpclient-cache-4.1.2.jar
  httpcore-4.1.2.jar
  httpmime-4.1.2.jar
  sax2.jar
  serializer.jar
  xalan.jar
  gson-1.6.jar
lib
```

图 11.12　调用 Web Service 并解析调用结果的项目示意图

上述程序的运行结果如图 11.13 所示。

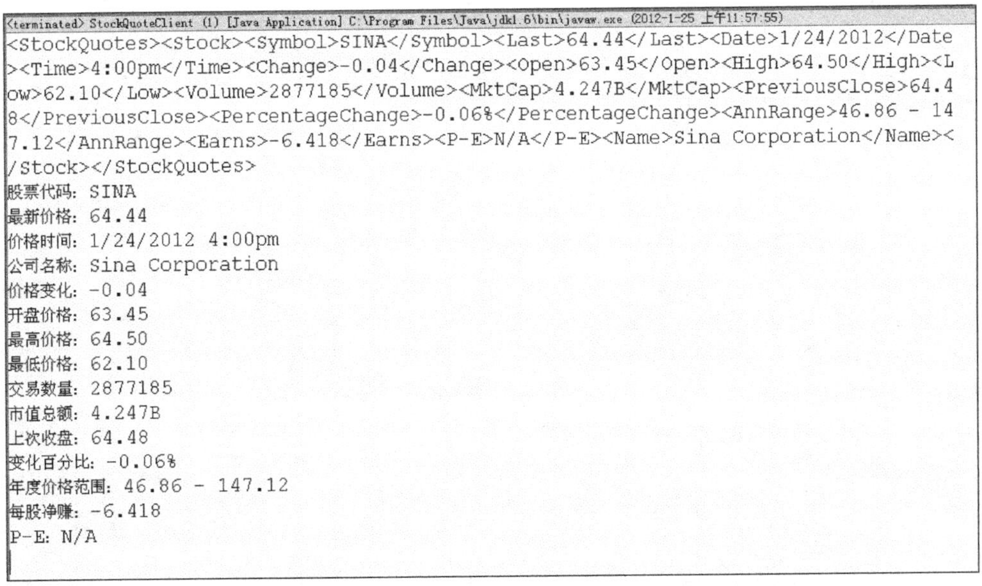

```
<terminated> StockQuoteClient (1) [Java Application] C:\Program Files\Java\jdk1.6\bin\javaw.exe (2012-1-25 上午11:57:55)
<StockQuotes><Stock><Symbol>SINA</Symbol><Last>64.44</Last><Date>1/24/2012</Date
><Time>4:00pm</Time><Change>-0.04</Change><Open>63.45</Open><High>64.50</High><L
ow>62.10</Low><Volume>2877185</Volume><MktCap>4.247B</MktCap><PreviousClose>64.4
8</PreviousClose><PercentageChange>-0.06%</PercentageChange><AnnRange>46.86 - 14
7.12</AnnRange><Earns>-6.418</Earns><P-E>N/A</P-E><Name>Sina Corporation</Name><
/Stock></StockQuotes>
股票代码: SINA
最新价格: 64.44
价格时间: 1/24/2012 4:00pm
公司名称: Sina Corporation
价格变化: -0.04
开盘价格: 63.45
最高价格: 64.50
最低价格: 62.10
交易数量: 2877185
市值总额: 4.247B
上次收盘: 64.48
变化百分比: -0.06%
年度价格范围: 46.86 - 147.12
每股净赚: -6.418
P-E: N/A
```

图 11.13　访问远程 Web 服务并解析获取结果

11.6 习题

1. 通过查阅资料和调研,简要说明 Web Service 的产生、特点和主要应用。

2. 简要说明在 Web Service 技术体系中 XML 的主要任务和作用。

3. 通过调研,列出互联网上可用的 Web Service 及其功能,可参考 http://www.webxml.com.cn/和 http://www.webservicex.net/。

4. 在上述 Web Service 中选取一个,编写应用程序调用该 Web Service 并对返回的数据进行解析后在控制台输出相关信息。

第12章　应用案例：Android应用开发

12.1　移动数据业务

在通信行业中，电话、电报、传真和数据传输等实用公众电信网直接为用户提供信息传送的业务，称为基本电信业务。利用公用电信网的资源和其他通信设备而开发出来的附加通信业务，其实现的价值使原有网络的经济效益或功能价值增高，称为电信增值业务，它是相对于基本电信业务而言的。简而言之，移动增值业务就是指每个手机用户除了打电话之外的，需要支付费用的业务，如短信、彩信、彩铃、手机上网、移动阅读、手机支付等。

随着增值业务在运营商的收入中所占比重的逐步增大，运营商发现增值业务是行业未来收入的主要部分，再叫"增值业务"就不太合适了，于是改称为"数据业务"。数据业务提升了运营商的ARPU(每用户平均收入)值，给用户带来了更多的方便，在未来，用户会选择更多的数据业务来提高工作与生活的品质。用户获取数据业务的方式也在发生变化，主要途径之一便是"应用商店"模式。

12.1.1　应用商店模式

AppStore是苹果公司专门针对iPhone创建的软件应用商城，向iPhone的用户提供第三方的应用软件服务，这是苹果开创的一个使网络与手机相融合的新型经营模式。AppStore现在为iPhone、iPod Touch、iPad终端提供应用程序下载，用户通过自行绑定的信用卡来付费，付费之后的应用程序将自动安装到用户的设备上。

AppStore模式的意义在于为第三方软件的提供者提供了方便、高效的软件销售平台，使第三方软件的提供者参与其中的积极性空前高涨，适应了手机用户们对个性化软件的需求，从而使手机软件业开始进入一个高速、良性发展的轨道。苹果公司把AppStore这种商业行为打造成了让人们争相效仿的经营模式，开创了手机软件业发展的新篇章。AppStore无疑将会成为手机软件业发展史上的一个重要里程碑，其意义已远远超越了"iPhone的应用软件商场"本身。

12.1.2　智能手机

2009年1月7日，随着我国3G牌照的发放，标志着我国的3G移动互联网产业正式进入大发展阶段。尽管3G解决了网速过慢的问题，但3G移动互联网要想有大的发展，离不开智能手机、智能手机操作系统的发展，也离不开应用软件的发展。2011年智能手机应用爆发，称为中国的移动互联网元年。

智能手机的功能特点如下：

- 具有开放性的操作系统，可以安装更多的应用程序，使智能手机的功能可以得到无限扩展。
- 具有无线接入互联网的能力，支持各种 3G、3G 网络制式以及 WiFi。
- 具有 PDA（个人数字助理，Personal Digital Assistance）的功能，包括 PIM（Personal Information Management，个人信息管理）、日程记事、任务安排、多媒体应用、浏览网页等功能。
- 人性化，可以根据个人需要扩展手机功能。
- 功能强大，可扩展性能强，可支持的第三方软件多。

智能手机的配置特点包括：

- 高速处理芯片，智能终端一般需要处理音频、视频，还要支持多任务处理，这需要功能强大、功耗低、具有多媒体处理能力的芯片。
- 大容量存储芯片和存储扩展能力。
- 面积大、标准化、可触摸的显示屏。
- 支持播放式的手机电视。
- 支持 GPS 导航。
- 操作系统必须支持新应用程序的安装，应该可以安装和定制自己的应用程序。
- 配备大容量电池。
- 良好的人机交互界面。

12.2 移动开发技术

全球智能手机在 3G 移动互联网的带动下呈现逐年递增的局面，全球智能手机系统格局不会像 Microsoft Windows 在个人计算机上占据绝对垄断地位一样，这导致智能手机的应用软件很难像 PC 应用软件那样有统一的开发平台及相应的标准，这就需要手机应用软件必须适应各种不同智能手机操作系统，从而对软件开发人员提出了更高的要求。除此之外，手机软件开发人员还必须熟悉各种智能手机的不同参数、规格以及运营商对软件的各种标准和规范，这样才能针对不同的智能手机、不同的运营商开发出相应的软件。

12.2.1 移动开发特点

相对于 PC 而言，手机等移动终端具有屏幕较小、存储容量较小、处理器的计算能力相对较低、电池容量有限等特点。基于手机等移动终端的应用程序需要具备如下特点：

- 有效管理内存。因为移动设备的内容相对 PC 而言偏小，因此在开发时需要更加注意内存泄露的问题，否则可能导致系统无法正常运行。
- 更强的容错处理能力。移动平台开发需要对错误的包容性更强，因为移动设备的用户比 PC 用户更不能容忍需要重新启动的应用程序错误，因此在开发时必须尽可能地在应用程序中捕捉异常，通过重试、自动关闭某个应用程序等手段来解决问题。

- 不同的操作方式。手机的输入设备有别于PC，在PC上用户可以很方便地通过鼠标和键盘来完成输入操作，而手机等移动设备则没有鼠标的概念，高端智能设备提供了触摸屏，因此在设计应用程序界面时必须考虑用户如何操作才能更加便捷。
- 有限的电量。移动设备的电池容量虽然在逐渐增加，但是相对PC而言还是有限的，因此在开发时需要注意及时关闭耗电量较大的功能，提供给用户更方便的选择。
- 有限的屏幕尺寸。相对PC而言，移动平台设备屏幕尺寸偏小，因此在进行界面设计时需要考虑用户界面的分辨率和实际效果。
- 设备的多样性。由于移动设备需要满足多种用户需求，导致移动设备种类繁多，往往同一平台的设备有多个版本，不同版本之间具有不同的软硬件配置，会导致同一款软件无法安装或安装后无法正常运行，因此存在同一平台不同设备之间的适配问题，也需要做相应的移植。
- 开发周期相对传统软件较短。一般的移动平台应用软件或者游戏软件项目，规模往往偏小，因此开发周期比传统软件开发周期可能会短，参与的研发人员也会相对少一些。但这也不是绝对的，在移动平台上也可以开发具有复杂而强大功能的软件，开发周期也会比较长。

12.2.2 Android平台简介

Google于2007年11月宣布，与30多家业内企业联合成立了开放手机联盟(Open Handset Alliance，OHA)，共同开发Android开源移动平台。Android其实是Google在2005年收购的一家手机软件公司的名称，后来使用Android来命名全新的智能手机操作系统。Android向手机厂商和手机运营商提供了一个开发的平台，供开发者开发创新的应用软件。Android基于Linux操作系统，由操作系统、用户界面和应用程序组成，允许开发人员查看源代码，是一套具有开放源代码性质的手机终端解决方案。

Google的Android平台宣布公布源代码，并允许所有手机厂商加入开发并免费使用，这无疑让手机企业和第三方软件企业都为之振奋。Google宣传Android联盟成员目前有34家，其中芯片制造商包括英特尔、高通、德州仪器、Nvidia公司；手机制造商包括摩托罗拉、三星、LG和宏达HTC；运营商包括中国移动、美国的Sprint和T-Mobile、日本的NTT DoCoMo和KDDI、10个欧洲国家的T-Mobile等，再加上应用程序层面的Google、SkyPop等。截止到2011年6月，Android集合了36家OEM厂商、215家移动运营商和超过45万名开发者。目前，在Android市场中总计有超过20万个应用软件。

2008年10月，Google的G1手机正式推出，该手机是第一款采用Android操作系统的手机。Android的开放性吸引了众多手机制造商，HTC、摩托罗拉、三星、LG、华为、联想、酷派等手机制造商不断推出Android新手机，截止2011年6月，Android设备超过1亿台，新增日激活量40万台。

Android 开发使用 Java 语言，采用的集成开发环境是 Eclipse，需要具备的工具如下：

- JDK 1.6＋。
- Android SDK 1.6。
- Android Development Tools(ADT)。
- Eclipse IDE for Java Developers。

12.3 在 Android 应用中调用 Web Service

在 Android SDK 中并没有提供调用 Web Service 的库，因此，需要使用第三方的 SDK 来调用 Web Service。PC 版本的 Web Service 客户端库非常丰富，例如 Axis2、CXF 等，但这些开发包对于 Android 系统过于庞大，也未必很容易移植到 Android 系统中。因此，这些开发包并不是在考虑范围内。适合手机的 Web Service 客户端的 SDK 有一些，比较常用的有 Ksoap2，可以从 http://www.sourceforge.net/projects/ksoap2/files/下载；将下载的 ksoap2-j2se-full-2.1.2.jar 包复制到 Eclipse 工程的 lib 目录中，当然也可以放在其他的目录里。同时在 Eclipse 工程中引用这个 jar 包。

在该 Android 应用程序中，主要使用 Ksoap2 中的相关类来调用 Web Service，此处调用的仍然是股票行情查询的 Web Service，整个项目如图 12.1 所示。

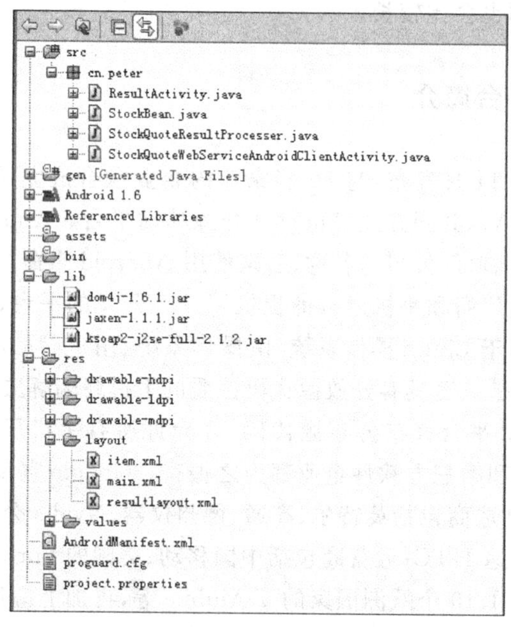

图 12.1　股票行情查询的 Android 项目示意图

开发步骤主要包括：

(1) 在 Eclipse 中创建一个 Android Project，并添加下载的 Ksoap 库。

(2) 在得到的第一个 Activity 中添加股票代码的下拉列表控件，此处使用 Spinner 控件，在该 Activity 的布局文件中进行定义，并在 Activity 的 onCreate()方法中添加 3 个选项：SINA、SOHU 和 NTES。

(3) 编写访问 Web Service 的方法，并以 String 形式返回查询结果，该查询结果中以 XML 形式存储最新的股票行情信息。

(4) 对上述的查询结果进行解析，并以实体类 StockBean 的形式返回。

(5) 把 StockBean 对象通过 Intent 对象传递到第二个 Activity，并读取数据进行显示。

在该应用程序中，首先显示的 StockQuoteWebServiceAndroidClientActivity 是第一个 Activity，显示股票行情查询结果的 ResultActivity 是第二个 Activity，其布局文件分别是 main.xml 和 resultlayout.xml，文件 item.xml 用于 Spinner 控件。

图 12.2　股票行情查询程序主界面

在三星 GT-S5660 手机上，该应用程序的查询主界面如图 12.2 所示，选择股票代码的界面如图 12.3 所示，选择 SOHU 之后的查询结果界面如图 12.4 所示，在查询时要求手机已经接入了互联网。

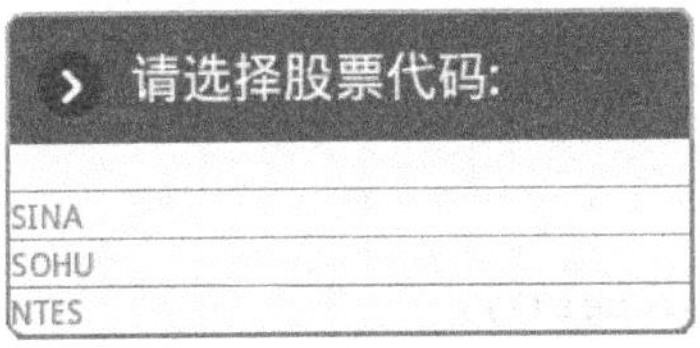

图 12.3　选择股票代码界面

图 12.4　股票行情查询结果界面

第一个 Activity 的代码如示例 12.1 所示。

示例 12.1：StockQuoteWebServiceAndroidClientActivity.java

```
package cn.peter;
import java.io.IOException;
import java.util.ArrayList;
import java.util.List;
import org.ksoap2.SoapEnvelope;
import org.ksoap2.serialization.SoapObject;
import org.ksoap2.serialization.SoapSerializationEnvelope;
import org.ksoap2.transport.HttpTransportSE;
import org.xmlpull.v1.XmlPullParserException;
import android.app.Activity;
import android.content.Intent;
import android.os.Bundle;
```

```
import android.view.View;
import android.widget.AdapterView;
import android.widget.ArrayAdapter;
import android.widget.Spinner;
import android.widget.AdapterView.OnItemSelectedListener;
public class StockQuoteWebServiceAndroidClientActivity extends Activity {
    private Spinner spinner=null;
    private String querySymbol=null;
    private void findView(){
        spinner=(Spinner)findViewById(R.id.spinnerId);
        List<String>list=new ArrayList<String>();
        list.add("");
        list.add("SINA");
        list.add("SOHU");
        list.add("NTES");
        ArrayAdapter adapter=new ArrayAdapter(
                    this,R.layout.item,R.id.textViewId,list);
        spinner.setAdapter(adapter);
        spinner.setPrompt(getResources().getText(R.string.prompt));
    }
    @Override
    public void onCreate(Bundle savedInstanceState){
        super.onCreate(savedInstanceState);
        setContentView(R.layout.main);
        findView();
        spinner.setOnItemSelectedListener(
                    new SpinnerOnSelectedListener());
    }
    public String getStockInfo(String querySymbol)
                    throws IOException,XmlPullParserException {
        //返回的查询结果
        String result=null;
        //调用 webservice 接口的命名空间
        String nameSpace="http://www.webserviceX.NET/";
        //调用的方法名
        String methodName="GetQuote";
        //将方法名和命名空间绑定在一起
        String SOAP_ACTION=nameSpace +methodName;
        //获得返回请求对象
        SoapObject request=new SoapObject(nameSpace,methodName);
        //设置需要返回请求对象的参数
        request.addProperty("symbol",querySymbol);
        //设置 soap 的版本
        SoapSerializationEnvelope envelope=new
```

```
            SoapSerializationEnvelope(SoapEnvelope.VER11);
        //设置是否调用的是dotNet开发的
        envelope.dotNet=true;
        envelope.bodyOut=request;
        envelope.setOutputSoapObject(request);
        HttpTransportSE hts=new HttpTransportSE(
                        "http://www.webservicex.net/stockquote.asmx");
        //web service请求
        hts.call(SOAP_ACTION,envelope);
        //得到返回结果
        Object o=envelope.getResponse();
        result=o.toString();
        return result;
    }
    class SpinnerOnSelectedListener implements OnItemSelectedListener {
        //当用户选定了一个条目时,就会调用该方法
        public void onItemSelected(AdapterView<?>adapterView,View view,
                                int position,long id){
            if(position ==0){
                return;
            }
            querySymbol=
                adapterView.getItemAtPosition(position).toString();
            String result="";
            try {
                result=getStockInfo(querySymbol);
            }
            catch(Exception e){
                e.printStackTrace();
            }
            StockBean stock=
                StockQuoteResultProcesser.getStockBeanByXml(result);
            Intent intent=new Intent(
                    StockQuoteWebServiceAndroidClientActivity.this,
                    ResultActivity.class);
            Bundle bundle=new Bundle();
            bundle.putSerializable("item",stock);
            intent.putExtras(bundle);
            startActivity(intent);
        }
        public void onNothingSelected(AdapterView<?>adapterView){
            querySymbol=null;
        }
    }
}
```

第二个 Activity 的代码如示例 12.2 所示。

示例 12.2：ResultActivity.java

```
package cn.peter;
import android.app.Activity;
import android.os.Bundle;
import android.widget.TextView;
public class ResultActivity extends Activity {
    @Override
    protected void onCreate(Bundle savedInstanceState){
        super.onCreate(savedInstanceState);
        setContentView(R.layout.resultlayout);
        StockBean stock=
                (StockBean)getIntent().getSerializableExtra("item");
        ((TextView)findViewById(R.id.symbol_Value))
                                .setText(stock.getSymbol());
        ((TextView)findViewById(R.id.name_Value))
                                .setText(stock.getCoporationName());
        ((TextView)findViewById(R.id.lastPrice_Value))
                                .setText(stock.getLastPrice());
        ((TextView)findViewById(R.id.change_Value))
                                .setText(stock.getChange());
        ((TextView)findViewById(R.id.time_Value))
                                .setText(stock.getDate()+" "+stock.getTime());
        ((TextView)findViewById(R.id.open_Value))
                                .setText(stock.getOpenPrice());
        ((TextView)findViewById(R.id.high_Value))
                                .setText(stock.getHighPrice());
        ((TextView)findViewById(R.id.low_Value))
                                .setText(stock.getLowPrice());
        ((TextView)findViewById(R.id.PreviousClose_Value))
                                .setText(stock.getPriviousClosePrice());
        ((TextView)findViewById(R.id.AnnRange_Value))
                                .setText(stock.getAnnRange());
    }
}
```

在上述程序中，依然使用了表示股票行情信息的实体类 StockBean 及其解析工具类 StockQuoteResultProcesser，代码可参见第 9 章。

12.4 在 Android 应用中访问 Servlet

12.4.1 使用 XML 进行数据交换

在第 9 章的应用案例中使用 XML 作为数据交换的方式，开发了服务器端的 Servlet，并使用浏览器和自行开发的应用程序中访问了服务器端的 Servlet 来获取股票行情信息，这里在 Android 应用中访问上述服务器端的 Servlet。

该应用程序的运行界面与 12.3 节中的应用程序界面完全相同，二者的相同之处在于都使用 XML 进行数据交换，区别则在于后者访问的是 Internet 上的 Web Service，获取的是最新的股票行情信息，而前者访问的是部署在 Apache Tomcat 上的 Servlet，使用的数据是存储了历史数据的 XML 文档，该程序的查询结果如图 12.5 所示。

该程序的示意图如图 12.6 所示。

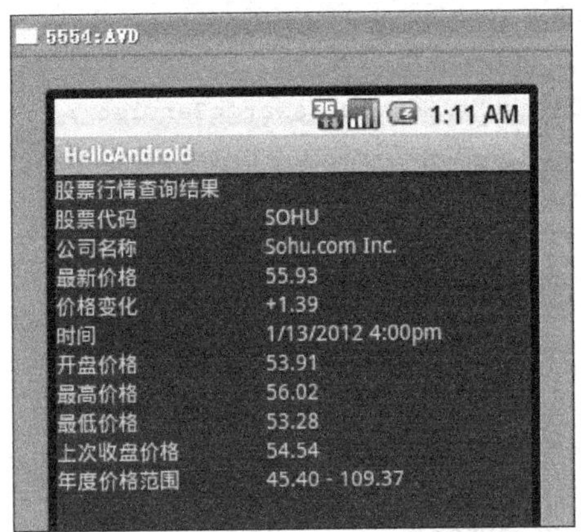

图 12.5　在模拟器上访问 Servlet 的程序的运行结果

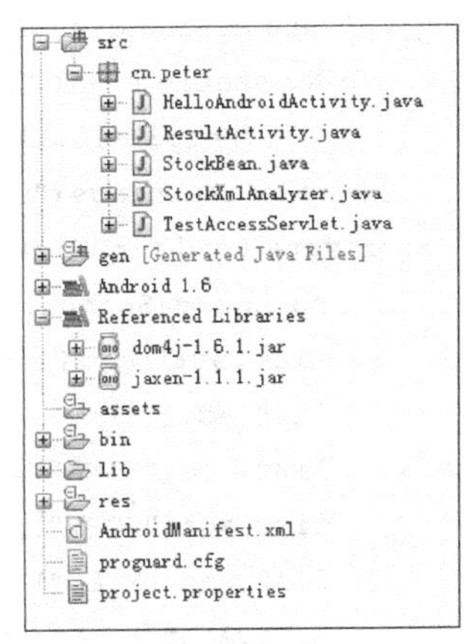

图 12.6　程序在 Eclipse 中的情况

该程序与 12.3 节中程序的主要区别在于第一个 Activity，该程序中的 HelloAndroidActivity 的代码如示例 12.3 所示。在该程序中，依然使用了 Apache HttpClient 项目中的相关工具类来发起 HTTP 请求、获取 HTTP 响应信息并进行 XML 解析。

示例 12.3：HelloAndroidActivity.java

```
package cn.peter;
import java.util.ArrayList;
import java.util.List;
import org.apache.http.HttpEntity;
import org.apache.http.HttpResponse;
import org.apache.http.NameValuePair;
import org.apache.http.client.entity.UrlEncodedFormEntity;
import org.apache.http.client.methods.HttpPost;
import org.apache.http.impl.client.DefaultHttpClient;
import org.apache.http.message.BasicNameValuePair;
import org.apache.http.protocol.BasicHttpContext;
import org.apache.http.protocol.HttpContext;
import org.apache.http.util.EntityUtils;
import android.app.Activity;
import android.content.Intent;
```

```
import android.os.Bundle;
import android.view.View;
import android.widget.AdapterView;
import android.widget.ArrayAdapter;
import android.widget.Spinner;
import android.widget.AdapterView.OnItemSelectedListener;
public class HelloAndroidActivity extends Activity {
    private Spinner spinner=null;
    private String querySymbol=null;
    public static final String SERVLET_URL =
            "http://10.11.44.149:8080/TestXmlServlet/searchServlet";
    @SuppressWarnings("unchecked")
    private void findView(){
        spinner=(Spinner)findViewById(R.id.spinnerId);
        List<String>list=new ArrayList<String>();
        list.add("");
        list.add("SINA");
        list.add("SOHU");
        list.add("NTES");
        ArrayAdapter adapter=new ArrayAdapter(
                    this,R.layout.item,R.id.textViewId,list);
        spinner.setAdapter(adapter);
        spinner.setPrompt(getResources().getText(R.string.prompt));
        spinner.setSelection(-1);
    }
    @Override
    public void onCreate(Bundle savedInstanceState){
        super.onCreate(savedInstanceState);
        setContentView(R.layout.main);
        findView();
        spinner.setOnItemSelectedListener(
                    new SpinnerOnSelectedListener());
    }
    public StockBean access(String querySymbol){
        DefaultHttpClient httpclient=new DefaultHttpClient();
        HttpContext localContext=new BasicHttpContext();
        List<NameValuePair>formparams=new ArrayList<NameValuePair>();
        formparams.add(new BasicNameValuePair("symbol",querySymbol));
        UrlEncodedFormEntity entity;
        try {
            entity=new UrlEncodedFormEntity(formparams,"UTF-8");
            HttpPost httppost=new HttpPost(SERVLET_URL);
            httppost.setEntity(entity);
```

```
            HttpResponse response=
                    httpclient.execute(httppost,localContext);
            HttpEntity responseEntity=response.getEntity();
            String xml=EntityUtils.toString(responseEntity);
            System.out.println(xml);
            StockBean stock=
                    StockXmlAnalyzer.getStockBeanByStockXml(xml);
            System.out.println(stock.getLastPrice());
            return stock;
        } catch(Exception e){
            e.printStackTrace();
            return null;
        }
    }
    class SpinnerOnSelectedListener implements OnItemSelectedListener {
        //当用户选定了一个条目时,就会调用该方法
        public void onItemSelected(AdapterView<?>adapterView,View view,
                int position,long id){
            if(position ==0){
                return;
            }
            querySymbol=
                    adapterView.getItemAtPosition(position).toString();
            StockBean stock=access(querySymbol);
            Intent intent=new Intent(HelloAndroidActivity.this,
                                        ResultActivity.class);
            Bundle bundle=new Bundle();
            bundle.putSerializable("item",stock);
            intent.putExtras(bundle);
            startActivity(intent);
            }
            public void onNothingSelected(AdapterView<?>adapterView){
                querySymbol=null;
        }
    }
}
```

12.4.2 使用 JSON 进行数据交换

在第 9 章中讲解了 JSON 数据格式及其解析方法，这里在 Android 应用程序中访问自行开发的 Servlet，二者采用 JSON 进行数据交换。程序的功能很简单，在界面中输入学号后提交给服务器端，服务器查询该学号学生的绩点并返回给学生。

该程序的开发步骤包括：

1. 服务器端开发

开发服务器端的 Servlet，在该 Servlet 中，设置本次响应的类型为 application/json，并同时设置编码集为 UTF-8，该 Servlet 的代码如示例 12.4 所示。本程序的目的主要是说明使用 JSON 进行数据交换，因此在该 Servlet 中只是简单地返回一个固定的绩点数据，没有进行查询数据库等操作。

示例 12.4：SearchServlet.java

```
import java.io.IOException;
import java.io.PrintWriter;
import javax.servlet.ServletException;
import javax.servlet.http.HttpServlet;
import javax.servlet.http.HttpServletRequest;
import javax.servlet.http.HttpServletResponse;
public class SearchServlet extends HttpServlet {
    private static final long serialVersionUID=1L;
    public void destroy(){
        super.destroy();//Just puts "destroy" string in log
    }
    public void doGet(HttpServletRequest request,
                      HttpServletResponse response)
                      throws ServletException,IOException {
        doPost(request,response);
    }
    public void doPost(HttpServletRequest request,
                       HttpServletResponse response)
                       throws ServletException,IOException {
        //设置响应类型为 application/json
        response.setContentType("application/json;charset=UTF-8");
        PrintWriter out=response.getWriter();
        String sno=request.getParameter("sno");
        out.print("{'sno':'"+sno+"','GPA':'2.05'}");
        out.flush();
        out.close();
    }
}
```

2. 通过浏览器访问

在开发 Android 客户端之前，先使用浏览器对上述返回 JSON 数据的 Servlet 进行测试，使用 Google Chrome 和 Mozilla Firefox 来访问该 Servlet，其运行结果分别如图 12.7 和图 12.8 所示，使用 IE 7 访问时由于不能识别 application/json 这种返回类型，因此产生文件的下载提示。

图 12.7　通过 Chrome 来访问返回 JSON 数据的 Servlet

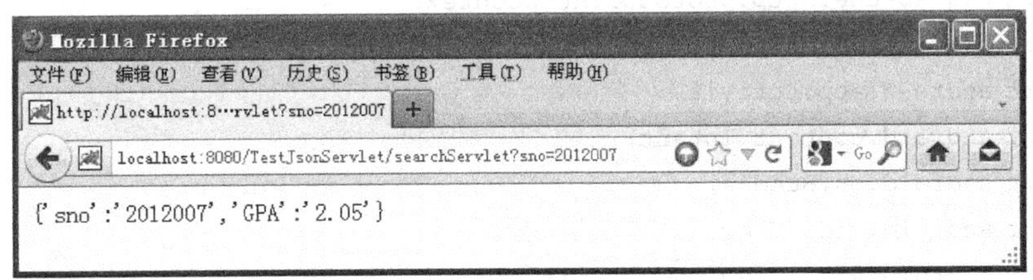

图 12.8　通过 Firefox 来访问返回 JSON 数据的 Servlet

3. 开发 Android 应用程序

创建了 2 个 Activity，第一个 Activity 用于输入学号，第二个 Activity 用于显示绩点的查询结果。该项目在 Eclipse 中的情况如图 12.9 所示。

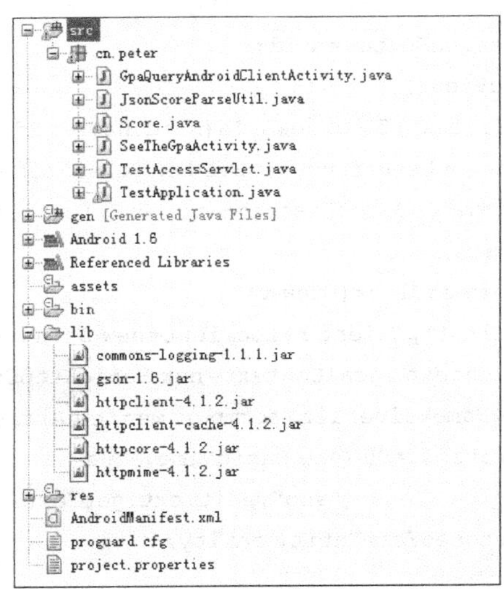

图 12.9　程序在 Eclipse 中的情况

第一个 Activity 为 GpaQueryAndroidClientActivity，其代码如示例 12.5 所示。

示例 12.5：GpaQueryAndroidClientActivity.java

```
package cn.peter;
import java.util.ArrayList;
```

```
import java.util.List;
import org.apache.http.HttpEntity;
import org.apache.http.HttpResponse;
import org.apache.http.NameValuePair;
import org.apache.http.client.entity.UrlEncodedFormEntity;
import org.apache.http.client.methods.HttpPost;
import org.apache.http.impl.client.DefaultHttpClient;
import org.apache.http.message.BasicNameValuePair;
import org.apache.http.protocol.BasicHttpContext;
import org.apache.http.protocol.HttpContext;
import org.apache.http.util.EntityUtils;
import android.app.Activity;
import android.content.Intent;
import android.os.Bundle;
import android.view.View;
import android.view.View.OnClickListener;
import android.widget.Button;
import android.widget.EditText;
public class GpaQueryAndroidClientActivity extends Activity {
    //不能使用 localhost 或 127.0.0.1,因为它代表模拟器自身的 IP 地址
    public static final String SERVLET_URL=
        "http://10.11.44.149:8080/TestJsonServlet/searchServlet";
    private EditText editText=null;
    private Button searchButton=null;
    private void findView(){
        editText=(EditText)findViewById(R.id.numberEditText);
        searchButton=(Button)findViewById(R.id.searchGpaButton);
        searchButton.setOnClickListener(new OnClickListener(){
            @Override
            public void onClick(View v){
                DefaultHttpClient httpclient=new DefaultHttpClient();
                HttpContext localContext=new BasicHttpContext();
                List<NameValuePair> formparams=new ArrayList<NameValuePair>();
                formparams.add (new BasicNameValuePair
                            ("sno",editText.getText().toString()));
                UrlEncodedFormEntity entity;
                try {
                    entity=new UrlEncodedFormEntity(formparams,"UTF-8");
                    HttpPost httppost=new HttpPost(SERVLET_URL);
                    httppost.setEntity(entity);
                    HttpResponse response=
                                httpclient.execute(httppost,localContext);
                    HttpEntity responseEntity=response.getEntity();
                    String json=EntityUtils.toString(responseEntity);
```

```
                    System.out.println(json);
                    Score gpa=
                          JsonScoreParseUtil.parseScoreJsonData(json);
                    Intent intent=new Intent(
                                GpaQueryAndroidClientActivity.this,
                                SeeTheGpaActivity.class);
                    Bundle bundle=new Bundle();
                    bundle.putSerializable("GPA",gpa);
                    intent.putExtras(bundle);
                    startActivity(intent);
                }
                catch(Exception e){
                    e.printStackTrace();
                }
            }
        });
    }
    @Override
    public void onCreate(Bundle savedInstanceState){
        super.onCreate(savedInstanceState);
        setContentView(R.layout.main);
        findView();
    }
}
```

定义了一个实体类 Score，该类代码如示例 12.6 所示。

示例 12.6：Score.java

```
package cn.peter;
import java.io.Serializable;
public class Score implements Serializable{
    private String sno;
    private String GPA;
    public String getSno(){
        return sno;
    }
    public void setSno(String sno){
        this.sno=sno;
    }
    public String getGPA(){
        return GPA;
    }
    public void setGPA(String gpa){
        GPA=gpa;
    }
}
```

编写了一个解析 JSON 数据并返回 Score 实体类对象的工具类 JsonScoreParseUtil，其代码如示例 12.7 所示。

示例 12.7：JsonScoreParseUtil.java

```
package cn.peter;
import java.lang.reflect.Type;
import com.google.gson.Gson;
import com.google.gson.reflect.TypeToken;
public class JsonScoreParseUtil {
    public static Score parseScoreJsonData(String jsonData){
        Type type=new TypeToken<Score>(){}.getType();
        Gson gson=new Gson();
        Score gpa=gson.fromJson(jsonData,type);
        return gpa;
    }
}
```

用于显示查询绩点结果的 Activity 为 SeeTheGpaActivity，代码如示例 12.8 所示。

示例 12.8：SeeTheGpaActivity.java

```
package cn.peter;
import android.app.Activity;
import android.os.Bundle;
import android.widget.TextView;
public class SeeTheGpaActivity extends Activity {
    private TextView gPAtTextView=null;
    @Override
    protected void onCreate(Bundle savedInstanceState){
        super.onCreate(savedInstanceState);
        setContentView(R.layout.seegpa);
        gPAtTextView=(TextView)findViewById(R.id.GPAtextView);
        Score score=(Score)getIntent().getSerializableExtra("GPA");
        gPAtTextView.setText(score.getGPA());
    }
}
```

该程序在模拟器中的运行结果如图 12.10 所示。

查询结果界面如图 12.11 所示。

图 12.10 绩点查询程序界面

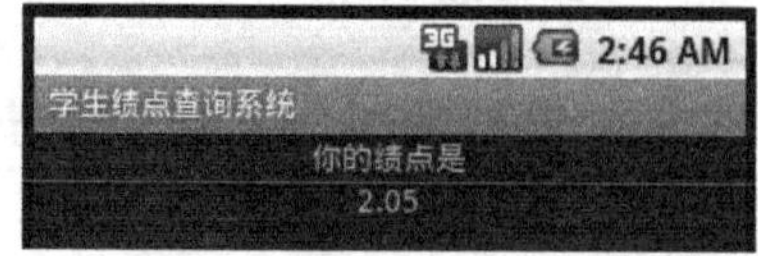

图 12.11 绩点查询结果界面

12.5 习题

1. 简要说明在 Android 平台上 XML 的主要用途。

2. 在 Android 上编写应用程序，在第一个 Activity 中调用指定的 Web Service（例如获取天气预报信息或手机归属地查询等），并把解析后的数据显示在第二个 Activity 中。

3. 在本章 12.4.2 节的服务器端 Servlet 中添加使用 JDBC 访问数据库获取指定学号的学生 GPA 的代码。

参考文献

[1] 耿祥义. XML 基础教程[M]. 北京：清华大学出版社，2006

[2] 喻坚，韩燕波. 面向服务的计算——原理和应用[M]. 北京：清华大学出版社，2006

[3] 王向辉，张国印，沈洁. Android 应用程序开发[M]. 北京：清华大学出版社，2010

[4] （美）Mitch Amiano，Conard D'Cruz 等. XML 案例解析教程[M]. 焦瑜净，闫雷鸣译. 北京：清华大学出版社，2007

[5] 万常选，刘喜平. XML 数据库技术（第 2 版）[M]. 北京：清华大学出版社，2008

[6] 丁跃潮，叶文来，陈杰. XML 实用教程[M]. 北京：机械工业出版社，2006

[7] 张洪斌. Java 程序员的 AJAX 技术开发[M]. 北京：机械工业出版社，2007

[8] （美）Martin Kalin. Java Web 服务构建与运行[M]. 任增刚译. 北京：电子工业出版社，2009

[9] 李银胜，柴跃廷，沈卫明等. 面向服务架构与应用[M]. 北京：清华大学出版社，2008

[10] （荷）Michael P. Papazoglou. Web 服务——原理和技术[M]. 龚玲，张云涛译. 北京：机械工业出版社，2010

[11] 蔡维德，白晓颖，陈以农. 浅谈深析面向服务的软件工程[M]. 北京：清华大学出版社，2008

[12] （美）Eben Hewitt. Java SOA Cookbook 中文版[M]. 孙燕，陈伊文，王俊华译. 北京：清华大学出版社，2011

[13] 孙鑫. XML Schema、XSLT 2.0 和 XQuery 开发详解[M]. 北京：电子工业出版社，2009

[14] 范立锋. XML 实用教程[M]. 北京：人民邮电出版社，2009

[15] 龚小勇，瞿中，王荣辉. XML 程序设计[M]. 北京：机械工业出版社，2009

[16] 工信部通信行业职业技能鉴定指导中心. 移动应用开发技术[M]. 北京：机械工业出版社，2012

[17] （美）David Hunter，Jeff Refter，Joe Fawcett 等. XML 入门经典（第 4 版）[M]. 吴文国译. 北京：清华大学出版社，2009

[18] （美）Bill Evjen，Kent Sharkey，Thiru Thangarathinam 等. XML 高级编程[M]. 王春楠，刘永金译. 北京：清华大学出版社，2009